Der Strahljäger Messe
Maßstäbe im Flugzeug
gepfeilte Tragflächen
machten die Me 262 zu
Konstruktionen, die von den Alliierten ausgiebig untersucht wurde. Dieser Nachtjäger Me 262 B-1a/U1 fand den Weg in die USA und flog ehemals als "Rote 6" bei der 10./NJG 11

Nachtjäger und Bomber
Deutsche Luftwaffe 1935–1945

Herbert Ringlstetter

NACHTJÄGER UND BOMBER

Deutsche Luftwaffe 1935–1945

GeraMond

Impressum

Redaktion: Herbert Ringlstetter, Markus Wunderlich
Produktmanagement: Doreen Wolff
Layout: Karin Vierheller
Grafiken: Herbert Ringlstetter - Aviaticus
Repro: Cromika, Verona
Umschlag: Jarzina Kommunikationsdesign, Holzkirchen, unter Verwendung von Zeichnungen von Herbert Ringlstetter
Herstellung: Anna Katavic
Printed in Slovenia by Korotan Ljubljana

Alle Angaben dieses Werks wurden vom Autor sorgfältig recherchiert und auf den aktuellen Stand gebracht sowie vom Verlag geprüft. Für die Richtigkeit der Angaben kann jedoch keine Haftung übernommen werden.

Für Hinweise und Anregungen sind wir jederzeit dankbar.
Bitte richten Sie diese an:
GeraMond Verlag – Lektorat
Postfach 40 02 09 · D-80797 München
E-Mail: lektorat@verlagshaus.de

Die Deutsche Nationalbibliothek verzeichnet diese Publikation in der deutschen Nationalbibliographie; detaillierte bibliographische Angaben sind über http://dnb.d-nb.de im Internet abrufbar.

Sonderausgabe mit freundlicher Genehmigung von FLUGZEUG CLASSIC

ISBN 978-3-86245-326-9

Vorkriegsbomber Junkers Ju 86 A-1 (vorne) und D-1 (mit langem Heck) des KG 253. Zwei der drei Abwehrstände sind offen ausgelegt, was in den 1930er-Jahren noch weit verbreitet war. Als Bomber konnte sich die Ju 86 in der deutschen Luftwaffe gegenüber den Konkurrenzmustern Heinkel He 111 und Dornier Do 17 nicht durchsetzen

Inhalt

■ Überholte Erstausstattung der neuen Luftwaffe

Dornier Do 11 (F), 13 und 23

Als erster echter Bomber der seit März 1935 offiziell ausgerufenen neuen Deutschen Luftwaffe flog Dorniers Do 23. Schon zuvor waren die Typen Do 11 und 13 in den Dienst der getarnten Reichswehr-Fliegertruppe gestellt worden

OBEN **Do 11 D mit je 650 PS starken Siemens Sh 22-Sternmotoren und ziviler Kennung im September 1935** LINKS **Am Bug dieser im Bau befindlichen Do 11 (F) sind die Bugverglasung und der A-Standes abgedeckt. Die Siemens-Sternmotoren wurden mit unterschiedlichen Luftschrauben ausgerüstet** Foto Dornier Archiv

Nach verschiedenen mehrmotorigen landgestützten Kampfflugzeug-Typen, darunter 1925/26 die Do N für Japan und die Do P mit vier Motoren in zwei für Dornier typisch über den Flächen angeordneten Gondeln, begannen im Auftrag der Reichswehr 1931 die Arbeiten an einem zweimotorigen Nachtbomber, der Do F.

Einfache Konstruktion

Auf die große Erfahrung im Metallflugzeugbau zurückgreifend entstand ein komplett aus Metall gefertigter Rumpf in Schalenbauweise mit weit vorne platzierter offener Pilotenkanzel. Direkt davor lag ein Abwehrstand (A-Stand), bestückt mit einem 7,9-mm-Maschinengewehr MG 15 auf Lafette mit Drehkranz D 30 und 750 Schuss Munition. Ein zweiter MG-Stand (B-Stand) kam auf dem Rumpfrücken direkt hinter den Tragflächen zum Einbau. Ein drittes MG 15 mit 525 Schuss direkt darunter im Rumpfboden (C-Stand) deckte den unteren Angriffsbereich nach hinten ab.

Die Bombenlast von gewöhnlich 1000 kg und maximal 1500 kg wurde in Vertikalmagazinen im Mittelrumpf mitgeführt, wobei 1-, 10- und 50-kg-Bomben untergebracht werden konnten. An Außenträgern war auch die Aufnahme von bis zu fünf 250-kg- oder zwei 500-kg-Bomben unter dem Rumpf möglich.

Die abgestrebten Tragflächen bestanden im Inneren ebenfalls aus Metall. Die Außenhaut bildete dagegen überwiegend eine Stoffbespannung, nur im Bereich der Flügelnase und Motoren kam Blech zur Anwendung. An den hinteren Flügelenden verliefen normale Querruder.

Einziehfahrwerk

Als Besonderheit erhielt die Do F (11) ein Hauptfahrwerk, das hochmodern in die Motorgondeln und Flächen eingezogen werden konnte, das schwenkbare Spornrad blieb in Außenposition.

Seiten- und Höhenleitwerk waren als stoffüberzogene Metallgerippe ausgeführt. Unterhalb der zum Rumpf hin abgestrebten Höhenflosse waren ab der Do 11 D senkrechte Stabilisierungsflächen montiert, die auch frühere Modelle nachgerüstet bekamen. Das Seitenruder verfügte zudem über eine Trimmklappe. Beide Ruder waren aerodynamisch und gewichtlich ausgeglichen.

Die erste Do F wurde von zwei Siemens Jupiter-Sternmotoren (Bristol Jupiter-Lizenzbau) angetrieben, die eine Startleistung von je 600 PS abgaben und Vierblattpropeller drehten.

Die vierköpfige Besatzung setzte sich zusammen aus dem Flugzeugführer, dem Kommandanten, der zudem als Bombenschütze fungierte und das vordere MG bediente, dem zweiten Flugzeugführer und MG-Schützen des B-Standes sowie dem Funker und Boden-MG-Schützen.

Schon am 7. Mai 1932 hob der Schulterdecker in Altenrhein/Schweiz erstmals ab.

Gefährliches Flugverhalten

Getarnt als ziviles Fracht- und Postflugzeug mit abgedeckten Waffenständen ging die Do F zur Erprobungsstelle des RDL (Reichsverband der deutschen Luftfahrtindustrie) und anschließend nach Lipezk in

Im Bau befindliche Do 13. An den umgekehrt liegenden Rümpfen sind die Einbuchtungen zur Vergrößerung des Schussbereiches des MG 15 und die Aussparungen für die C-Stände zu sehen Foto Dornier Archiv

Als erstes europäisches Militärflugzeug war die Do 11 mit einem einziehbaren Hauptfahrwerk ausgestattet. Dessen Funktion konnte jedoch nicht zufrieden stellen, weshalb das Folgemodell Do 13 wieder ein starres Fahrgestell erhielt Foto Dornier Archiv

Wartungsarbeiten an den BMW VI-Motoren der platzsparend eingestellten Do 23-Bomber

RECHTS Mitte der 1930er-Jahre war die Do 23 G schon hoffnungslos veraltet und stellte eine reine Übergangslösung dar. Diese Maschine trägt neben dem Balkenkreuz noch eine zivile Kennung

die Sowjetunion (siehe Einsatz). Gefährliche Flügelschwingungen machten Verstärkungen in der Rumpfstruktur notwendig. 1933 benannte man das rund 240 km/h schnelle Kampfflugzeug in Do 11 A um. Als erste Serienmaschine ging noch 1932 die Do 11 C mit zwei Siemens & Halske SH 22 B-9-Zylinder-Sternmotoren samt Dreiblatt-Propeller in Produktion. Die weiterhin unbefriedigenden Flugeigenschaften führten zur D-Version mit um 1,70 Meter verkürzter Spannweite und umgebautem Leitwerk. Ältere Maschinen wurden entsprechend nachgerüstet. Zwar sorgten die Maßnahmen für verbesserte Flugeigenschaften, wirklich zufrieden stellend waren sie jedoch immer noch nicht. Die Schräglage im Kurvenflug war aus Sicherheitsgründen auf klägliche 45 Grad, später sogar auf 35 Grad beschränkt! Eine Begrenzung, die Piloten im Kampfeinsatz sicherlich schnell überschritten hätten. Auch der elektrische Einziehmechanismus des Hauptfahrwerks bereitete Probleme. Er funktionierte nicht zuverlässig, und das Einfahren per Handpumpe war extrem mühsam, sodass die Räder bald in ausgefahrenem arretierten Zustand belassen wurden.

RECHTS Zur Auffindung und Zerstörung von Magnetmienen mit Spulenring und Generator ausgerüstete Do 23

Mit BMW VI-Reihenmotoren ausgerüstete Do 13 C

An der D-AFYL wurde das für die moderne Neukonstruktion Do 17 vorgesehene Endscheibenleitwerk erprobt

Do 13 mit festem Fahrwerk

Da man das Einzieh-Fahrwerk nicht in den Griff bekam, erhielt das 1933 entstandene Nachfolgemuster Do 13 wieder ein festes Fahrgestell und die Räder Verkleidungen. Die Flügel hatten wieder die alte Spannweite von 28 Metern, waren nun aber mit Junkers-Doppelflügeln ausgestattet, die als Landeklappen und Querruder funktionierten. Die erste Serienvariante Do 13 C wertete man durch den Einbau von jeweils 750 PS starken mit Äthylenglykol gekühlten BMW VI 7,3-V-12-Reihenmotoren auf, die folglich in verschiedenen Ausführungen eingebaut wurden. Für Vortrieb sorgten nicht verstellbare Vierblatt-Holzluftschrauben. Flügelbrüche führten jedoch zur raschen Einstellung der Produktion.

Endergebnis Do 23

Das Versuchsmuster Do 13 E führte 1934 zur Do 23 mit nochmals verkürzter Spannweite, die nun 25,60 Meter betrug. Rumpf und Flächen waren grundlegend überarbeitet und verstärkt worden, was endlich zum erwünschten Ergebnis führte. Motorisiert war die Do 23 F mit BMW VI D. Für die Serienproduktion (Do 23 G) sorgten BMW VI U für Vortrieb. Der Bomber war weiterhin mit drei offenen Waffenständen, jeweils bestückt mit einem MG 15, ausgestattet und auch die mögliche Bombenlast von 1500 kg blieb unverändert. Von den

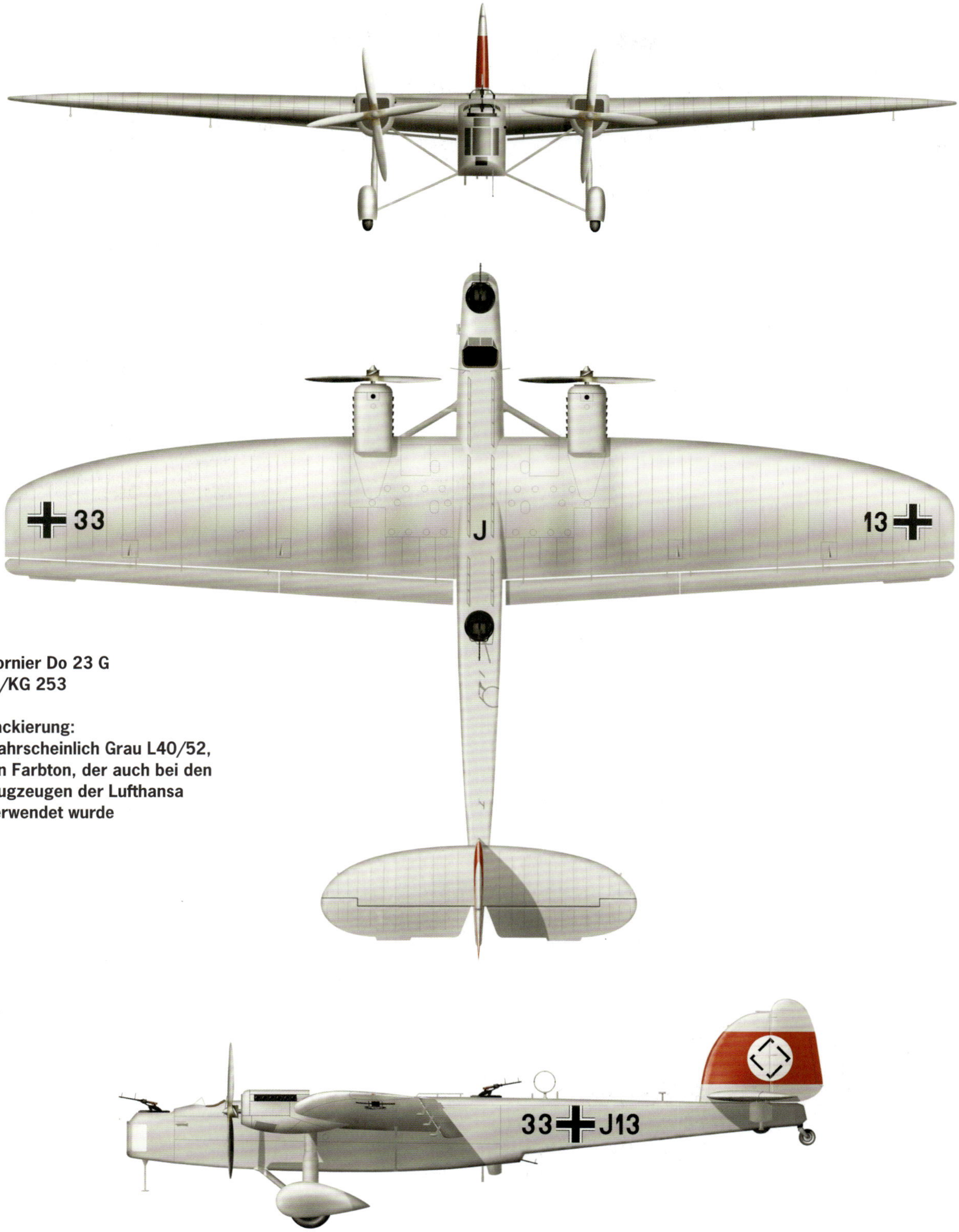

Dornier Do 23 G
3./KG 253

Lackierung:
Wahrscheinlich Grau L40/52, ein Farbton, der auch bei den Flugzeugen der Lufthansa verwendet wurde

Sprühflugzeug Do 23 zur Schädlingsbekämpfung

rund 280 gebauten Exemplaren des in ursprünglich größerer Stückzahl vorgesehenen Hochdeckers entstanden die meisten bei Dornier. Ein kleiner Teil wurde jeweils bei Henschel und Blohm & Voss gefertigt. Noch 1935 wurde die Produktion der hochgradig veralteten Do 23 eingestellt.

Einsatz

Laut Versailler Vertrag war dem Deutschen Reich der Aufbau von Luftstreitkräften sowie die Entwicklung und der Bau von Militärflugzeugen gänzlich untersagt. Unter dem Deckmantel ziviler Fliegergruppen begann dennoch der Aufbau von Luftstreitkräften. Die Deutsche Lufthansa bildete künftige Militärpiloten aus, und nahe der Ortschaft Lipezk betrieb die Reichswehr praktisch ab 1926 in Zusammenarbeit mit den Sowjets eine geheime Erprobungs- und Ausbildungsstätte. Mit der Tarnbezeichnung »Verkehrsinspektion der DLH« versehen entstanden ab Januar 1934 die ersten tatsächlichen jedoch immer noch geheimen Kampfverbände der künftigen Luftwaffe.

Schwierigkeiten mit den Typen Do 11 und 13 zwangen die Führung der Reichswehr-Fliegertruppe zur Improvisation. Um das dringend benötigte Kontingent an Kampfflugzeugen bereitstellen zu können, wurde Junkers 1933 mit dem Umbau der Ju 52/3m zum Behelfsbomber beauftragt und die so entstandenen Maschinen den »zivilen« Kampfverbänden zugeführt. Da die Do 23 auch nicht gänzlich überzeugen konnte, blieb die Ju 52 bis zur Serienreife leistungsstärkerer Typen neben der Do 23 im Einsatz, die in etwa einem Drittel der Bombereinheiten geflogen wurde. Einziges von vorne herein als Bomber geplantes Einsatzmuster der am 1. März 1935 enttarnten Luftwaffe war jedoch die Do 23.

Nach und nach ersetzte man in großem Umfang ab Frühjahr 1937 die altertümlichen Do 23 und Ju 52 in den Kampfverbänden durch die modernen Typen Junkers Ju 86, Do 17 und Heinkel He 111. Wie zuvor schon mit den Do 11 geschehen, überstellte man auch die Do 23 zum größten Teil an Ausbildungseinheiten, wo sie teilweise noch 1942 anzutreffen waren.

Ein spezielles Einsatzgebiet fanden einige Do 23 bei der Bekämpfung von Magnetminen, wofür sie mit Spulenring und Generator ausgestattet wurden.

Ebenfalls ungewöhnlich war die Verwendung von Do 23 als Sprühflugzeuge zur Bekämpfung von Schädlingen. Im 1940 eigens aufgestellten Fliegerforstschutzverband flogen Do 23 S, die mit 20 Staudruck-Verneblern ausgerüstet, binnen zwei Minuten 1000 Liter Schädlingsbekämpfungsmittel ausbringen konnten. ◀

Dornier Do 11, 13, 23

Dornier	Do 11 A	Do 11 D	Do 13 C	Do 23 G
Einsatzzweck	Mittlerer Bomber			
Besatzung	4	4	4	4
Triebwerk	2 x Siemens Jupiter VI 6,3 Z luftgekühlter 9-Zylinder-Sternmotor	2 x Siemens & Halske SH 22 B luftgekühlter 9-Zylinder-Sternmotor	2 x BMW VI 7,3, flüssigkeitsgekühlter V-12-Zylinder-Reihenmotor	
Startleistung	2 x 600 PS bei 2100 U/min	2 x 650 PS bei 2100 U/min	2 x 750 PS	2 x 750 PS
Länge	18,64 m	18,80 m	18,80 m	18,80 m
Spannweite	28,00 m	26,30 m	28,00 m	25,60 m
Höhe	5,40 m	5,40 m	5,65 m	5,40 m
Flügelfläche	111 m2	107,8 m2	112 m2	106,6 m2
Flächenbelastung	74 kg/m2	76,1 kg/m2	76,8 kg/m2	86,3 kg/m2
Spurweite	6,34 m	–	–	6,15 m
Leergewicht	4660 kg	–	–	5600 kg
Rüstgewicht	–	5830 kg	6050 kg	6480 kg
Startgewicht	8000 kg (mit 1000 kg Bomben)	8200 kg	8600 kg	9200 kg
Kraftstoffvorrat	1540 l	1540 l	–	1860 l
Schmierstoffvorrat	146 l	146 l	–	152 l
Höchstgeschwindigkeit	240 km/h bis 1000 m 220 km/h in 3000 m	260 km/h bis 1000 m –	260 km/h –	260 km/h bis 1200 m –
Marschgeschwindigkeit	–	225 km/h in 1000 m	225 km/h	210 km/h
Landegeschwindigkeit	100 km/h	105 km/h	110 km/h	105 km/h
Startstrecke	280 m 590 m bis 20 m Höhe	– –	– –	250 m –
Landestrecke	240 m (gebremst) 610 m über 20 m Höhe (gebremst)	– –	– –	160 m (gebremst) –
Steigleistung ca.	1000 m in 4,4 min 3000 m in 22,2 min	1000 m in 7 min –	– 3000 m in 18 min	1000 m in 4 min 4,5 m/sec Anfangssteigen
Dienstgipfelhöhe	3650 km	4100 km	4600 km	4200 km
Reichweite ca.	1200 km	1000 km	1200 km	1350 km
Flugdauer	5,3 h	–	–	7,15 h
MG-Bewaffnung	3 x MG 15	3 x MG 15	3 x MG 15	3 x MG 15
Abwurflast	1000 kg normal/1500 kg bis 600 km			

OBEN **Sauber in Reih und Glied: Die Besatzung einer Do 23 vor ihrem Einsatzflugzeug**
UNTEN **Der A-Stand mit 7,9-mm-MG 15 einer Do 23 wurde vom Kommandanten und Bombenschützen besetzt**

Do 23 G des KG 253 im Verbandsflug. Die urigen Kampfmaschinen boten ihren Besatzungen noch jede Menge Frischluft

Der offene Führerraum einer Do 23 mit Durchgang zum MG-Stand im Bug

Foto Dornier Archiv

Der C-Stand mit MG 15 an der Unterseite des Rumpfes

Behelfsbomber Ju 52 3/m g3e der neuen deutschen Luftwaffe. Unter den Rümpfen sind die ausgeklappten Abwehrstände zu erkennen

Behelfsbomber

Junkers Ju 52

Im Einsatz bei der Luftwaffe wurde die Ju 52 hauptsächlich als robuster Transporter bekannt. In frühen Jahren der geheimen wie auch der offiziellen neuen Luftwaffe diente die Junkers-Konstruktion jedoch auch als Behelfsbomber

Großserienbau der Ju 52

Wegen der großen Probleme mit den Typen Do 11 und 13 benötigte die noch im geheimen operierende deutsche Luftwaffe 1933 dringend ein brauchbares Kampfflugzeug. So wurde Junkers mit dem Umbau der dreimotorigen Ju 52 zum Behelfsbomber beauftragt, der bis zur Serienreife modernerer Typen in den Kampfverbänden eingesetzt werden sollte.

Die auffälligste Änderung im Vergleich zur zivilen Version war der Einbau von drei Vertikalmagazinen zur Aufnahme der Bombenlast von maximal 1500 kg. Außerdem mussten zwei Abwehrstände eingebaut werden, die mit je einem auf einer Lafette montierten Maschinengewehr MG 15 bestückt wurden. Der offene B-Stand war in den Rumpfrücken eingelassen, während der C-Stand aus einem während des Fluges ausklappbaren vorne mit einer Verkleidung

versehenen Topf unter dem Rumpf bestand. Dieser diente außerdem als Beobachtungsstand für den Bombenschützen. Als Munitionsvorrat standen den MG-Schützen 975 beziehungsweise 750 Schuss zur Verfügung.

Die Besatzung der Ju 52/3m g3e (k) genannten Version bestand aus mindestens drei Mann, dem Flugzeugführer, dem Funker sowie dem Kommandanten, der auch als Bombenschütze fungierte.

Als Antrieb diente inzwischen der BMW 132 A Hornet mit 660 PS Startleistung, ein in Lizenz produzierter verfeinerter 9-Zylinder-Sternmotor von Pratt & Whitney, ein ausgereifter einfach zu wartender Motor, der seinen Teil zur Zuverlässigkeit der Ju 52 beitrug. Die beiden Flügel-Motoren waren leicht schräg nach außen eingebaut, sodass beim Ausfall eines Motors das Seitenleitwerk noch genügend angeblasen wurde, um die Kursstabilität aufrechterhalten zu können.

Bereits im März 1935, zur Bekanntgabe der neuen deutschen Luftwaffe, waren mehrere Kampfeinheiten mit der Ju 52 ausgerüstet. Der Behelfsbomber wurde inzwischen in Großserie (1200 Stück waren geplant) im Rahmen des ABC-Programms, eines getarnten Rüstungsplans, hergestellt. Mit derartigen Produktionszahlen betrat man bei Jun-

OBEN **Kampfflugzeug Ju 52/3m g3e. Am Boden war der Kübel des C-Standes nach oben geklappt**

UNTEN **Der C-Stand eines Ju 52-Bombers mit MG 15. Der Topf diente außerdem als Beobachtungsstand für den Bombenschützen**

OBEN Wartungsarbeiten an einer Ju 52 3/m g3e eines Kampfgeschwaders der Luftwaffe

LINKS B-Stand einer Ju 52/3m mit 7,92-mm-MG 15. Sowohl die Bomber- wie auch die Transporter-Ausführung der Ju 52/3m verfügte über diesen Abwehrstand

kers Neuland. Während die Einzelteilfertigung bei den Firmen Weser Flugzeugbau GmbH (WFG) und Allgemeine Transportgesellschaft (ATG) lief, übernahmen die Junkers Flugzeug- und Motorenwerke die Endmontage der Maschinen.

Die Produktion des Bombertyps Ju 52/3m g3e wurde 1936 eingestellt, die vorhandenen Flugzeuge wurden großteils rückgerüstet und für Transportaufgaben bereitgestellt. Ein Teil der Maschinen wurde auch Schulen überstellt.

Im scharfen Einsatz

Während des Spanischen Bürgerkriegs erfolgten die ersten scharfen Einsätze mit Ju 52-Bombern. Zwar konnten beachtliche Ergebnisse erzielt werden, darunter auch die bis heute umstrittene Bombardierung der spanischen Stadt Guernica. Es zeigte sich jedoch auch die größte Schwäche des zum Bomber umfunktionierten Transporters: Die Ju 52 war schlichtweg zu langsam und verfügte über eine zu geringe Abwehrbewaffnung, um gegen moderne Jägertypen wie die russischen Polikarpov I-15 und I-16 bestehen zu können. Schon bald flogen Ju 52 nur noch als Transporter, wo sie hervorragende Dienste leisteten. Eine Ablösung der Aushilfsbomber durch die neuesten wesentlich schnelleren und stärker bewaffneten Typen Ju 86, He 111 und Do 17 war dringend notwendig und wurde ab 1937 verwirklicht. ◀

Junkers Ju 52	
Musterbezeichnung	**Ju 52/3m g3e (1935)**
Einsatzzweck	Behelfsbomber
Besatzung	3 – 5
Triebwerk	3 x BMW 132 A Hornet
9-Zylinder-Sternmotor	luftgekühlt
Startleistung	3 x 660 PS
Dauerleistung	3 x 550 PS
Länge	18,90 m
Spannweite	29,50 m
Höhe	6,10 m
Flügelfläche	110,50 m^2
Rüstgewicht	6370 kg
Startgewicht	10500 kg
Höchstgeschwindigkeit	280 km/h
Marschgeschwindigkeit	220 km/h in 1500 m
Landegeschwindigkeit	110 km/h
Steigleistung ca.	1000 m in 4,0 min
Dienstgipfelhöhe	5800 m
Reichweite ca.	1000 km
Einsatzradius	–
MG-Bewaffnung	2 x MG 15 (7,92 mm) in zwei Abwehrständen
Abwurflast max.	1500 kg

Diese Maschine war im Sommer 1936, zu Beginn des Spanischen Bürgerkriegs, im Einsatz für die Aviacion Nacional, um aus Spanisch-Marokko Kolonialsoldaten auszufliegen. Im späteren Verlauf des Krieges wurden viele Ju 52/3m g3e auch als Transporter verwendet

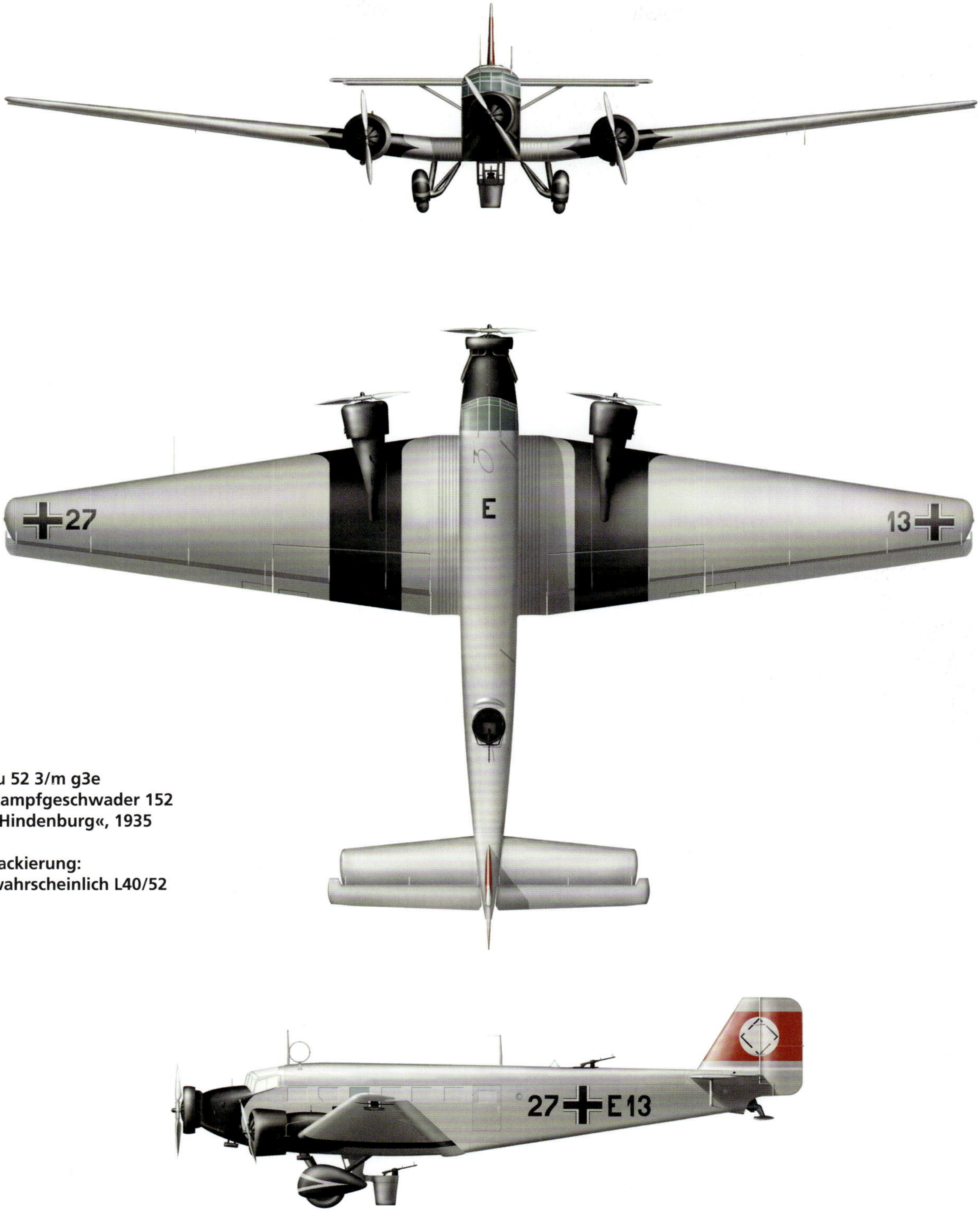

Ju 52 3/m g3e
Kampfgeschwader 152
»Hindenburg«, 1935

Lackierung:
wahrscheinlich L40/52

Die unbewaffnete und noch unlackierte Do 19 V1 auf Erprobungsflug

Foto: Lufthansa

■ Versäumnis Großbomber

Dornier Do 19 und Junkers Ju 89

Mit den Typen Do 19 und Ju 89 entstanden Mitte der 1930er-Jahre zwei Großbomber, die alsbald wieder in der Versenkung verschwanden und beim Aufbau der Luftwaffe eine Lücke hinterließen, die praktisch nicht mehr geschlossen werden konnte

Fertig lackiert steht die Do 19 V1 dem Fotografen Modell

Im Februar 1926 erhielt das Heereswaffenamt erstmals Richtlinien zur operativen Luftkriegsführung mit Fernkampfflugzeugen. Erdacht und niedergeschrieben wurden sie von Major Helmuth Wilberg, dem Flieger-Referenten in der Organisationsabteilung des Truppenamtes der Reichswehr. Wilberg hatte die Theorie eines künftigen Luftkrieges des italienischen General Douhet und des französischen Chefflugingenieurs Rougeron aufgegriffen, wonach der Gegner durch Zerstörung seiner kriegswichtigen Industrie so schnell wie mög-

Forderungen für das Rüstungsflugzeug I - Juli 1933

Motorenanzahl:	etwa 4
Besatzung:	6 bis 8 Mann
Bewaffnung:	3 bis 5 Maschinengewehre 2 x 2-cm-Kanonen
Abwurfwaffen:	2000 kg bei größter Flugstrecke 2750 kg bei geringerer Flugstrecke
Marschgeschwindigkeit:	250 km/h in 6000 m
Höchstgeschwindigkeit:	300 km/h in 6000 m
Flugstrecke:	2000 km mit Marschgeschwindigkeit
Dienstgipfelhöhe:	7000 m
Flugfeldgröße:	700 x 700 m

lich in die Knie gezwungen werden sollte. Geschehen sollte dies mittels Fernkampfflugzeugen. Deren Anschaffung geriet demnach zur Pflicht für jede Luftwaffe.

Bei der Reichswehr stand Wilberg als Verfechter dieser Theorie zunächst alleine. Bedenken gab es besonders wegen der Zivilbevölkerung, die bei solchen Angriffen unweigerlich in Mitleidenschaft gezogen werden würde. Doch bald schon änderte sich das Meinungsblatt.

Großbomber-Ausschreibung

1933 entschied man sich im neu gegründeten Reichsluftfahrtministerium (RLM) für die Entwicklung eines Fernkampfflugzeuges für die im Geheimen entstehende Luftwaffe. Nach Abgabe entsprechender Angebote, erteilte das RLM den erfahrenen Flugzeugbau-Firmen Junkers und Dornier offiziell den Auftrag zum Bau der künftigen Großbomber. Den Vorstellungen der RLM-Verantwortlichen sollte die Maschine folgende Ansprüche erfüllen (siehe Tabelle oben).

OBEN **Die von vier Bramo 322 angetriebene Do 19 V1 hatte noch keine Bewaffnung. Im teilverglasten Bug sollte ein Abwehrstand installiert werden, genauso wie auf der Rumpfoberseite, der Unterseite und im Heck**

MITTE/OBEN **Die Do 19 V1 auf Fotoflug hinter einer Do 17**

MITTE/UNTEN **Parallel in den USA: Vorserienflugzeug Boeing Y1B-17 auf Testflug 1937**

RECHTS **Vom Erscheinungsbild ähnelte die Do 19 der später entstandenen britischen Avro Lancaster. Initiiert wurde die Großbomber-Entwicklung von Major Helmuth Wilberg und nicht, wie meist angenommen, von Walther Wever, der am 3. Juni 1936 tödlich verunglückte und ebenfalls ein Verfechter der Großbomber-Idee war**

Foto: Lufthansa

Schon Mitte 1933 begann man bei der Firma Dornier Metallbauten GmbH mit den Entwurfsarbeiten am Großbomber, und bereits am 11. Juli konnte der erste Vorschlag mit der Nummer 42155 unterbreitet werden. Weitere folgten, bis am 8. Dezember 1933 die Baubeschreibung für den neuen Bombertyp dem RLM vorlag. Bald darauf kam es zur Auftragserteilung über den Bau von zunächst drei Versuchsflugzeugen. Später sollten sieben Vorserien-Maschinen folgen. Vorab war eine Attrappe angefertigt worden.

Ausgelegt war Dorniers Bomber-Konstruktion als freitragender Mitteldecker mit Einziehfahrwerk in Ganzmetallbauweise. Das Seitenleitwerk war als so genanntes Endscheiben-Leitwerk ausgeführt. Dies ermöglichte dem Schützen auf dem Rumpfrücken im B-Stand ein freies Sicht- und Schussfeld direkt nach hinten. Außerdem konnte so ein großzügig dimensionierter Heckstand installiert werden. Weitere Abwehrstände waren unter dem Rumpf und in der Bugkanzel des Do 19 genannten Großbombers vorgesehen. Bestückt werden sollten die vier Abwehrstände mit zwei 7,92-mm-Maschinenge-

Motorisiert war die erste Ju 89 mit vier je 910 PS starken DB 600 C samt verstellbaren Dreiblatt-Metallluftschrauben

LINKS AUSSEN **Der Großbomber Ju 89 V1 im April 1937 auf dem Junkers-Werksgelände in Dessau. Im Hintergrund ist der Schnellbomber Ju 88 V2 zu sehen**

LINKS **Führerraum der Ju 89 V2. Rechts unten ist die Halterung für das Bombenzielgerät zu sehen. Der Kommandant eines Kampfflugzeuges war zu jener Zeit nicht der Flugzeugführer, sondern der Bombenschütze**

Dornier Do 19, Junkers Ju 89 und Boeing B-17

Muster	Do 19 V1	Ju 89 V2	Y1B-17 (Vorserie)
Einsatzzweck	Schweres Kampfflugzeug		
Erstflug	30.10.1936	11.04.1937 (V1)	28.07.1935 (Modell 299)
Antrieb	4 x Bramo 322 H-2, luftgekühlter 9-Zylinder-Sternmotor	4 x Daimler-Benz DB 600 C, flüssigkeitsgekühlter V-12-Zylinder-Reihenmotor	4 x Wright R-1820-39 luftgekühlter 9-Zylinder-Sternmoto
Besatzung	5	5	–
Startleistung	4 x 715 PS ges. 2860 PS	4 x 910 PS ges. 3640 PS	4 x 1000 PS ges. 4000 PS
Dauerleistung	–	780 PS	–
Spannweite	35,00 m	35,00 m	31,65 m
Länge	25,45 m	26,30 m	20,82 m
Höhe	5,78 m	6,50 m	5,58 m
Flügelfläche	162 m²	184 m²	132 m²
Leergewicht	11 850 kg	–	11 080 kg
Rüstgewicht	–	16 000 kg	15 765 kg
Startgewicht max.	18 500 kg	18 000 kg	19 300 kg
Flächenbelastung	114 kg/m²	98 kg/m²	114 kg/m²
Höchstgeschwindigkeit	315 km/h in Meeresh.	410 km/h in 4000 m	410 km/h
Marschgeschw. max.	250 km/h	–	350 km/h
Steigleistung	2,7 m/sec Anfangsst.	–	3000 m in 6,5 min
Reichweite normal ca.	1600 km	1600 km	2250 km
Reichweite max. ca.	–	2000 km	–
Gipfelhöhe	5600 m	7000 m	9300 m
Starr-Bewaffnung	2 x MG - 7,9 mm 2 x MK - 20 mm	2 x MG - 7,9 mm 2 x MK - 20 mm	5 x MG - 7,62 mm
Bombenzuladung	1600 kg	1600 kg	2200 kg

wehren sowie zwei Maschinenkanonen, Kaliber 20 mm. Die Besatzung sollte aus fünf Mann bestehen.

Angetrieben von vier luftgekühlten 9-Zylinder-Sternmotoren, Bramo 322 H-2, startete die Do 19 V1, Werknummer 701, am 30. Oktober 1936 mit Flugkapitän Egon Fath am Steuer erfolgreich zum Erstflug. Die Motoren hatten eine Startleistung von jeweils 715 PS, insgesamt also 2860 PS. Dies war entschieden zu wenig, um ordentliche Leistungen mit der geforderten Nutzlast von mindestens 2000 kg zu erbringen. Aufgrund der Auswirkungen des Versailler Vertrages war Deutschland in Sachen Motorenentwicklung gegenüber anderen Ländern ins Hintertreffen geraten, hier musste dringend aufgeholt werden. Geplant war, die Do 19 in der Serie mit je 900 PS starken Aggregaten auszustatten.

Junkers Ju 89

Auch bei Junkers entstand den RLM-Forderungen folgend ein Entwurf für den Langstrecken-Großbomber, auch »Uralbomber« genannt. Der Ganzmetallmitteldecker, dessen Querruder und Landeklappen als Junkers-Doppelflügel ausgelegt waren, wurde ebenfalls mit einem Doppelleitwerk ausgestattet. Er sollte bezüglich der Abwehrbewaffnung ähnlich der Do 19 ausgerüstet werden. Als Antrieb wählten die Junkers-Entwickler vier hängend eingebaute flüssigkeitsgekühlte Daimler-Benz DB 600 C, neu entwickelte V-12-Zylinder-Reihenmotoren, mit einer Startleistung von je 910 PS. Eine Besonderheit war die hintereinander angeordnete Doppelsteuerung der Ju 89, dessen erstes Versuchsmuster Ju 89 V1 (W.Nr. 4911, D-AFIT) am 11. April 1937 mit Flugkapitän Peter Hesselbach am Steuer zum Jungfernflug abhob. Vorzunehmende Änderungen betrafen

Die Ju 89 V2 während der Fertigung. Oberer und unterer MG-Stand sind als Attrappen eingebaut

Blick auf den Arbeitsplatz des hinteren Flugzeugführers in der Ju 89 V2, hier noch ohne Sitze und Seitenruderpedale

Diese Fotomontage mit eingearbeiteten Waffenständen und Markierungen zeigt, wie die erste Serienversion der Ju 89 hätte aussehen können. Die unberührte Originalaufnahme zeigt das Flugzeug am Boden stehend

hauptsächlich das Seitenleitwerk, dessen Ruderfläche vergrößert und mit einem Hornausgleich versehen wurde. Vier Monate nach der V1, am 12. August 1937, startete auch die Ju 89 V2, geflogen von Flugkapitän Karl-Heinz Kindermann, zum Erstflug.

Mit der Ju 89 V2 (W.Nr. 4912, D-ALAT) erflog die Besatzung Kindermann, Wendel und Hotopf am 4. und 8. Juni 1938 zwei Nutzlast-Höhenweltrekorde: 9312 Meter mit 5000 kg und 7242 Meter mit 10 000 kg. Offiziell wurden die Rekordflüge jedoch aus werbestrategischen Gründen dem zivilen Schwestermodell Ju 90 zugeschrieben, das am 28. August 1937 erstmals abgehoben war.

Die 1936 vom Generalstabschef der Luftwaffe Generalleutnant Walther Wever in enger Zusammenarbeit mit Generalmajor Wilberg herausgegebenen neuen technischen Forderungen für ein schweres Langstrecken-Kampfflugzeug konnten weder mit der Do 19, noch mit der Ju 89 erfüllt werden. Im Flugzeugentwicklungsprogramm vom April 1937

Die Ju 89 V1 mit ihrer 184 m² großen Fläche und den gut sichtbaren Junkers-Doppelflügeln

Als Heckstand diente versuchsweise der A-Stand des zweimotorigen Bombers Ju 86

Mit der Ju 89 konnte Junkers beim RLM zwar nicht landen, mit dem parallel entstandenen zivilen Schwestermodell Ju 90 (hier die V3), gelang den Flugzeugbauern jedoch ein großer Wurf und es dauerte nicht lange, bis die Ju 90 entsprechend umgerüstet als Transportflugzeug in der Luftwaffe flog

tauchten beide Typen nicht mehr auf, es blieb daher bei Erprobungsflügen. Der auf die neuen Forderungen hin entworfene viermotorige Typ Heinkel He 177 sollte in den kommenden Jahren eine äußerst problembeladene Entwicklungs- und Einsatzzeit durchlaufen.

Die Arbeiten an den beiden Großbomber-Typen wurden eingestellt, die in Bau befindlichen Do 19 V2 und V3 fielen der Verschrottung anheim. Die Do 19 V1 sowie die Ju 89 V1 und V2 wurden Anfang Oktober 1938 der Luftwaffe überstellt und kamen beim Flugkommando Berlin zum Einsatz, wo sie bis weit ins Jahr 1939 hinein in Dienst standen.

Zeitgleiche Entwicklung in den USA

Etwa zur gleichen Zeit lief in den USA die Entwicklung der Boeing B-17, die schon am 28. Juli 1935 zum Erstflug startete. Die später mit dem Beinamen »Flying Fortress« bedachte Viermot wurde in über 12 700 Exemplaren gebaut. Das leistungsfähige Flugzeug bildete während des Zweiten Weltkriegs das Rückgrat der US-amerikanischen Bomberflotte und wurde deren Haupteinsatzmuster im Bombenkrieg gegen Deutschland. Die deutsche Luftwaffe verfügte im September 1939 und noch lange danach über kein viermotoriges schweres Kampfflugzeug – ein Versäumnis, das sich bitter rächen sollte. ◀

OBEN **Die vermutlich grau lackierte Ju 89 V1 während der Erprobung**

Foto: Dornier Archiv

MITTE **Die Ju 89 V1 mit Heckstand, in dem jedoch keine Waffe montiert war**

UNTEN **Die mit üblichem Tarnanstrich versehene Ju 89 V2 1938 im Einsatz beim Flugkommando Berlin**

■ Modernes Gerät für die Kampfgeschwader

Junkers Ju 86

Parallel zur zivilen Ausführung der Ju 86 arbeitete man bei Junkers im Auftrag des Reichsluftfahrtministeriums 1934 auch an einer militärischen Version für die noch geheime neue deutsche Luftwaffe, die mit der Ju 86 ein leistungsfähiges, modernes Kampfflugzeug bekommen sollte

OBEN **Junkers Ju 86 A-1 (vorne) und D-1 (mit langem Heck) des KG 253. Die vordere Maschine zeigt einen stark verwaschenen und teils ausgebesserten Anstrich**

LINKS **Ju 86-Serienproduktion**

Hinsichtlich der Anforderungen, die von der Luftwaffenführung für den mittleren Bomber herausgegeben wurden, stand an erster Stelle die Bombenzuladung von 1000 kg, gefolgt von Geschwindigkeit, Bewaffnung und Reichweite, wo man sich mit einer Eindringtiefe von 500 km schon zufrieden gab. Darüber hinausgehende Entfernungen sollten vom geplanten viermotorigen Langstreckenbomber, dem Ural-Bomber (Dornier Do 19 oder Ju 89), übernommen werden.

Erstflug noch 1934

Bereits am 4. November 1934 startete die Ju 86 ab1 (später V1 genannt) zum Jungfernflug. Die beiden vorerst verwendeten Siemens SAM 22-Sternmotoren sollten bald durch sehr sparsame 6-Zylinder-Doppelkolben-Schwerölmotoren des Typs Junkers Jumo 205 ersetzt werden.

Das zweite militärische Versuchsmuster, die Ju 86 cb (V3), W.Nr. 4903, flog erstmals im Juni 1936 und wurde von zwei Hornet S3-Sternmotoren antrieben. Zur Verteidigung gegen feindliche Jäger war die Ganzmetall-Konstruktion mit

Der Jumo 205-Schwerölmotor erwies sich für die militärische Verwendung als ungeeignet

B-Stand einer Ju 86 mit 7,92-mm-MG 15 – offene Abwehrstände waren in den 1930er-Jahren noch weit verbreitet

Als Bomber konnte sich die Ju 86 in der Deutschen Luftwaffe gegenüber der He 111 und Do 17 nicht durchsetzen

Ju 86 A-1 mit B-Stand auf dem Rumpfrücken und nach unten ausgefahrenem C-Stand

drei Abwehrständen ausgestattet, wobei der vordere, als A-Stand bezeichnete, zunächst noch als aufgesetzter Drehturm konzipiert war, was jedoch nach hinreichenden Tests bei der Luftwaffen-Erprobungsstelle Rechlin geändert wurde, indem man den Bug neu entwarf und eine sogenannte Vela-Kanzel installierte.

Ein weites effektives Schussfeld wurde dem Schützen im B-Stand auf dem Rumpfrücken der Ju 86 durch das Endscheiben-Seitenleitwerk geboten. Der dritte Abwehrstand befand sich in Ruhezustand versenkt im Bauch der Ju 86. Der C-Stand, ein sogenannter Senkstand,

Ju 86 A und D in Formationsflug zum Reichsparteitag 1937

Junkers Ju 86 D mit verlängertem Heck der II. Gruppe des Kampfgeschwaders 253

Das Bombenzielgerät im Bug einer Ju 86 D

war nach unten ausfahrbar und, wie die anderen Stände auch, mit einem Maschinengewehr MG 15 ausgerüstet. Die 16 50-kg-Bomben wurden stehend in Magazinen im Inneren der Ju 86 untergebracht.

Grundlage der folgenden A-Serie sollte das dritte Militär-Versuchsmuster, die Ju 86 V5, ausgerüstet mit Jumo 205-Dieselmotoren, werden.

Konstruktionsmängel an Rumpf und Tragflächen waren inzwischen weitestgehend beseitigt worden. So konnten im Frühjahr 1936 die ersten Junkers Ju 86 A-1 an die Truppe ausgeliefert werden, wenngleich die Stabilität der Maschine um die Hochachse immer noch nicht überzeugen konnte. Weiterführende Erprobungen mit der Ju 86 V6 führten zu einem verlängerten Rumpfheck, das schließlich zufrieden stellende Ergebnisse erbrachte. Die derart modifizierten Flugzeuge, die auch über vergrößerte Kraftstofftanks verfügten, gingen als Ju 86 D-1 ab Herbst 1936 in Serie.

Ungeeignete Dieselmotoren

Ein weiteres Ärgernis stellten die Schwerölmotoren dar, die in den Zivilmaschinen in der Regel zuverlässig arbeiteten. Schnelle und häufige Gaswechsel, die bei Kampfflugzeugen einsatzbedingt notwendig waren, quittierte der 205 mit Überhitzungsschäden, was sich deutlich am mangelhaften Klarstand der Ju 86-Einheiten

Diese Ju 86 G hatte mit der Luftschraube des rechten Motors offenbar Bodenberührung

abzeichnete. Am deutlichsten zeigte sich der Missstand im Kampfeinsatz über Spanien bei der Legion Condor.

Es war daher unumgänglich die Antriebseinheiten zu wechseln, auch um die Leistungsfähigkeit der Ju 86 zu steigern und gegen die stärker motorisierten Kontrahenten Heinkel He 111 und Dornier Do 17 wieder Boden gut zu machen. Die Dieselmotoren wurden in der Ju 86 V9 durch je 810 PS starke BMW 132 F-9 Zylinder-Sternmotoren, einer Lizenzfertigung des amerikanischen Pratt & Whitney Hornet, ersetzt. Im Sommer 1937 wurden die ersten Ju 86 E-1 mit

LINKS **Ju 86 P-Höhenflugzeug mit Druckkabine und Jumo 207-Dieseltriebwerken. Wenngleich auch als Störbomber zum Einsatz gelangt, lag die Hauptaufgabe doch klar in der Fernaufklärung**

GANZ LINKS/MITTE **Blick in Führerraum und Bugkanzel einer Ju 86 früher Ausführung. Das MG 15 im A-Stand ist ausgebaut**

Junkers Ju 86

Junkers Ju 86	**D-1**	**G-1**	**P-2 (R-1)**
Einsatzzweck	Bomber	Bomber	Höhen-Fernaufklärer (Bomber)
Besatzung	4	4	2
Triebwerk	2 x Jumo 205 C 6-Zylinder-Dieselmotor flüssigkeitsgekühlt	2 x BMW 132 N (F) 9-Zylinder-Sternmotor luftgekühlt	2 x Jumo 207 A-1 (B-3) 6-Zylinder-Dieselmotor flüssigkeitsgekühlt
Startleistung	2 x 600 PS bei 2200 U/min	2 x 865 (810) PS	2 x 850 (880) PS
Dauerleistung	2 x 510 PS bei 2000 U/min	2 x 665 (660) PS in 4500	2 x 650 PS in 10 000 m
Länge	17,86 m	17,48	16,46 m
Spannweite	22,50 m	22,50 m	25,60 (32,00) m
Höhe	4,70 m	4,70 m	4,70 m
Flügelfläche	82,00 m²	82,00 m²	92,00 (97,50) m²
Rüstgewicht	5340 kg	–	8120 kg
Startgewicht	8050 kg	8210 kg	10 390 (11 500) kg max.
Höchstgeschwindigkeit	300 km/h in Meereshöhe 325 km/h in 3000 m	305 (300) km/h in Meeresh. 380 (360) km/h in 4000 m	– 370 (420) km/h in 12.000 (9000) m
Marschgeschwindigkeit	285 km/h in 2000 m	340 (315) km/h in 4000 m	260 (250) km/h in 11.000 (13.700) m
Landegeschwindigkeit	100 km/h	100 km/h	–
Steigleistung ca.	3000 m in 15 min	–	10 000 (13 700) m in 54 (60) min
Dienstgipfelhöhe	5900 m	7700 km	12 000 (14 400) m
Reichweite ca.	1500 km	–	1050 (1000) km
Einsatzradius	570 km bei max. Zuladung	460 km bei max. Zuladung	–
MG-Bewaffnung	3 x MG 15 – 7,92 mm	3 x MG 15 – 7,92 mm	keine (1 x MG 17 starr)
Abwurflast	800 kg	800 kg	keine (1000 kg)

Ju 86 der No. 12 Squadron der Südafrikanischen Luftwaffe (SAAF). Die vormals zivilen Maschinen waren 1939 zu Kampfflugzeugen umgerüstet worden

OBEN **Landeunfall in einer Flugzeugführerschule mit der TO+CV, einer Ju 86 E mit der W.Nr. 198**

MITTE **Ju 86 K-6 für die Chilenische Luftwaffe**

BMW-Triebwerken an die Luftwaffe ausgeliefert. Kurz darauf schon folgte die E-2 mit dem etwas leistungsstärkeren BMW 132 N.

Ein weiterer Mangel der Ju 86: Die ungünstigen Sichtverhältnisse für den Flugzeugführer, insbesondere in Spornlage, wurden mit der G-Version, entstanden aus der V10, stark verbessert. Die Führerkabine verlegte man weiter nach vorne und konstruierte eine völlig neue kompakte Bugkanzel. Erste Exemplare der Baureihe Ju 86 G-1 wurden im Frühjahr 1938 fertig gestellt.

Für die Ju 86 war es jedoch zu spät, den Konkurrenz-Mustern He 111 und Do 17 wurde der Vorzug gegeben, sodass nur noch 40 G-1 gefertigt wurden.

Der höchste Bestand an Ju 86 in der Luftwaffe ergab sich im Herbst 1938 mit 235 Flugzeugen, 159 davon A- und D-Maschinen. Zu Kriegsbeginn waren mit Ausnahme der IV. Gruppe des KG 1, wo man die Ju 86 G zur Umschulung benutzte, in den deutschen Kampfgeschwadern praktisch keine Ju 86 mehr geführt. Die ausgemusterten Flugzeuge fanden überwiegend in Flugzeugführerschulen C ihre neue Bestimmung.

Ju 86 im Ausland

Schon im Sommer 1936 hatte die Firma Junkers aus dem Ausland den ersten Auftrag erhalten, als die Schwedische Luftwaffe eine Ju 86 A-1 bestellte und bald darauf zwei weitere. Angetrieben wurden diese Ju 86 A-1/K-1 (K für Kampfflugzeug), in Schweden B3 ge-

Junkers Ju 86 A-1
II./KG 253, 1937

Lackierung:
Standard-Sichtschutzanstrich
aus RLM 61/62/63/65,
der teilweise ausgebessert wurde

OBEN UND RECHTS **Die Ju 86 war mit einem nach unten ausfahrbaren Abwehrstand, einem so genannten Senkturm ausgerüstet**

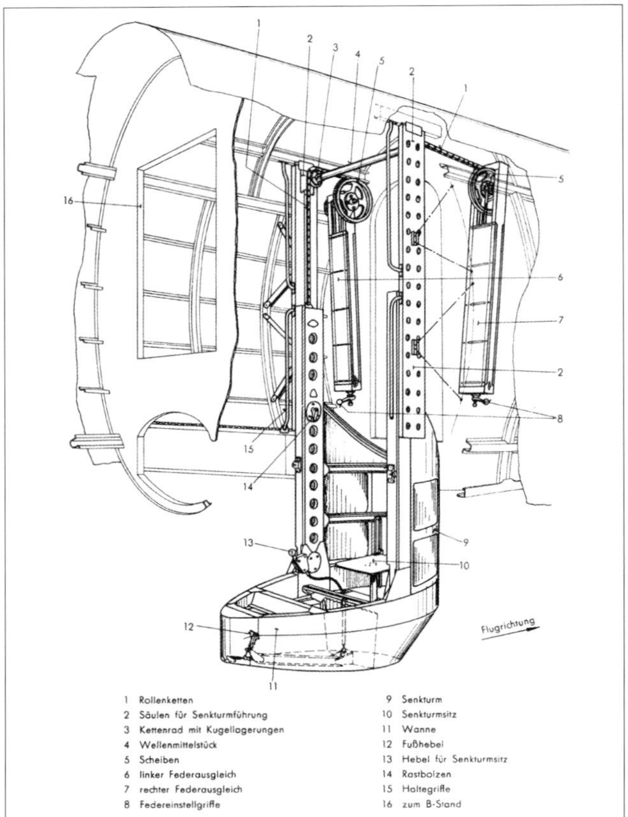

Senkturm in einer Ju 86

Die Schwedische Luftwaffe hatte die Ju 86 sehr lange in ihren Reihen

LINKS UND UNTEN **Heikle Angelegenheit: Außenlandung einer Ju 86 im Schulbetrieb, bei der der rechte Motor aus der Aufhängung gerissen wurde**

nannt, jedoch mit 760 PS starken Pratt & Whitney Hornet S1E-G-Sternmotoren. 37 Maschinen (K-4/B3A und K-5/B3B) erhielten britische Bristol Pegasus-Sternmotoren mit je 745 beziehungsweise 880 PS Startleistung. 16 Ju 86 B3C und B3D (K-13) mit je 905 beziehungsweise 980 PS Bristol-Motoren wurden in Lizenz bei SAAB gefertigt. Erst 1958 wurden die letzten schwedischen Ju 86, die seit 1948 als Transporter flogen, ausgemustert.

66 Ju 86-Bomber wurden als Ju 86 K-2 mit Gnôme-Rhône 14K Mistral-Major-Sternmotoren ab 1938 nach Ungarn ge-

Exportmodell Ju 86 K der (wahrscheinlich) Ungarischen Luftwaffe

liefert. Chile erhielt zwölf, Portugal zehn Ju 86 K-6 mit P&W Hornet-Motoren. Eine K-1 ging nach Südafrika zur SAAF, wo 1939 auch die zu Bombern umgebauten zivilen Ju 86 Z ein neues Betätigungsfeld fanden.

Österreich hatte 1937 18 Ju 86 E-2 bestellt. Neue Machtverhältnisse machten diesen Auftrag jedoch überflüssig.

Störbomber und Höhenaufklärer

Ganz andere Wege wurden bei Junkers mit der Weiterentwicklung der Ju 86 zum Höhenaufklärer und Störbomber beschritten, der vom RLM 1939 mit drei Versuchsflugzeugen (PV1 bis 3) in Auftrag gegeben wurde. Zurückgreifend auf Erfahrungen mit der Ju 49 und Ju EF 61 erfolgte auf Basis der Ju 86 G die Entwicklung eines Höhenflugzeugs, das ab Frühjahr 1940 in die Flugerprobung ging. Die gesamte Führerkabine war als Höhenkammer ausgelegt und die Spannweite auf 25,60 Meter (ab PV3) vergrößert. Als Antrieb dienten zwei Jumo 207-Dieselmotoren. 40 Maschinen wurden als Höhenbomber Ju 86 P-1 für 1000 kg Last und Höhenfernaufklärer P-2, ausgerüstet mit drei Reihenbildkameras, produziert. Unter der Bezeichnung Ju 86 R-1 und R-2 erschienen im Sommer 1942 die leistungsgesteigerten Folgevarianten. Die Flügelspannweite lag nun bei stattlichen 32 Metern. Im Heck hatte man ein starres MG zur rückwärtigen Abwehr installiert. In Höhen um 12 000 Meter blieb die P eine ganze Weile von Feindjägern unerreicht. Erst 1942 kam es zum ersten Abschuss einer Ju 86 P durch eine Supermarine Spitfire Mk V der Royal Air Force, der britischen Luftwaffe.

Die einzig verbliebene komplette Junkers Ju 86, eine B3A (K-4) steht heute in Flygvapenmuseum im schwedischen Malmen. ◄

Auch bei der Lufthansa flog die Ju 86 – im zivilen Einsatz gaben die Jumo-Schweröl-Motoren keinen Anlass zu Kritik

Standardbomber der Luftwaffe 1936–45

Heinkel He 111 Teil 1

Fotos, sofern nicht anders vermerkt: Sammlung Ringlstetter

Spielte die He 111 im Dienste der Lufthansa noch eine eher unbedeutende Rolle, wurde die Heinkel-Konstruktion ab 1936 zum Standardbomber der deutschen Luftwaffe

Das Reichsverkehrsministerium erteilte 1932 den Auftrag zur Entwicklung eines schnellen zweimotorigen Bomben- und Verkehrsflugzeugs, das bei Heinkel die Projektnummer P 994 erhielt.

Wie bei der Entwicklung der einmotorigen Verkehrsmaschine He 70, waren wieder die Brüder Siegfried und Walter Günter federführend. So orientierte sich die Auslegung des neuen Musters stark an der He 70, die sich Ende 1932 in der Flugerprobung befand. Wieder entstand ein freitragender Ganzmetalltiefdecker mit elliptischem, zweiholmigem Tragwerk und ebenso stromlinienförmig gezeichnetem, überwiegend ovalem Rumpf in Schalenbauweise. Durch die Verwendung von versenkten Nieten ergab sich eine äußerst glatte Außenhaut mit bündig eingelassenen Fenstern, alle überstehenden Teile waren aerodynamisch sauber verkleidet. Besondere Aufmerksamkeit wurde auch den Übergängen zwischen Rumpf und Flächen gewidmet.

Als Antrieb wählte man zunächst noch zwei BMW VI-Motoren, die eine Startleistung von je 750 PS erbrachten.

Heinkel He 111 A mit 750 PS starken BMW VI-Motoren

OBEN **Die He 111 V6, D-AXOH, W.Nr. 1434, wurde mit Jumo 211 A-Motoren erprobt**

Gute Flugeigenschaften

Am 17. November 1934 konnte das erste He 111-Versuchsflugzeug zum Jungfernflug starten. Der hervorragend ausgearbeitete, äußerst schnittig wirkende Entwurf zeigte gute Flugeigenschaften und ließ sich auch im Einmotorenflug problemlos handhaben. Auch Kurven in beide Richtungen ohne Höhenverlust stellten keine Schwierigkeit dar, die Landeeigenschaften wurden als außerordentlich gut beschrieben. Die Längsstabilität ließ anfangs noch zu wünschen übrig, konnte jedoch bald auf ein ausreichendes Maß gebracht werden.

Nachdem die V2 und V4 als Verkehrsflugzeuge ausgelegt waren, startete im Juli 1935 die V3 als zweites militärisches Versuchsmuster.

Die Leistungen der He 111 A mit den veralteten BMW VI-Motoren waren für die Luftwaffe nicht ausreichend, erst mit den neuen DB 600 A von Daimler-Benz mit

Heinkel He 111 E der 1. Staffel/Kampfgeschwader 1, im Einsatz über Polen im September 1939

33,9 l Hubraum, eingebaut in der He 111 B, konnten diese auf ein akzeptables Maß gesteigert werden.

1936 lief der Serienbau bei Heinkel in Rostock-Marienehe an. Ab 1937 kamen Lizenzfertigungen bei Dornier, Arado, Junkers und ATG hinzu. Von der A-Version wurden nur sieben Maschinen gebaut, sechs He 111 A gingen an China, das dringend moderne Kampfflugzeuge benötigte. Bestimmend für die Luftwaffe wurde zunächst die B-Serie.

Luftwaffe und Legion Condor

Im November 1936 erhielt die Luftwaffe die ersten He 111 B-1. Diese lösten die völlig veralteten Typen Dornier Do 23 und Junkers Ju 52 als Bomber ab. Mit Einführung der He 111 sowie der anderen modernen Typen Do 17 und Ju 86 brach ein neues Zeitalter für den Einsatz von Bombern an.

Die Erprobung des Heinkel-Bombers im praktischen scharfen Einsatz erfolgte schon bald darauf ab Ende 1936 bei der Legion Condor, der deutschen Hilfstruppe für das Franco-Regime während des Spanischen Bürgerkriegs. Zunächst bei der Versuchsbomberstaffel 88 (VB/88), dann in größerem Umfang ab Frühjahr 1937 bei der Kampfgruppe 88 (K/88) bewährte sich die He 111 insgesamt gut, Probleme traten eher in technischer Hinsicht auf. Feindjäger waren nicht das große Problem der He 111-Besatzungen, da der deutsche Bomber mit einer Höchstgeschwindigkeit von etwa 370–400 km/h vielfach schneller war als die meisten am Himmel über Spanien eingesetzten republikanischen Jagdflugzeuge.

Zur Verteidigung waren drei Abwehrstände installiert – der A-Stand in einer

Die frühen He 111-Typen waren mit drei Abwehrständen bewaffnet, wobei der untere einziehbar ausgelegt war

Die elliptische Formgebung der Tragflächen und des Höhenleitwerks beherrscht das Erscheinungsbild der frühen He 111. Die Maschine trägt den Standard-Sichtschutzanstrich aus der Vorkriegszeit in RLM 61/62/63/65

He 111 mit DB 600-Motoren. Auf den Tragflächenunterseiten zwischen Rumpf und Flügel sind die Oberflächenkühler zu erkennen

Spektakulärer Unfall einer He 111 im Schulbetrieb

Heinkel He 111 V18, das Musterflugzeug der Torpedobomberversion J-1, die jedoch nicht als solche eingesetzt wurde.

Drehlafette im Bug, der B-Stand auf dem Rumpfrücken sowie der C-Stand, der aus dem Rumpf nach unten ausgefahren wurde. Der stark geschwindigkeitsmindernde Senkturm wurde nur bei möglicher Feindberührung bzw. entsprechenden Übungen ausgefahren. Alle Stände verfügten über ein Maschinengewehr MG 15, Kaliber 7,92 mm, mit 1050 Schuss Munition.

An Abwurflast konnten 1500 kg mitgenommen werden, wobei normalerweise aber nur 800 kg an Bomben geladen wurden.

Mit Jumo 211

Leicht überarbeitet mit verbessertem Kühlsystem, das über zusätzliche Oberflächenkühler an den unteren Bereichen der Flügelvorderkanten zwischen Rumpf und Motoren verfügte, erschien Mitte 1937 die He 111 B-2 mit DB 600 C oder G. Da nicht genügend DB 600 für den Serienbau zur Verfügung standen, griff man auf den neuen 1000 PS (später 1100 PS) starken Junkers Jumo 211 A zurück. Der Motor hatte 35 l Hubraum und war wie das DB-Aggregat ein hängender V-12-Zylinder-Reihenmotor. In der He 111 V6 (W.Nr. 1435) ging der Jumo 211 in die Erprobung.

Erstmals serienmäßig verbaut wurde der Jumo 211 A in der He 111 E, während einige He 111 D noch mit DB 600 G-Motoren ausgerüstet worden waren. Die D-Serie wurde gestrichen, die Maschinen als Versuchsträger benutzt.

Dank der stärkeren Triebwerke konnte die Bombenzuladung der He 111 E-1 auf

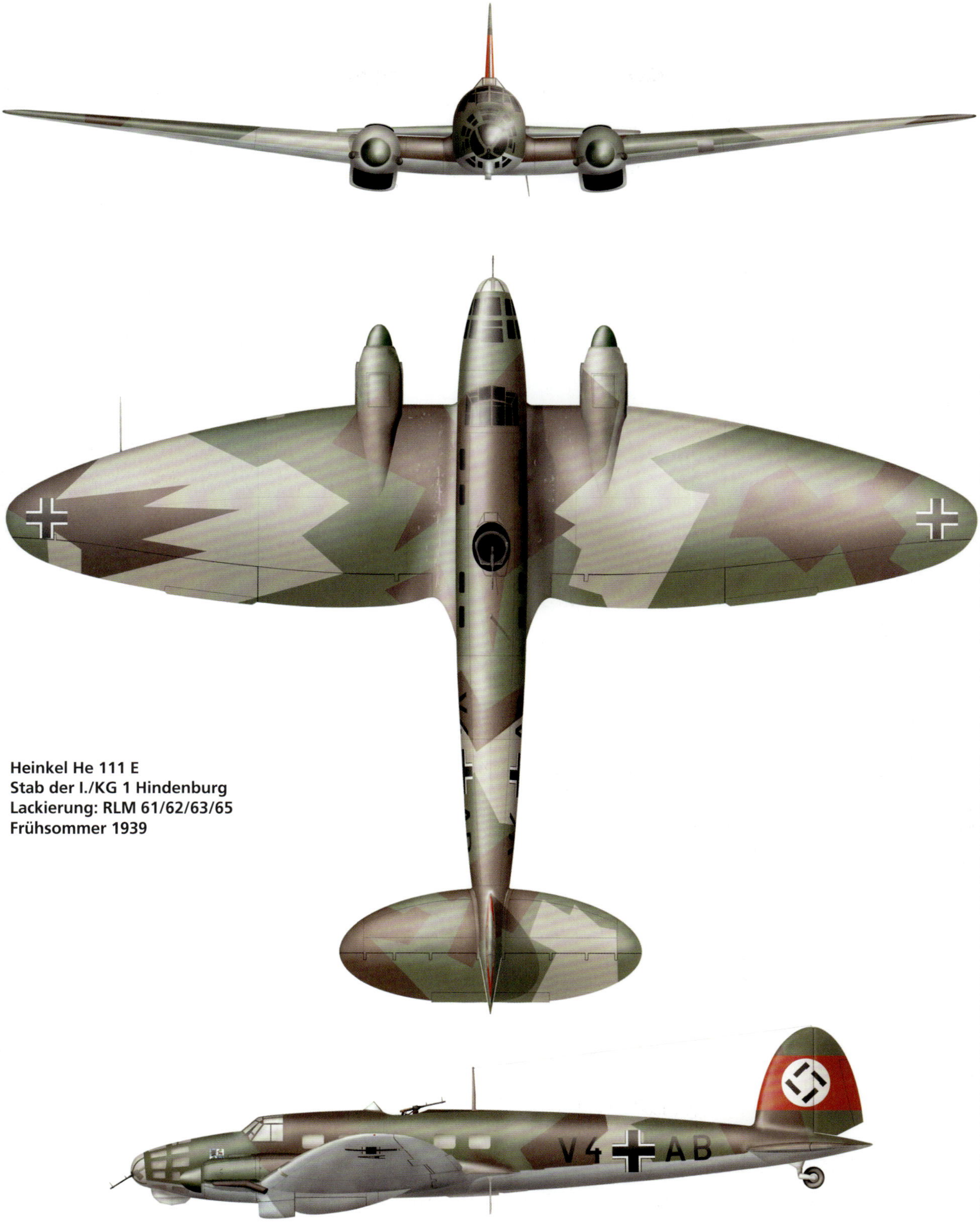

Heinkel He 111 E
Stab der I./KG 1 Hindenburg
Lackierung: RLM 61/62/63/65
Frühsommer 1939

Ladererprobung an der He 111 B-1, Werk-Nr. 1005, 1938

2000 kg gesteigert werden, die Defensivbewaffnung mit drei MGs blieb dagegen gleich.

Nur geringfügig verändert folgte die Version E-3 (E-2 entfiel), während die E-4 je 1000 kg Bomben im Inneren sowie an Außenträgern mitführen konnte. In geringer Stückzahl wurde die He 111 E-5 gebaut, die mit einem Zusatz-Kraftstoffbehälter in Rumpf und Außenträgern ausgestattet wurde.

Die He 111 C mit BMW VI-Motoren wurde dagegen in nur wenigen Exemplaren als Verkehrsflugzeug-Version gefertigt.

Neue Tragflächen

Ab der F-Reihe Mitte 1938 erhielt die He 111 zwecks Bauvereinfachung neue Tragflügel, die einen trapezförmigen Umriss hatten und entsprechend gerade Vorder- und Hinterkanten aufwiesen. Durch Zusatztanks an-

He 111 der Kampfgruppe 88 der Legion Condor

Die dekorierte Seitenflosse einer He 111 de

stelle von Bombenmagazinen konnte die Reichweite auf annähernd 3000 km enorm gesteigert werden, was jedoch eine drastische Verminderung der Bombenzuladung auf maximal 500 kg mit sich zog.

Von der zivilen G-Version mit DB 600, die ebenfalls die abgeänderten Flächen besaß, wurden nur ein paar Flugzeuge gefertigt. In zwei G-3-Muster wurden 880 PS starke BMW 132-Sternmotoren eingebaut, durch die die Höchstgeschwindigkeit auf über 400 km/h anstieg. Die Motorisierung mit Sternmotoren wurde jedoch nicht weiter verfolgt.

Die Version J mit DB 600 G war als Torpedobomber mit Außenlastträgern gedacht. Die gebauten Maschinen wurden jedoch später mit Bombenschächten versehen und bei den Einheiten als normale Bomber verwendet. Von den 144 produzierten He 111 J gingen 24 Maschinen an die Türkei.

Neue Bugkanzel

Mit Ausbruch des Zweiten Weltkrieges waren nur noch wenige alte He 111 mit abgesetzter Führerkabine in den Reihen der Fronteinheiten, der Großteil war schon mit den neuen stark überarbeiteten He 111 P und H ausgerüstet. Diese hatten die neue strömungsgünstigere Bugkanzel mit integriertem Führerraum. Schon Ende 1935 hatte man bei Heinkel begonnen, der He 111 ein neues Gesicht zu formen, im Frühjahr 1937 flog mit der V8 der erste Prototyp des neuen Typs.

1940 mussten sämtliche alten He 111 der Lufthansa an das Reichsluftfahrtministerium (RLM) bzw. die Luftwaffe abgegeben werden, wo sie als Kurier- und Reisemaschinen dienten. ◀

…egion Condor

Bei der Legion Condor in Spanien ergab sich ab 1936/37 das erste praktische Einsatzfeld zur Erprobung der He 111

He 111 V16 (G), die Reisemaschine von Generalfeldmarschall Milch

Heinkel He 111 – Teil 1

Heinkel	He 111 B-2	He 111 E
Typ	Mittlerer Bomber	Mittlerer Bomber
Erstflug	1936	1937
Besatzung	4	4
Antrieb	2 x DB 600 C (G) hängender V-12-Zylinder-Reihenmotor	2 x Jumo 211 A
Startleistung	2 x 950 (1050) PS 1900 (2100) PS ges.	2 x 1100 PS 2200 PS ges.
Kurzzeitleistung	2 x 910 (1050) PS in 4000 m für 5 min	–
Dauerleistung	2 x 800 PS in 4000 m	–
Spannweite	22,50 m	22,50 m
Länge	17,57 m	17,57 m
Höhe	3,90 m	3,90 m
Flügelfläche	87,60 m²	87,60 m²
Rüstgewicht	5845 kg	5885 kg
Startgewicht	8590 kg 9990 kg (maximal)	– 10 600 kg
Höchstgeschwindigkeit	300 km/h auf Meereshöhe 370 km/h in 4000 m 350 km/h in 6000 m	355 km/h auf Meereshöhe 395 km/h in 4000 m –
Reisegeschwindigkeit	345 km/h in 4000 m	320 km/h in 4000 m
Landegeschwindigkeit	120 km/h	120 km/h
Steigleistung	– –	6,8 min auf 2000 m 17,5 min auf 4000 m
Startrollstrecke	–	ca. 380 m
Reichweite	ca. 1600 km (800-kg-Bomben) ca. 900 km (1500-kg-Bomben)	1125 km –
Dienstgipfelhöhe	7000 m	7600 m
Abwehrbewaffnung	A-Stand: 1 x MG 15 – 7,92 mm mit 1050 Schuss B-Stand: 1 x MG 15 – 7,92 mm mit 1050 Schuss C-Stand: 1 x MG 15 – 7,92 mm mit 1050 Schuss	
Abwurflast	maximal 1500 kg normale Last 8 x SC 100 (800 kg)	2000 kg maximal

Für einen möglichst reibungslosen Flugbetrieb unbedingt notwendig: gewissenhafte Wartung von He 111 B

He 111 F mit geöffneten Bombenschächten

He 111 V3, W.Nr. 714, das zweite Versuchsflugzeug der Bomberversion. Der zunächst noch verbaute Schleifsporn wurde in der Serie durch ein Spornrad ersetzt. Lackiert war das Flugzeug wahrscheinlich in L 40/52, eventuell auch RLM 63

Eine He 111 der Legion Condor wird mit Bomben beladen

Das war's dann: in Großbritannien 1940 notgelandete He 111

Standardbomber der Luftwaffe 1936–45

Heinkel He 111 Teil 2

Galt die He 111 über Spanien bei der Legion Condor noch als überlegene Waffe, offenbarte der deutsche Bomber spätestens 1940 über Großbritannien deutliche Schwächen

Die mit der P-Version eingeführte neue Bugkanzel der He 111 verkürzte die Rumpflänge gegenüber der F-Serie um 1,14 m und verlieh dem Flugzeug ein stark verändertes Aussehen. Die vormals abgesetzte Führerkabine wurde komplett in eine glashausartige, stromlinienförmig gestaltete Vollsichtkanzel integriert.

Die Sichtverhältnisse für den Flugzeugführer waren weniger gut, als man von außen vermuten könnte. Der Blick durch den Glastunnel war gewöhnungsbedürftig. Das Hauptinstrumentenbrett lag im oberen Sichtfeld des Piloten, bei

Eine nagelneue He 111 P-2 mit dem auffälligen Stammkennzeichen NO+GO und der W.Nr. 3107 vor der Auslieferung an die Luftwaffe. Die P-Variante war die erste He 111-Version mit der neuen Glaskanzel

Eine He 111 H-4 in Nordafrika 1941 – wahrscheinlich die persönliche Maschine von Generalleutnant Rommel

Bedarf konnten Steuersäule und Sitz hochgesetzt werden, so dass der Flugzeugführer durch das nach hinten aufgeschobene Dachfenster sehen konnte. Dabei klappte eine kleine Windschutzscheibe nach oben.

Das Fahrwerk und die Klappen wurden hydraulisch betrieben, sollte das System ausfallen, konnte beides mittels Handpumpe in Gang gesetzt werden.

P-Serie mit DB 601

Als Prototypen für die P-Serie dienten 1937 die mit Daimler Benz DB 600 C-Motoren ausgerüsteten He 111 V8 und 9. In der Serienfertigung der He 111 P-1 kamen jedoch DB 601 A zum Einbau. Die bewegliche Defensivbewaffnung bestand zunächst weiterhin aus nur drei Maschinengewehren, Kaliber 7,92 mm. Ein MG 15 befand sich in der zur Sichtverbesserung für den Piloten außermittig eingebauten Ikaria-Kuppellafette an der Bugspitze, ein weiteres auf dem Rumpfrücken im B-Stand, des-

He 111 mit Ballonkabelabweiser. Kanzel, B-Stand und Motoren sind abgedeckt

78 Feindflüge hat diese He 111 hinter sich gebracht

Im C-Stand einer He 111 – das MG 15 wurde im Ernstfall in liegender Position bedient. Über dem Schützen sind Magazine mit jeweils 75 Schuss angebracht

sen Windschutz erheblich verbessert war. Der C-Stand an der Unterseite des Rumpfes war nun als Wanne ausgelegt, die wesentlich windschlüpfriger war als der alte Topf in ausgefahrenem Zustand. Der Schütze im neuen C-Stand bediente in liegender Position ein nach hinten unten ausgerichtetes schwenkbares MG 15.

Die Abwurflast betrug nach wie vor bis zu 2000 kg an Bomben, die in vertikaler Position im Rumpf transportiert wurden. Nach nur wenigen P-1 kam 1939 die mit einer verbesserten Funkausrüstung versehene P-2 zu den Einheiten. Als P-3 wurden einige He 111 zu Schulmaschinen mit Doppelsteuer umgerüstet. Bis 1940 wurden von der He 111 P mehr als 800 Stück in verschiedenen Varianten gebaut, wobei die P-4 in etwa der H-4 entsprach und die meistgebaute P-Version darstellte. Die letzte P-Variante war die He 111 P-6 mit DB 601 N-Motoren, die jeweils 1175 PS Startleistung erbrachten.

H-Serie mit Jumo 211

Da sich schon sehr früh zeigte, dass der für die Jägerproduktion benötigte DB 601-Motor nicht in ausreichender Zahl zur Verfügung stehen würde, griff man auf den Junkers Jumo 211 A mit automatischer Höhenladerumschaltung und Gemischregulierung zurück, der sich schon in Vorgängermodellen bewährt hatte. So entstand parallel zur P-Serie die H-Reihe mit Jumo-Motoren, deren Musterflugzeug He 111 V7 im Februar 1938 erstmals flog.

Abgesehen von den Triebwerken unterschieden sich die beiden Baureihen kaum voneinander. Mit der He 111 H-2 wurden stärkere Jumo 211 A-3 verbaut, außerdem wurden in den hinteren Seitenfenstern zwei zusätzliche MG 15 installiert, was ab der P-4 auch in der Parallelserie geschah. Zudem wurde ein fünftes Besatzungsmitglied aufgenommen. Sowohl feldmäßig als auch werksseitig gab es in einigen Maschinen auch ein zusätzliches MG 15 oben in der Bugkanzel.

Noch 1939 erschien die He 111 H-3 mit zwei Jumo 211 D-1, die eine Startleistung von je 1200 PS abgaben. Für Tiefangriffe konnte der A-Stand mit einem 20-mm-MG FF ausgerüstet werden, das über einen Munitionsvorrat von 180 Schuss verfügte. Bald nach Anlauf der H-3-Produktion wurde ein zusätzliches MG 15 oder MG 131 (13 mm) in die Bodenwanne montiert, das den Bereich nach vorne und unten abdeckte. Neu bei der H-3 war auch ein direkt nach hinten feuerndes, starr im Heck installiertes MG 17, das jedoch nicht oft eingebaut war. Die Panzerung für die Besatzung beschränkte sich auf Rücken- und Bodenpanzer. Gegen seitliche und von vorne geflogene Angriffe war die Mannschaft mehr oder weniger ungeschützt. In gerin-

Eine He 111 ist für Nachteinsätze über Großbritannien mit schwarzer, abwaschbarer Farbe abgedunkelt. Die Triebwerke werden im Probelauf getestet

He 111 P des KG 55 im Jahr 1940: Ein Angehöriger des Bodenpersonals reitet auf einer 1000-kg-Bombe. Zwei dieser Riesenbomben konnten an Außenträgern mitgeführt werden

26 Einsätze weist das Seitenleitwerk dieser He 111 aus, dabei gelang den Bordschützen der Abschuss von zwei Jägern über Frankreich und einem gegen Großbritannien

Eine He 111 des KG 55 (Kennung G1 vor dem Balkenkreuz) auf einem Feldflugplatz während des Russlandfeldzugs

ger Stückzahl entstand die mit Außenträgern ausgerüstete H-4. Nun war es möglich, die interne Bombenlast, die in ESAC-Magazinen untergebracht war, durch zwei PVC 1006-Träger zu ersetzen. So konnten auch schwere Bomben von 1000 kg und mehr ins Ziel gebracht werden. Auch war eine gemischte Aufnahme von interner und externer Bombenlast möglich. Ältere Maschinen ließen sich entsprechend nachrüsten.

Es folgte die He 111 H-5, die mit reduzierter Bombenzuladung eine optimale Reichweite von etwa 3300 km erreichte. Die nächste große Standardausführung war die He 111 H-6, die auf der H-4 basierte. Als Antrieb dienten Jumo 211 F-1-Motoren mit einer Startleistung von je 1300 PS. Vollautomatische Verstell-Luftschrauben von Junkers sorgten zusätzlich für mehr Effizienz.

Die elliptische Tragflächenform der ersten Versionen wich ab der F-Reihe einer trapezförmigen mit geraden Vorder- und Hinter kanten – hier eine He 111 H mit geöffneten Bombenschächten im Einsatz über der Sowjetunion

Im Kriegseinsatz

Zu Beginn des Zweiten Weltkrieges war der überwiegende Teil der mit He 111 ausgerüsteten Bomberverbände mit P- und H-Modellen ausgestattet. Insgesamt gesehen stellte die He 111 mit fast 70 Prozent den am häufigsten eingesetzten Bombertyp in den deutschen Kampfgeschwadern.

Schon während des Polenfeldzugs zeigte sich die geringe Abwehrfeuerkraft des Heinkel-Bombers, was zur Erhöhung der Defensivbewaffnung führte. Besonders über Großbritannien während der »Battle of Britain«, der Schlacht um England, gegen die äußerst verbissen kämpfenden britischen Jagdflieger in ihren Hurricanes und Spitfires erlitten die deutschen Kampfflieger herbe, nicht hinnehmbare Verluste.

So verlegte man die Mehrzahl der Angriffe ab Mitte September in den vermeintlichen Schutz der Nacht hinein. Zu dieser Zeit noch nicht sonderlich effektive Nachtjäger und die britische Flak waren nun die Gegner der mit provisorischen schwarzem Anstrich versehenen Bomber.

Durch den Einsatz des neuen, mit Funkleitstrahlen arbeitenden X-Gerätes gelang als Zielfinder fungierenden He 111-Bombern der Kampfgruppe 100 in der Nacht vom 14. auf den 15. November 1940 erstmals ein auf 100 Meter genauer Zielanflug. Die Gruppe warf Brandbom-

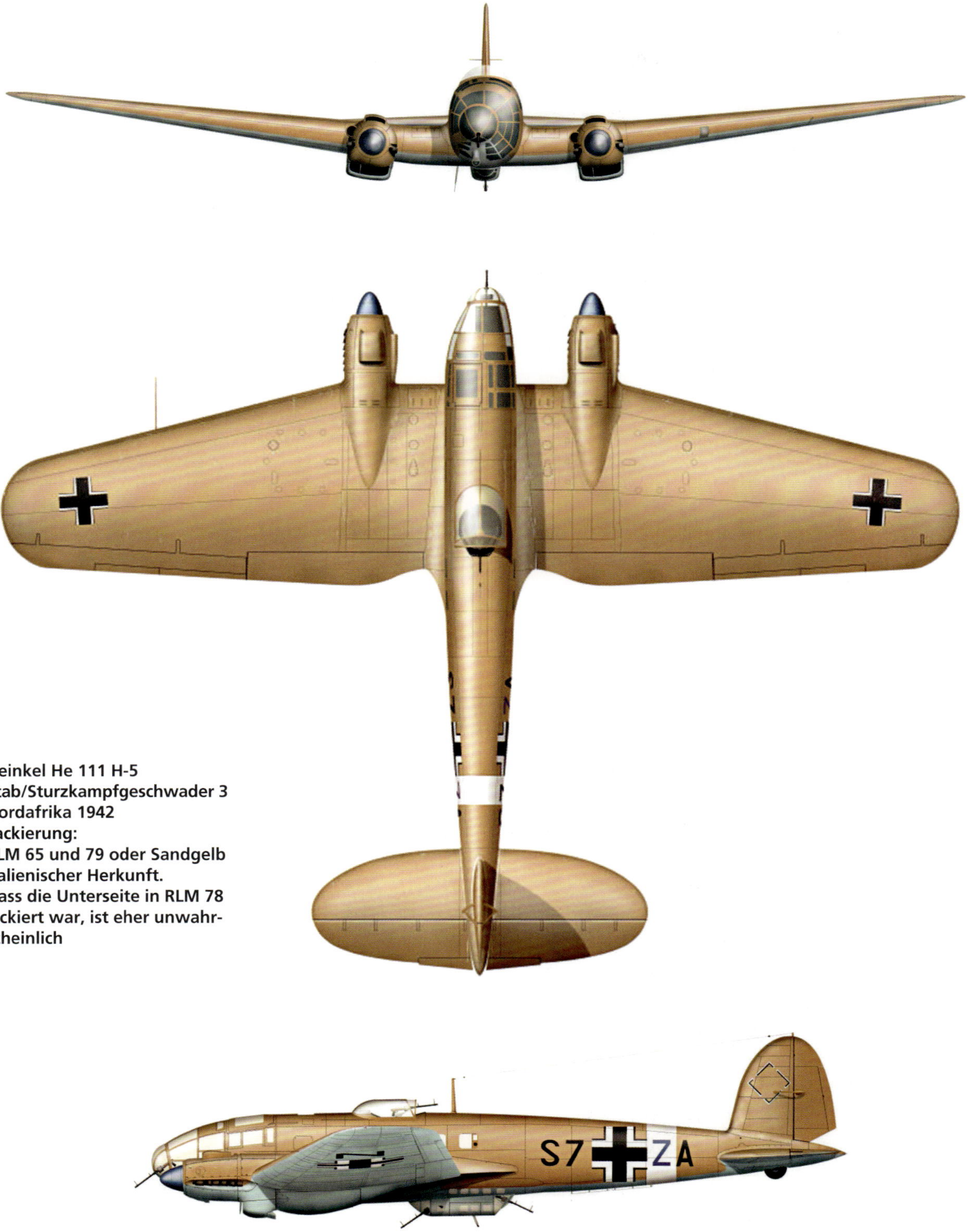

Heinkel He 111 H-5
Stab/Sturzkampfgeschwader 3
Nordafrika 1942
Lackierung:
RLM 65 und 79 oder Sandgelb italienischer Herkunft.
Dass die Unterseite in RLM 78 lackiert war, ist eher unwahrscheinlich

Eine He 111 H des KG 26 wird aus italienischen Spritfässern betankt – Sizilien 1941

RECHTS He 111-Produktion

ben, deren Feuerwirkung für die nachfolgenden Bomber weithin sichtbar war. Das Ziel war die Industriestadt Coventry, die in jener Nacht verwüstet, oder wie man in Deutschland danach sagte, »coventriert« wurde.

Ab Juni 1941 musste sich die He 111 auf einem neuen Kriegsschauplatz bewähren – der Russlandfeldzug sollte extremste Anforderungen an Mensch und Material stellen. Mit Fortschreiten des Kriegsverlaufs wurden He 111 auch zu Transportaufgaben herangezogen.

Neben der Rolle als klassischer Horizontalbomber bewährte sich die He 111 auch bei der Schiffsbekämpfung mit Lufttorpedos.

Zudem wurden einige mit Reihenbildgeräten ausgerüstete He 111 erfolgreich zur Fernaufklärung eingesetzt.

Blick in die Kanzel einer He 111. Das Steuerhorn war nach rechts zum Navigatorsitz hin schwenkbar. Ein zweites Paar Pedale für das Seitenruder war jedoch nicht vorhanden

Heinkel He 111 – Teil 2

Heinkel	He 111 P-2	He 111 P-4	He 111 H-5
Typ:	Mittlerer Bomber	Mittlerer Bomber	Mittlerer Bomber
Erstflug:	1939	1939	1940
Besatzung:	4	5	5
Antrieb:	2 x DB 601 A-1 hängender V-12-Zylinder-Reihenmotor	2 x DB 601 A-1	2 x Jumo 211 D
Startleistung:	2 x 1100 PS 2200 PS ges.	2 x 1100 PS 2200 PS ges.	2 x 1200 PS 2400 PS ges.
Nennleistung:	2 x 1015 PS in 4500 m	2 x 1015 PS in 4500 m	–
Spannweite:	22,50 m	22,50 m	22,50 m
Länge:	16,40 m	16,40 m	16,40 m
Höhe:	3,90 m	3,90 m	3,90 m
Flügelfläche:	86,50 m^2	86,50 m^2	86,50 m^2
Leergewicht:	6250 kg	6775 kg	–
Rüstgewicht:	–	8015 kg	8320 kg
Startgewicht:	12 700 kg	13 500 kg	13 435 kg
Höchstgeschw.:	300 km/h auf Meeresh. 370 km/h in 4000 m 350 km/h in 6000 m	280/360* km/h auf Meeresh. 305/390* km/h in 5000 m –	330 km/h auf Meeresh. 360 km/h in 4000 m –
Reisegeschw.:	345 km/h in 4000 m	310/375* km/h in 5000 m	350 km/h in 4000 m
Landegeschw.:	115 km/h	115 km/h	115 km/h
Steigleistung:	– –	14,2 min auf 2000 m 31,3 min auf 4000 m	12 min auf 2000 m 27,5 min auf 4000 m
Startrollstrecke:	–	ca. 850 m	ca. 720 m
Reichweite max.:	1950 km	2400 km	3300 km
Dienstgipfelhöhe:	8000 m	4500/8000* m	7300 m
Abwehrbewaffnung: (variabel)	A-Stand: 1 x MG 15 7,92 mm mit 1050 Schuss B-Stand: 1 x MG 15 7,92 mm mit 1050 Schuss C-Stand: 1 x MG 15 7,92 mm mit 1050 Schuss	A-Stand: 1 x MG 15, 7,92 mm mit 975 Schuss oder 1 x MG FF, 20 mm mit 180 Schuss B-Stand: 1 x MG 15, 7,92 mm mit 1050 Schuss C-Stand: 2 x MG 15, 7,92 mm mit 1725 Schuss Seitenstände: 2 x MG 15, 7,92 mm mit 750 Schuss Starr im Heck: 1 x MG 17, 7,92 mm mit 500 Schuss	
Abwurflast:	2000 kg	2000 kg	1000 kg

* mit/ohne Bomben

RECHTS Die Glaskanzel, auch »Gewächshaus« genannt, der späteren He 111 bot zwar besonders dem Bombenschützen und Beobachter erstklassige Sicht, war aber auch nicht ganz unempfindlich gegen Reflektionen und Verzerrungen, ganz abgesehen von der Beschussempfindlichkeit

MITTE He 111 H der III. Gruppe (9. Staffel) des Kampfgeschwaders 53 »Legion Condor« im September 1940. Lackierung: RLM 70/71/65

UNTEN He 111 P-2 der 5./KG 4. Die Maschine musste im April 1940 in Norwegen notlanden, wo das Wrack viele Jahre lag. Heute ist das Flugzeug in restauriertem Zustand im norwegischen Luftwaffenmuseum Gardermoen ausgestellt

Die Bauchlandung dieser He 111 des KG 26 dürfte dem Schaden nach zu urteilen nicht verletzungsfrei abgegangen sein

He 111 H-6 des KG 27 mit stark verwittertem Anstrich über der Sowjetunion. Die H-6 war eine der meistgebauten He 111-Varianten und wurde ab 1941 in Serie gebaut

Standardbomber der Luftwaffe 1936–1945

Heinkel He 111 Teil 3

Obwohl schon kurz vor Kriegsbeginn entschieden worden war, die He 111 durch die sturzkampftaugliche Junkers Ju 88 zu ersetzen, lief die Serienfertigung noch bis ins Jahr 1944 weiter. So blieb die He 111 praktisch den ganzen Krieg hindurch im Einsatz

Die Großserie He 111 H-6, eine verbesserte Version auf Basis der H-4 und -5, erhielt später in der laufenden Serie stärkere Jumo 211 F-2-Motoren und anstatt der Ikaria-Kuppel im Bug eine einfache starre Kuppel als A-Stand, der weiterhin mit einem serienmäßig eingebauten MG FF, Kaliber 20 mm, bestückt war. Im oberen Bereich des Bugs konnte ein zusätzliches MG 15 installiert werden. Auch im Heck blieb die Möglichkeit bestehen, ein starres nach hinten feuerndes 7,92-mm-MG 17 einzubauen. Die Abwurflast hatte sich ebenfalls nicht verändert – 2000 kg (Überlast 3000 kg) konnten in ESAC-Magazinen im oder unter dem Rumpf an PVC-Außenträgern aufgenommen werden.

He 111 H-16 mit verbessertem B-Stand auf dem Rumpfrücken

Zur Schiffsbekämpfung konnten 765-kg-Lufttorpedos LT 5 untergehängt werden. Außerdem war der Abwurf von LMA- (500 kg) und LMB-Luftminen (1000 kg) mit einer Sprengstoffladung von 300 beziehungsweise 700 kg möglich.

Einsätze mit Torpedos wurden bis 1941 nur wenige geflogen, man löste diese He 111 später durch Ju 88 und Ju 188 ab.

Bei der H-7 verzichtete man serienmäßige auf das Heck-MG 17.

Mit weit ausladenden Ballonkabel-Abweisern wurden Maschinen der Reihe He 111 H-8 ausgerüstet, die hauptsächlich aus H-3 umgebaut wurden. Das System bewährte sich nicht und wurde durch die so genannte Kutonase ersetzt, eine scharfe Kante hinter der Flügelnase und um die Kanzel, die Sperrballon-Stahlkabel mit einer Stärke von 6 mm durchtrennen konnte und in der H-9-Serie zum Einbau kam.

Wie die H-9, baute auch die H-10 auf der He 111 H-6 auf, jedoch erhielt die H-10 einen verbesserten B-Stand, wobei

RECHTS **Fahrwerksbruch an einer He 111 H mit Kutonase. Im Bug ist ein 20-mm-MG FF eingebaut**

nun auch der hintere Teil der Verglasung geschlossen ausgeführt war. Die Abwehrbewaffnung wurde teilweise verstärkt, indem man den B-Stand mit einem MG 131, Kaliber 13 mm, oder MG 81 Z, ein 7,92-mm-Zwillings-MG, ausrüstete.

Die H-11 konnte mit fünf 250-kg-Bomben an einer PVC-Trägerplatte oder ETC-Trägern unter dem Rumpf beladen werden. Durch die fehlenden Bombenmagazine gab es die Möglichkeit, den Treibstoffvorrat im Rumpf zu erhöhen. Der C-Stand konnte mit einem MG 81 Z versehen werden.

Letzte Großserie H-16

Die nächste große Serie lief mit der Version H-16 an, die gemäß den Erfahrungen mit den letzten Serien für verschiedenste Aufgaben gerüstet werden konnte, darunter auch eine Nachtbomberversion mit drei Mann Besatzung und erhöhter Reichweite.

Ein Teil der Maschinen erhielt eine Drehringlafette DL 131 mit Kopfpanzer (H-16/R1). Der Drehturm war um 360° schwenkbar, in Richtung des Seitenleitwerks störte eine elektrische Schusssperre den Betrieb. Im Falle des Drehturmeinbaus war im Bug nur ein MG 131 installiert. Der C-Stand war wahlweise mit einem vorderen MG ausgerüstet, die Seitenstände konnten mit je einem MG 81 Z bewaffnet werden. Das 81 Z hatte zwar doppelte Feuerkraft, aber auch einen verminderten Schussbereich, weshalb man nicht selten auf das einzelne MG 81 zurückgriff. Die Panzerung der H-16 war insgesamt verbessert und im Notfall zum Teil während des Fluges zur Gewichtserleichterung abwerfbar. Eine geänderte bzw. ausgeweitete Verglasung im oberen

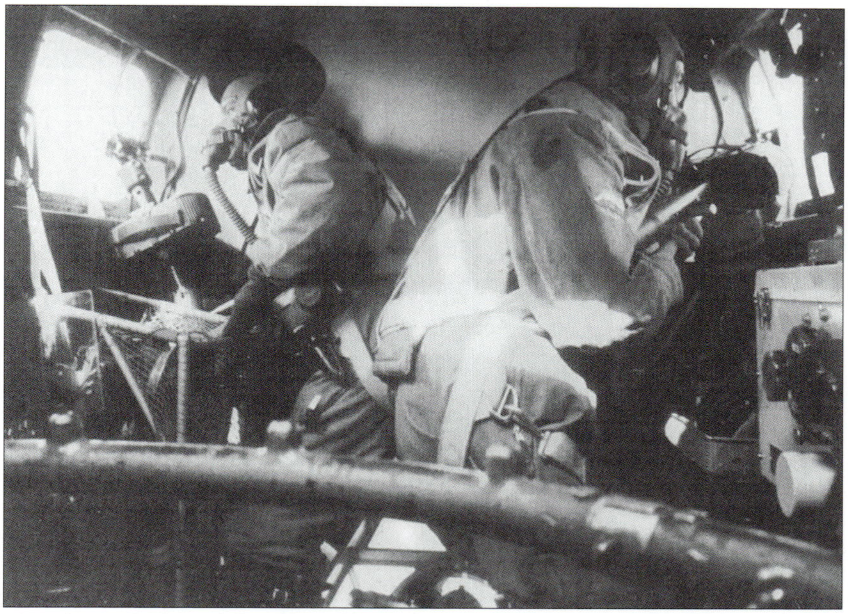

Die Seiten-Stände und der C-Stand (unten) in einer He 111 H in Heckrichtung gesehen. Vorne ist ein Teil des Ringes zu sehen, auf dem sich der B-Stand-Schütze mit den Füßen abstützt. Bei einer Besatzung von fünf Mann wurden die Seitenstände nur von einem Soldaten bedient. In der Munitionstrommel eines MG 15 waren 75 Schuss, die für einen Dauerfeuerstoß von 4 – 5 Sekunden reichten. Dann musste eine neue Trommel eingesetzt werden, was jedoch innerhalb weniger Sekunden möglich war

UNTEN **He 111 H-6 der 5./KG 4 im harten Einsatz an der Ostfront. Die Maschine trägt einen abwaschbaren Wintertarnanstrich (siehe auch Zeichnung)**

He 111 H-6 mit Übungstorpedos.

OBEN He 111 H-22 als Trägerflugzeug einer Fieseler Fi 103 (V1). Auf dem Rumpfrücken ist ein Drehturm mit MG 131 montiert, wie er ab der H-16 teilweise zum Einbau kam

Eine He 111 H beim Auslösen einer Gleitbombe Blohm & Voss Bv 143

Teil der Bugkanzel sorgte für bessere Sicht im »Gewächshaus« der He 111.

Transporter

Immer öfter wurden die He 111-Bomber ab 1942 zu Transportaufgaben eingesetzt. Der gemischte Einsatz als Kampfflugzeug und Transporter wurde an der Ostfront bald gang und gäbe. Auch für die Versorgung der 6. Armee in Stalingrad 1942/43 wurden zahlreiche He 111 herangezogen. 163 He 111 gingen während den Versorgungs- und Evakuierungsflügen von 24. November 1942 bis 1. Januar 1943 verloren. Von der ab Anfang 1944 gefertigten und als Nachtbomber konzipierten H-20 wurden ebenso zahlreiche Maschinen noch zu Transportern umgebaut.

Beim Start mit Überlast halfen unter den Tragflächen und dem Rumpf montierte Walter-Startraketen, den Vogel in die Luft zu bringen.

Spezialaufgaben

Zwar kam die He 111 mit Fortschreiten des Krieges als reiner Bomber immer weniger zum Einsatz, für eine Reihe von speziellen Aufgaben war das gutmütige und zuverlässige Flugzeug aber sehr wohl geeignet.

So wurde die He 111 als Träger von verschiedenen Gleit- und Lenkflugkörpern wie der Blohm & Voss Bv 143, PC 1400 X (Fritz X) und Henschel Hs 293 verwendet. Die He 111 H-12 wurden 1942 zum Tragen von Gleitbomben mit erweiterter Funkanlage und ohne C-Stand aus H-6-Maschinen umgebaut. Wegen zu geringer Reichweite dienten die Flugzeuge jedoch nur zur Erprobung.

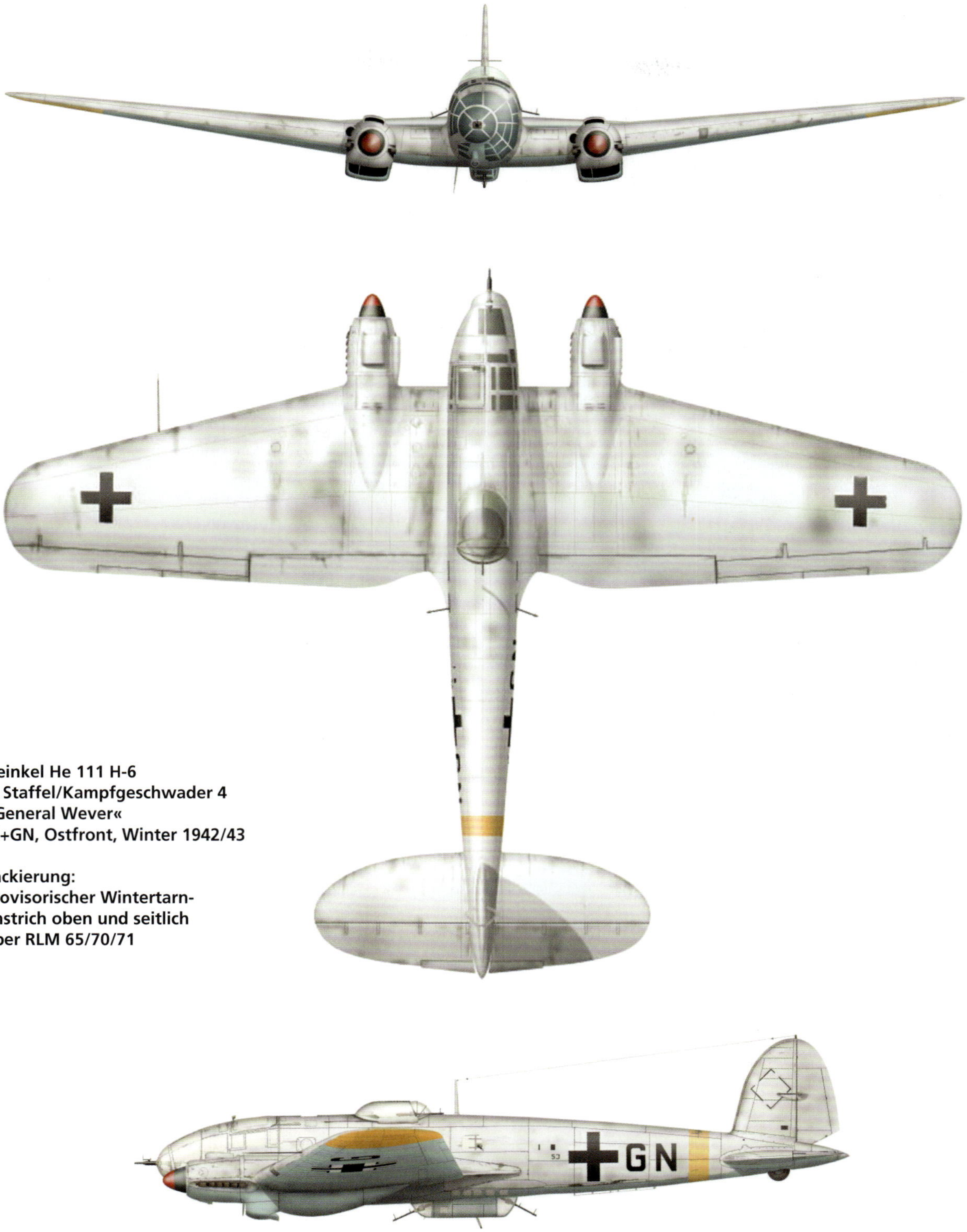

Heinkel He 111 H-6
5. Staffel/Kampfgeschwader 4
»General Wever«
5J+GN, Ostfront, Winter 1942/43

Lackierung:
Provisorischer Wintertarn-
anstrich oben und seitlich
über RLM 65/70/71

Lastensegler-Schleppmaschine He 111 Z-1 mit zwei 900-l-Zusatztanks. Die erste von zehn Serienmaschinen startete am 26. August 1942 zum Jungfernflug

Nachdem die meisten Abschussbasen zerstört waren, dienten speziell zum Aufnehmen der Fieseler Fi 103 präparierte He 111 H-22 als fliegende Absetzpunkte für die unberechenbare Flugbombe. Zwischen Juli 1944 und Januar 1945 wurden etwa 1600 Fi 103, besser bekannt unter dem Namen V1 für Vergeltungswaffe 1, in verlustreichen Dämmerungs- und Nachteinsätzen von He 111 in Richtung Großbritannien abgesetzt, wobei etwa 80 Flugzeuge der I./KG 53 und III./KG 3 verloren gingen.

In geringem Umfang kam die He 111 H auch als Aufklärer, Pfadfinder (H-16/R3 und H-18) und Schleppflugzeug für Lastensegler (H-16/R2) Gotha Go 242 und DFS 230 zum Einsatz.

Daneben bewährte sich die He 111 auch als zuverlässige Kurier- und Reisemaschine.

Die He 111 H-21 sollte mit Jumo 213-Triebwerken, ausgestattet mit Höhenladern, in Einsatzhöhen von 12 000 m operieren, was jedoch an technischen Schwierigkeiten scheiterte.

Als Absetzmaschine über feindlichem Gebiet für acht Fallschirmspringer beziehungsweise Agenten waren die Maschinen vom Typ H-23, der letzten He 111-Ausführung, vorgesehen, die zumeist jedoch zu Bombern rückgerüstet wurden.

Großlastensegler Me 321 im Schleppflug hinter einer He 111 Z

He 111-Zwilling

Um eine zugkräftige Schleppmaschine für Lastensegler zu erhalten, verband man schon 1941 kurzerhand zwei He 111 H-6 an den Flächen miteinander und montierte mittig im eingesetzten neuen 6,15 m breiten Flügelmittelstück einen weiteren

He 111 Zwilling V1, DS+EQ, W.Nr. 2695, erstmals geflogen im Herbst 1941

He 111 der rumänischen Luftwaffe

Motor. Der Abstand der beiden Rümpfe betrug 12,80 m, die Spannweite 35,40 m. Im Frühjahr 1942 kam es zu ersten erfolgreichen Schleppflügen. Die so entstandene fünfmotorige He 111 Z war in der Lage, einen voll beladenen, bis zu 40 t schweren Großlastensegler Messerschmitt Me 321 Gigant oder zwei bis drei Go 242 zu schleppen. Bei Bedarf konnten sechs Startraketen (vier mit 500 kp, zwei mit 1500 kp Schub) montiert werden. Von den sieben Besatzungsmitgliedern saßen drei im rechten und vier im linken Rumpf, von wo aus der Flugzeugführer die Maschine steuerte. Bei der Defensivbewaffnung fielen die inneren Seiten-MGs weg, in der rechten Bugkanzel war ein MG FF, in der linken ein leichteres MG 131 montiert.

Zwei Versuchsflugzeuge (DS+EQ und DG+RU) sowie zehn Serien-Zwillinge Z-1 wurden gebaut.

1942 entstandene Pläne für Fern- und Höhenbomber-Versionen auf Basis der He 111 Z wurden nicht verwirklicht.

Spanische He 111

1940 erhielt die spanische Flugzeugbaufirma Construcciones Aeronáuticas S.A. in Sevilla die Lizenz zum Bau der He 111. So wurden unter der Bezeichnung CASA 2.111 bis 1956 mehr als 200 Maschinen hergestellt, die der Baureihe H-16 entsprachen.

Als die Jumo 211-Motoren und Ersatzteile knapp wurden, griff man auf britische 1200 PS starke Rolls-Royce Merlin 500-20 und -29 zurück, ebenfalls V-12-Zylinder-Motoren, jedoch mit stehenden Zylinderreihen, wodurch das Erscheinungsbild etwas verändert wurde. Für den Film »The Battle of Britain«(Die Luftschlacht um England) flogen 1968 entsprechend lackierte CASA 2.111 als He 111 des Jahres 1940. Die letzten Exemplare der spanischen He 111 wurden erst Anfang der 1970er-Jahre ausgemustert.

Die spanischen Maschinen eingeschlossen, sollen insgesamt etwa 8000 He 111 gefertigt worden sein. Zwar in erster Linie in der deutschen Luftwaffe, stand die He 111 während des Zweiten Weltkriegs auch bei den verbündeten Ländern Rumänien, Bulgarien, Ungarn und der Slowakei in Dienst. Heute gibt es nur noch wenige erhalten gebliebene Exemplare dieses außergewöhnlichen Flugzeugs. Eines davon, eine CASA 2.111B, wird derzeit in der Flugwerft Schleißheim restauriert und soll dann in der spanischen Originallackierung ausgestellt werden. ◀

Heinkel He 111 – Teil 3

Heinkel	He 111 H-16	He 111 Z-1
Typ:	Mittlerer Bomber	Schleppflugzeug
Erstflug:	1942	1942
Besatzung:	5	7
Antrieb:	2 x Jumo 211 F-2 hängender V-12-Zylinder-Reihenmotor	5 x Jumo 211 F-2
Startleistung:	2 x 1340 PS 2680 PS ges.	5 x 1340 PS 6700 PS ges.
Kampfleistung:	2 x 1060 PS in 5300 m	5 x 1060 PS in 5300 m
Spannweite:	22,50 m	35,40 m
Länge:	16,40 m	16,40 m
Höhe:	3,93 m	3,93 m
Flügelfläche:	86,50 m²	147,00 m²
Leergewicht:	6900 kg	–
Rüstgewicht:	8320 kg	14 970 kg
Startgewicht:	14 000 kg	21 400 kg
Höchstgeschwindigkeit:	350/365 km/h auf Meereshöhe* 390/410 km/h in 4000 m* 405/435 km/h in 6000 m*	– – 440 km/h in 6000 m
Reisegeschwindigkeit:	385 km/h in 5000 m	395 km/h
Schleppgeschwindigkeit:	–	220 km/h (1 x Me 321) 250 km/h (2 x Go 242)
Landegeschwindigkeit:	130 km/h	115 km/h
Anfangssteigleistung:	4,4 m/s	–
Startrollstrecke:	700 m	ca. 720 m
Reichweite:	max. 2900 km	max. 1900 km
Dienstgipfelhöhe:	6700/8500 m*	8600 m
Abwehrbewaffnung (Standard):	A-Stand: 1 x MG FF 20 mm mit 180 Schuss B-Stand: 1 x MG 131 13 mm mit 1000 Schuss C-Stand: 1 x MG 81 Z 7,92 mm mit 2 x 1000 Schuss Seitenstände: 2 x MG 15 7,92 mm mit 750 Schuss oder 2 x MG 81 Z 7,92 mm mit 2 x 500 Schuss	A-Stände: 1 x MG FF und 1 x MG 131 B-Stände: 2 x MG 81 C-Stände: 2 x MG 81 Seitenstände: 2 x MG 81 Z
Abwurflast max.:	2000 kg 3000 kg Überlast bei 740 km Reichweite	–
Transportlast max.:	–	6000 kg

* mit/ohne Abwurflast

Spanische CASA 2.111 mit Rolls-Royce-Motoren

He 111 des »Löwen-Geschwaders« KG 26 mit tierischer Besatzung in Nordafrika

Zusätzliches 7,92-mm-MG in einem Seitenfenster einer He 111 H mit sehr eingeschränktem Sichtfeld

Ob diese He 111 mit einem derartigen Flächenschaden noch gelandet ist oder ob es sich um einen Rollschaden handelt, ist unklar

He 111 H-20 an der Ostfront mit provisorischem Winter-Tarnanstrich

Die Unterseiten dieser He 111 wurden nach wiederholtem Gebrauch von Rußfarbe offenbar neu lackiert. Das Balkenkreuz unter der Fläche zeigt noch deutlich den Zustand, in dem sich auch der Rest befunden haben dürfte

He 111 H-6 der 6./KG 55 „Greif" im Frühjahr 1942. Die Maschine trägt die Standardlackierung aus RLM 70/71/65

He 111 H-6 mit 20-mm-MG-FF in der Bugkanzel (A-Stand) vom Geschwaderstab des KG 100 „Wiking" im Winter 1942/43. Die Unterseiten der Maschine sind für Nachteinsätze mit abwaschbarer Rußfarbe übermalt

He 111 H-20 des KG 27 (G1+BT) mit Drehturm auf dem Rumpfrücken 1944 an der Ostfront

■ Angriff im Sturzflug – von der V1 zur A-Serie

Junkers Ju 87 Stuka Teil 1

Eine Kette Ju 87 A-2 1939. Die Maschinen tragen den Vorkriegs-Sichtschutzanstrich aus RLM 61/62/63/65. Der ehemals rot-weiße Hintergrund des Hakenkreuzes ist bereits übermalt

Wie kein zweiter Sturzkampfbomber des Zweiten Weltkrieges steht die Kampfmaschine mit den markanten Knickflügeln als Synonym für den Begriff Stuka. Gerade die zu Beginn des Krieges erzielten Kampferfolge ließen die Ju 87 zu einem der bekanntesten Flugzeuge seiner Zeit werden

In der Führung der seinerzeit noch im geheimen Aufbau befindlichen Reichsluftwaffe war der Bedarf einer solchen Waffe zwar umstritten. Anfang 1934 erteilte man aber dennoch den Entwicklungsauftrag für ein reines Sturzkampfflugzeug, den »Schweren Stuka«, zur Bekämpfung von Punktzielen.

Unter der Leitung von Hermann Pohlmann entstand bei Junkers das erste Versuchsmuster der Ju 87. Die Konstruktion des zweisitzigen freitragenden Ganzmetalltiefdeckers war bewusst einfach gehalten und für den rauen Einsatz auf Feldflugplätzen ausgelegt. Besonders die zweiholmig konstruierten Knickflügel mit Doppelflügel-Querruder und Landeklappen sowie das wuchtig wirkende starre großflächig verkleidete Fahrwerk fielen sofort ins Auge.

Schon im September 1934 konnte die Holzattrappe besichtigt werden, am 17. September 1935 startete die erste Versuchsmaschine mit Flugkapitän Willi Neuenhofen am Steuer in Dessau. Fliegerische konnte die Maschine durchaus überzeugen, Schwierigkeiten bereiteten allerdings das Kühlsystem des Motors und dessen geringe Leistung. Da es an einem deutschen Antrieb fehlte, hatte die

Deutlich untermotorisiert: Ju 87 V1 mit 600 PS starkem Rolls-Royce Kestrel V und Doppelleitwerk flog erstmals am 17. September 1935

Ju 87 V2 mit Jumo 210 Aa-Motor und einfachem Seitenleitwerk. Die Flächenvorderkante war im Bereich der Außenflügel noch leicht gepfeilt, was in der Serie entfiel

Serienausführung Ju 87 A-1. Die Abwehrbewaffnung ist noch nicht eingebaut (siehe auch Zeichnung)

Ju 87 V1 mit der Werknummer 4921, D-UBYR einen 600 PS starken Rolls-Royce Kestrel V-Motor mit Zweiblattpropeller erhalten, der später gegen einen wesentlich leistungsstärkeren Daimler-Benz DB 600 ausgetauscht werden sollte. Schon am 24. Januar 1936 ging die V1 jedoch durch Absturz während eines Erprobungsfluges wegen Leitwerksflattern mit anschließendem Bruch verloren. Willi Neuenhofen und Ingenieur Heinrich Kreft kamen dabei ums Leben.

Hatte die Ju 87 V1 noch ein doppeltes Seitenleitwerk für ein freies Schussfeld des Heckschützen nach hinten, ersetzte man dieses schon beim zweiten Versuchsmuster gegen eine Einzelflosse. Außerdem wurde die am 25. Februar erstmals geflogene V2, W.Nr. 4922, (D-IDQR, dann D-UHUH) mit dem 20-Liter-Motor Junkers Jumo 210 Aa (später 210 G) ausgerüstet. Das 680 PS starke Vergaser-Triebwerk drehte eine Dreiblatt-Luftschraube und hatte einen Bodenlader. Weder in der V1 noch in der V2 war eine Flächenbewaffnung eingebaut. Das Versuchsmuster V3, W.Nr. 4923, erhielt als erste Ju 87 Ausgleichsgewichte an den Höhenrudern, zudem wurde die Verkleidung des Fahrwerks überarbeitet.

Die Ju 87 setzt sich durch

Entgegen den Erwartungen konnte sich die robuste Junkers-Konstruktion letztlich gegen die Mitbewerber He 118 von Heinkel, Ha 137 der Hamburger Flugzeugbau (Blohm & Voss) und den von Generalluftzeugmeister Ernst Udet bevorzugten aber an sich konstruktiv veralteten Doppeldecker Arado Ar 81 durchsetzen. Zwar wusste die Ju 87 in

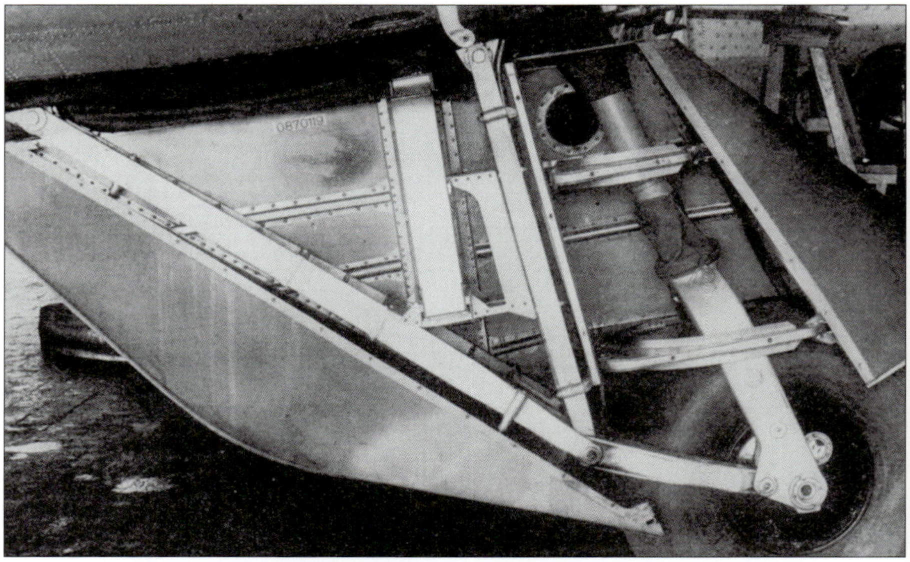

Unter der für die A-Serie charakteristischen sogenannten Hosenbein-Verkleidung verbarg sich die extrem stabile Hauptfahrwerkskonstruktion

fliegerischer Hinsicht zu überzeugen und begeisterte besonders mit ausgezeichneten Sturzeigenschaften, doch war die Maschine zweifelsohne zu schwach motorisiert, wodurch ein rasches Wegsteigen nach dem Angriff kaum möglich war. Ein stärkerer Motor stand entsprechend weit oben auf der Verbesserungsliste für die künftige Einsatzmaschine der neuen deutschen Luftwaffe. Aus den nochmals im Detail überarbeiteten Versuchsmustern 4 und 5 entstand die Vorserie A-0- (elf Exemplare) und A-1-Serie mit Jumo 210 D. Gespeist wurde der hängende V-12-Zylinder aus zwei in die inneren Tragflächen installierten selbstdichtenden Kraftstofftanks.

Schon bald folgte die A-2, angetrieben von dem etwas leistungsfähigeren Jumo 210 Da mit einer Startleistung von 720 PS und Zweigang-Höhenlader. Der Motor drehte eine verbesserte Dreiblatt-Luftschraube und konnte in die älteren Modelle nachgerüstet werden.

Die maximale Abwurflast der Ju 87 A lag bei 500 kg. Diese konnte wegen der zu schwachen Motorleistung jedoch nur ohne Bordfunker sowie dessen gesamter Ausrüstung einschließlich Bewaffnung (insgesamt 180 kg) ausgenutzt werden, ansonsten blieb sie auf 250 kg beschränkt.

Auch war es möglich unter jeder Fläche mittels ETC-Träger ein bis zwei 50-kg-Bomben mitzuführen. Als Starrbewaffnung erhielt das auffällige Knickflügel-Flugzeug ein Maschinengewehr 7,92-mm-MG 17 mit 500 Schuss in der rechten Fläche. Zur Abwehr von rückwärtigen Angreifern stand dem Bordschützen und Funker ein Rheinmetall Borsig-MG 15, Kaliber 7,92 mm, auf einer Schlitzlafette zur Verfügung. Der Munitionsvorrat hierfür belief sich auf 1050 Schuss in 14 Trommeln mit je 75 Schuss.

Sturzflug- und Abfangautomatik

Ein grundlegendes Ausstattungsmerkmal der Ju 87 war deren Sturzflug- beziehungsweise Abfangautomatik, die dem Flugzeugführer das Anvisieren und nahe Herangehen an das Ziel erheblich erleichterte. Durch Betätigen eines Schalthebels für die Automatik wurden die Sturzflugbremsen ausgefahren, wor-

Der Arbeitsplatz des Funkers und Bordschützen einer Ju 87 A. Er saß auf einem drehbaren Sitz

Junkers Ju 87 Stuka V1 bis A

Junkers Ju 87	A-1
Einsatzzweck	Zweisitziges Sturzkampfflugzeug
Antrieb	Junkers Jumo 210 D, flüssigkeitsgekühlter, hängender V-12-Zylinder-Reihenmotor
Leistung	680 PS
Spannweite	13,80 m
Länge	10,78 m
Höhe	3,80 m
Flügelfläche	31,90 m²
Leergewicht	2270 kg
Startgewicht max.	3400 kg
Höchstgeschwindigkeit	320 km/h 295 km/h (mit 250-kg-Bombe in Bodennähe)
Marschgeschw. max.	275 km/h
Sturzgeschw. max.	450 km/h
Landegeschwindigkeit	100 km/h
Steigleistung (beladen)	16 min auf 4000 m 31min auf 6000 m
Reichweite	950 km 600 km in 4000 m (beladen)
Gipfelhöhe (beladen)	7000 m
MG-Bewaffnung	1 x 7,9 mm MG 17 (rechte Fläche) 1 x 7,9 mm MG 15 (Bordschütze)
Bombenzuladung	1 x 250 kg od. 1 x 500 kg (solo)

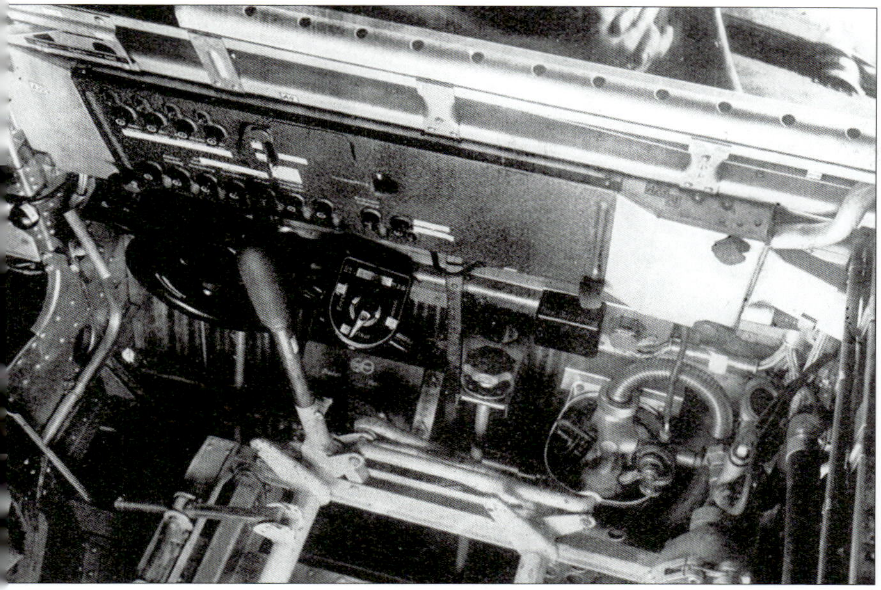

Instrumentenbrett und Bedienungselemente im Führerraum einer Ju 87 A

auf eine Trimmklappe am Höhenruder die Maschine in einen kopflastigen Flugzustand brachte. Zudem wurde der Steuerknüppel auf einen Ausschlag von fünf Grad begrenzt.

Beim Erreichen einer vorberechneten Abwurfhöhe löste der Flugzeugführer die Bombe(n) aus, wodurch die Automatik die Trimmklappe wieder einfuhr, das Flugzeug schwanzlastig und der Abfangvorgang eingeleitet wurde. Damit die Bombe unter dem Rumpf nach dem Auslösen nicht in die Luftschraube geraten konnte, führte die sogenannte Abweisergabel die Bombe aus dem Propellerbereich.

Im rauen Einsatz bei der Truppe

Der erste scharfe Einsatz des Sturzkampfbombers Ju 87 fand ab Ende 1936 bei der Legion Condor statt, der deutschen Eingreiftruppe in Spanien, während des dort tobenden Bürgerkriegs.

LINKS Der Heckschütze in einer Ju 87 A musste mit einem relativ begrenzten Schussfeld auskommen

RECHTS 250-kg-Bombe unter eine Ju 87 A. Mittels Abweisergabel wurde die Bombe Auslösen vom Propellerkreis ferngehalten

Männer des Bodenpersonals beladen per Hubwagen eine Ju 87 A

Ju 87 A einer Stuka-Vorschule. Im Vergleich zur Schiebemechanik späterer Varianten war die Kabine der A-Version noch mit einem Klappmechanismus ausgestattet

Zwei Ju 87 A des St.G 165, links eine A-1, rechts eine A-2 (erkennbar am oben abgerundeten Seitenruder), werden einsatzklar gemacht

Ju 87 V4 – sie wurde als erste Ju 87 der Legion Condor (VK/88) in Spanien überstellt, wo sich zahlreiche Schwierigkeiten offenbarten

Als erste Ju 87 musste die noch unausgereifte Ju 87 V4 dort ihre Einsatztauglichkeit beim Versuchskommando Kampfflugzeuge (VK/88) unter Beweis stellen. Dies fiel jedoch insgesamt eher unbefriedigend aus. Nachdem die V4 aus Spanien zurückgeholt wurde, folgte ab Frühjahr 1937 die V5, wiederum gefolgt von drei Ju 87 A-0 aus der Vorserie.

Diese Maschinen wurden in besonderem Maße auch dazu benutzt, um möglichst vielen Besatzungen, Piloten und Funkern/Bordschützen die Möglichkeit zu geben, äußerst wertvolle Einsatzerfahrungen zu sammeln. Nach einigen Anlaufschwierigkeiten und trotz der eindeutig zu schwachen Motorisierung zeigte sich in Spanien die Leistungsfähigkeit der Ju 87. Vor allem bestätigte sich die Richtigkeit des anfangs umstrittenen Sturzkampfbomber-Konzepts.

Die 1. Staffel des Sturzkampfgeschwaders 162 (1./St.G 162) »Immelmann« erhielt im Frühjahr 1938 als erste offizielle Einheit der Luftwaffe Serienmaschinen Ju 87 A-0, gefolgt von A-1- und A-2 im Sommer 1938.

Sehnsüchtig wurde eine stärker motorisierte Version der Ju 87 erwartet, die durch den Einbau des annähernd doppelt so starken Jumo 211-Triebwrks in der Entwicklung stand, erwartet. Dies führte gleichzeitig auch zur nächsten Ju 87-Serie, der Version B, die ab 1938 in Großserie gefertigt wurde, während die A-Versionen nach und nach überwiegend an Stuka-Schulen abgegeben wurden, wo sie vereinzelt sogar 1944 noch im Einsatz standen.

262 Maschinen der Typen Ju 87 A-0, A-1 und A-2 verließen von Juli 1937 bis September 1938 die Werkshallen, 70 davon wurden bei der Weser Flugzeugbau GmbH gefertigt.

Die zwölfte Serienmaschine Ju 87 A-1 im Einfugbetrieb bei Junkers im Vorkriegs-Segment-Sichtschutzanstrich aus RLM 61/62/63/65

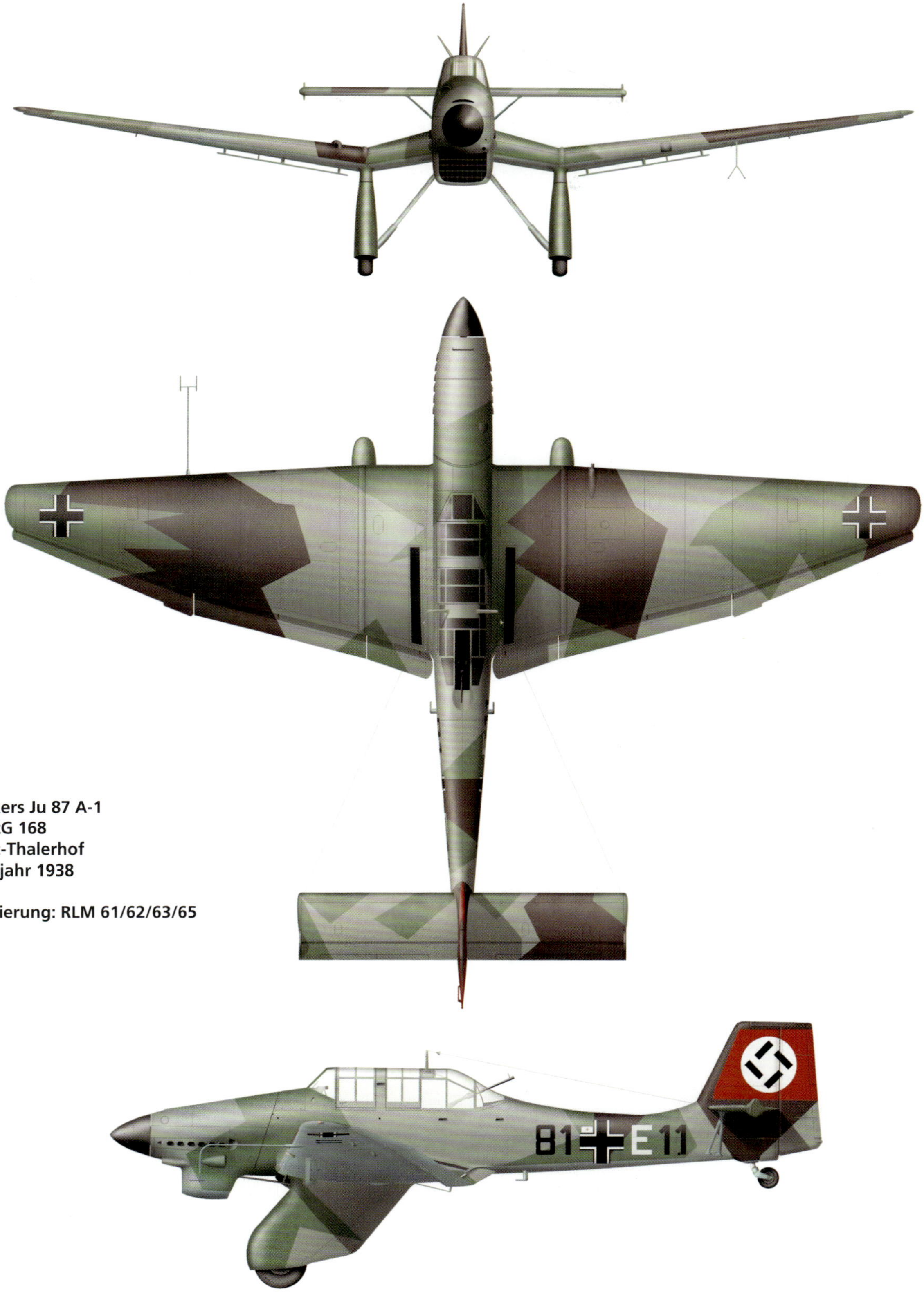

Junkers Ju 87 A-1
1./StG 168
Graz-Thalerhof
Frühjahr 1938

Lackierung: RLM 61/62/63/65

Ju 87 A-1 der 5. Staffel J/88, Legion Condor, Calamocha/Spanien im Januar 1938. Die Maschine wurde unter anderem von Leutnant Hermann Haas geflogen. Lackierung: RLM 61/62/63/65

Ju 87 A-2, die 1938 bei der Japanischen Heeres-Luftwaffe erprobt wurde. Lackierung: möglicherweise RLM 61/62

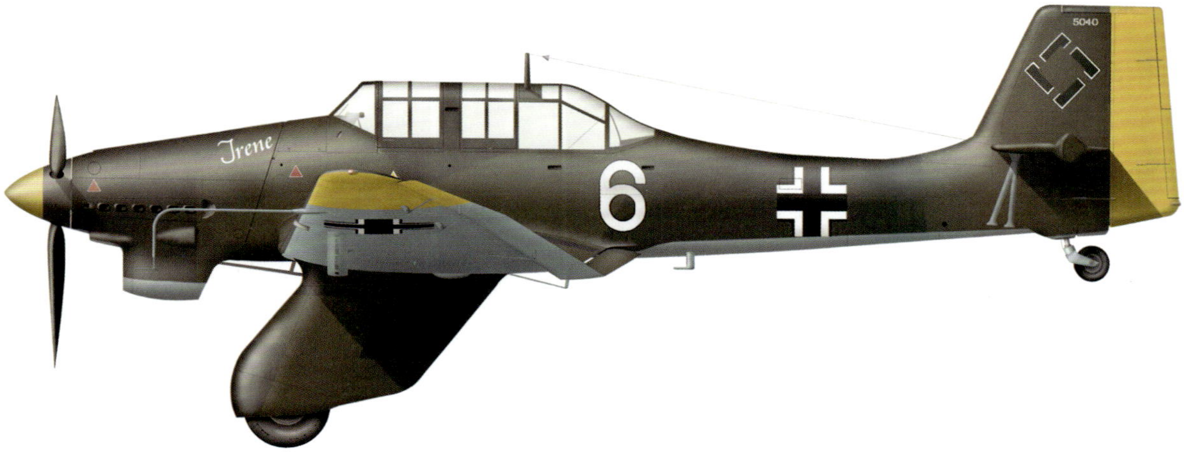

Ju 87 A-1, W.Nr. 5040, der Stuka-Vorschule Bad Aibling (Graz?). Lackierung: RLM 70/71/65

Ju 87 B-1 der 1./StG 1 kurz nach Kriegsbeginn im Standard-Sichtschutzanstrich

Der erste einsatztaugliche Stuka

Junkers Ju 87 Stuka Teil 2

Mit der leistungsstarken Ju 87 B erhielten die Stuka-Einheiten der Luftwaffe ein rundum einsatztaugliches Kampfflugzeug, das zum festen Bestandteil der deutschen Blitzkriegtaktik wurde und schon bald als Angst einflößend heulende Kampfmaschine Berühmtheit erlangen sollte

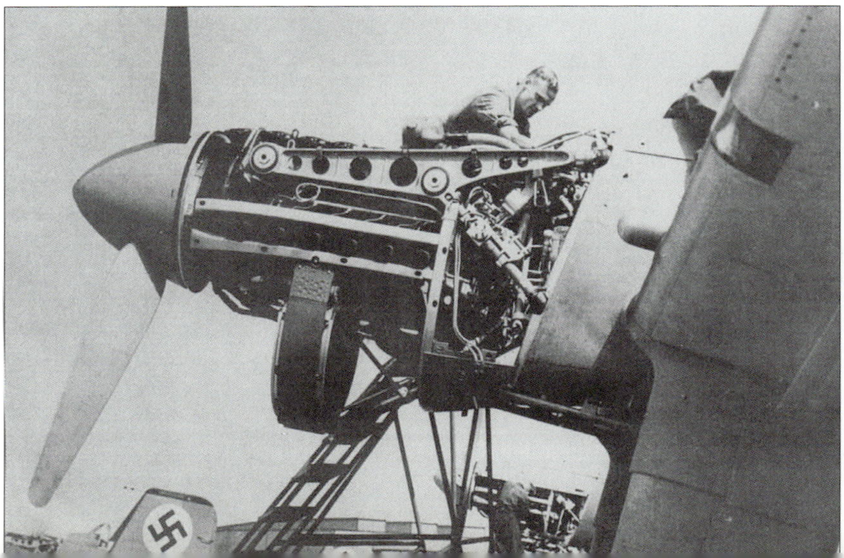

Da der Jumo 210-Motor der A-Serie nicht genügend Leistung bot, bedurfte es dringend eines stärkeren Antriebs. Der neue Jumo 211 sollte der folgenden B-Serie genug Reserven für ein schnelles Wegsteigen nach dem Angriff verleihen und zudem die Möglichkeit bieten, auch bei maximaler Bombenlast den zweiten Mann an Bord zu haben. Gegenüber den 20 Litern des 210 war der Hubraum beim Jumo 211 A auf 30 Liter erhöht worden. Am 14. Juni 1937 startete die Ju 87 V6, eine umgebaute Maschine der A-Serie, mit dem 1100 PS starken Aggregat zum Erstflug. Dermaßen umgerüstet folgte die V7, die, wie das sechste

Fertige Ju 87 B-1 vor der Auslieferung

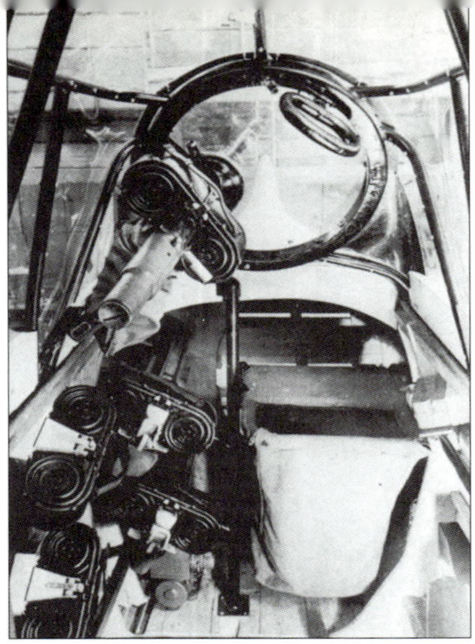

LINKS **Startbereite Ju 87 B-1 des StG 77 mit Auspuffanlage früher Ausführung. Ältere Modelle wurden oftmals so bald wie möglich auf den neuesten Stand gebracht**

MITTE **Abwehrstand-Attrappe der Ju 87 B mit MG 15 und Magazinen**

RECHTS **Bombenwurf einer Ju 87 B. Der Sturz wurde in der Regel in einem Winkel von 70 – 90° geflogen. Die Ju 87 zeichnete sich durch hohe Stabilität im Sturzflug aus und war zumindest in dieser Hinsicht für ihrer Aufgabe hervorragend geeignet**

Versuchsflugzeug, zur Erprobung des Antriebs samt Verstell-Luftschrauben herangezogen wurde.

B-Serie

Als erstes Musterflugzeug für die Serie Ju 87 B entstand die V8 (W.Nr. 4926), die am 11. November 1937 erstmals vom Boden abhob. Weitere B-Serienmuster entstanden teilweise durch Umbau von Exemplaren der A-Serie.

Nach wenigen B-0-Maschinen lief Anfang 1938 die Großserienproduktion der Version B-1 an. Ein mächtiger Kinnkühler beherbergte den Flüssigkeitskühler, während oberhalb des Motors der Ölkühler installiert war. Der Kraftstoffvorrat belief sich auf 470 Liter in zwei Tragflächentanks und ließ eine Reichweite von etwa 800 km zu. Äußerlich fiel neben der veränderten Frontpartie der erheblich verbesserte Kabinenaufbau ins Auge. Pilot und Funker bestiegen den Knickflügler über Hauben, die sich nun

Eine Ju 87 B der 3./StG 1 wurde gerade per Handkurbel angelassen

Lärmgerät und Jericho-Trompeten

An den Fahrwerksbeinen vieler Ju 87 waren durch einen kleinen Propeller (Durchmesser 70 cm) betriebene Lärmgeräte angebracht, die während des Sturzangriffs vom Piloten angeschaltet wurden. Der ohrenbetäubend kreischende Lärm dieser Sirenen wirkte sich bei den angegriffenen Truppen, besonders zu Anfang des Krieges, oft derart demoralisierend aus, dass es immer wieder zu panikartigen Reaktionen kam. Nicht selten war nur ein Lärmgerät, meist am linken Fahrwerksbein, angebracht. Mit Fortlauf des Krieges wurden die Lärmgeräte oft durch Ausbau des Propellers stillgelegt, was bei nicht wenigen Stukas durch die Besatzungen selbst veranlasst wurde – schließlich kosteten die Krachmacher 20 bis 25 km/h Fahrt. So genannte Jericho-Trompeten, kleine Pfeifen, die an den Bomben angebracht waren, ersetzten später oftmals die Lärmgeräte.

Ju 87 B-1 im Vorkriegsanstrich mit bunter Hakenkreuzfahne am Seitenleitwerk

komfortabel nach hinten aufschieben ließen. Das 7,92-mm-MG 15 des Bordschützen und Funkers war jetzt in eine Linsenlafette eingehängt, die einen weiteren Abwehrraum zuließ. An Munition waren 900 Schuss an Bord. Als Starrbewaffnung kamen zwei MG 17, Kaliber 7,92 mm, mit je 500 Schuss in den Flächen zum Einbau. Gezielt wurde mittels Reflexvisier Revi 12 C.

Ebenfalls neu entworfen wurde das Hauptfahrwerk, das auch eine gänzlich überarbeitete Verkleidung erhielt. Alternativ konnte für den Winterbetrieb ein Kufenfahrwerk montiert werden, dessen Einsatz jedoch dann vermieden wurde, da der Leistungsabfall zu groß ausfiel.

Zusätzlich zu einer unter dem Rumpf mitgeführten 250 kg-Bombe, konnten vier 50 kg-Bomben an Trägern, so genannte ETC (Elektrische Trägervorrichtung für Cylinderbomben) unter die Tragflächen gehängt werden. Wahlweise war auch die Bewaffnung mit einer 500 kg-Bombe am ETC 500 möglich. Als Funkausrüstung stand neben der Eigenverständigungsanlage ein FuG VIIa zur Verfügung, später zusätzlich auch das Kenngerät FuG 25 zur Freund/Feind-Identifizierung.

1000 kg Last mit der B-2

Nach der B-1 gelangte ab 1939 die nochmals etwas leistungsgesteigerte B-2 mit 1200 PS starkem Jumo 211 D zur Auslieferung. Die mögliche Bombenlast stieg auf 1000 kg, was auch die Verstärkung des Fahrwerks erforderlich machte. Zur notwendigen Gewichtserhöhung führten auch Panzerplatten, die nachgerüstet werden konnten und dringend benötigt wurden.

Mit der Ju 87 B-2/Trop wurde man bei Junkers auch den speziellen Anforderungen auf dem nordafrikanischen beziehungsweise gesamten Kriegsschauplatz um das Mittelmeer gerecht.

Zur Trop-Version gehörte neben einem Sandfilter für den Motor auch eine umfangreiche Sonderausstattung für die Besatzung, wozu unter anderem Schlaf- und Rucksäcke, Moskitonetze, Gummimatratzen, ein Buschmesser, eine Schrotflinte und Verpflegung samt Benzinkocher gehörten. Untergebracht war die Notausrüstung im Rumpf und in den Flächen.

Ju 87 B-2 der 6. Staffel des StG 77 während des Balkanfeldzuges 1941. Die serienmäßig RLM 70/71/65 lackierte Maschine ist zudem mit für diesen Kampfraum bestimmten gelben Markierungen versehen

Die direkte Unterstützung der Bodentruppen war ein entscheidender Faktor der erfolgreichen Blitzkriegtaktik

Warte bei der Arbeit an einer mit Bomben bestückten Ju 87 B-2

Zwei Ju 87 R (Reichweite) der 2./StG 3 mit abwerfbaren 300-l-Zusatztanks im Mittelmeerraum

Ju 87 R-2/trop des StG 2 mit gepanzertem Abwehrstand über Nordafrika

Ein sich immer wieder zeigender Mangel der Ju 87 war deren ungenügende Eindringtiefe. So entstand zur Erhöhung der Reichweite auf bis zu 1250 km die R-Variante, die unter den Außenflächen zwei je 300 Liter fassende abwerfbare Zusatztanks mitführen konnte. Entsprechend erhöhte man auch den Schmierstoffvorrat, ansonsten entsprachen die R-1 und R-2 der B-1 beziehungsweise B-2. Die Bombenzuladung war mit zusätzlichen Treibstoffbehältern auf maximal 500 kg beschränkt. Gefertigt wurden die ersten R-Modelle ab Januar 1940.

Zum Schleppen eines DFS 230-Lastenseglers wurde am Heck der Ju 87 R-3 (aus R-2) ein Geschirr angebracht. Per Funk konnte Verbindung zum Piloten des Seglers gehalten werden. Nur wenige Maschinen wurden derart umgerüstet.

Die letzte R-Version, Ju 87 R-4, die nur noch in wenigen Exemplaren gebaut wurde, erhielt den 1300 PS starken Jumo 211 J, der auch die folgende Ju 87 Dora antrieb.

Bei Junkers und Weserflug (WFG) wurden von der B-Serie bis Oktober 1941 697 B-1 und 225 B-2 sowie 105 R-1 und 616 Ju 87 R-2 gefertigt.

Träger-Stuka

Nicht in Serie ging hingegen die für den Flugzeugträger »Graf Zeppelin« vorgesehene Version C-1 mit Platz sparend nach hinten klappbaren Tragflächen und am Heck installiertem Fanghaken.

Gemischte Einsatzbilanz

Zur ersten erfolgreichen Einsatzerprobung von Maschinen der B-Serie kam es in geringem Umfang bereits im Spanischen Bürgerkrieg. Während des Polen- und Frankreichfeldzugs zeigten sich die

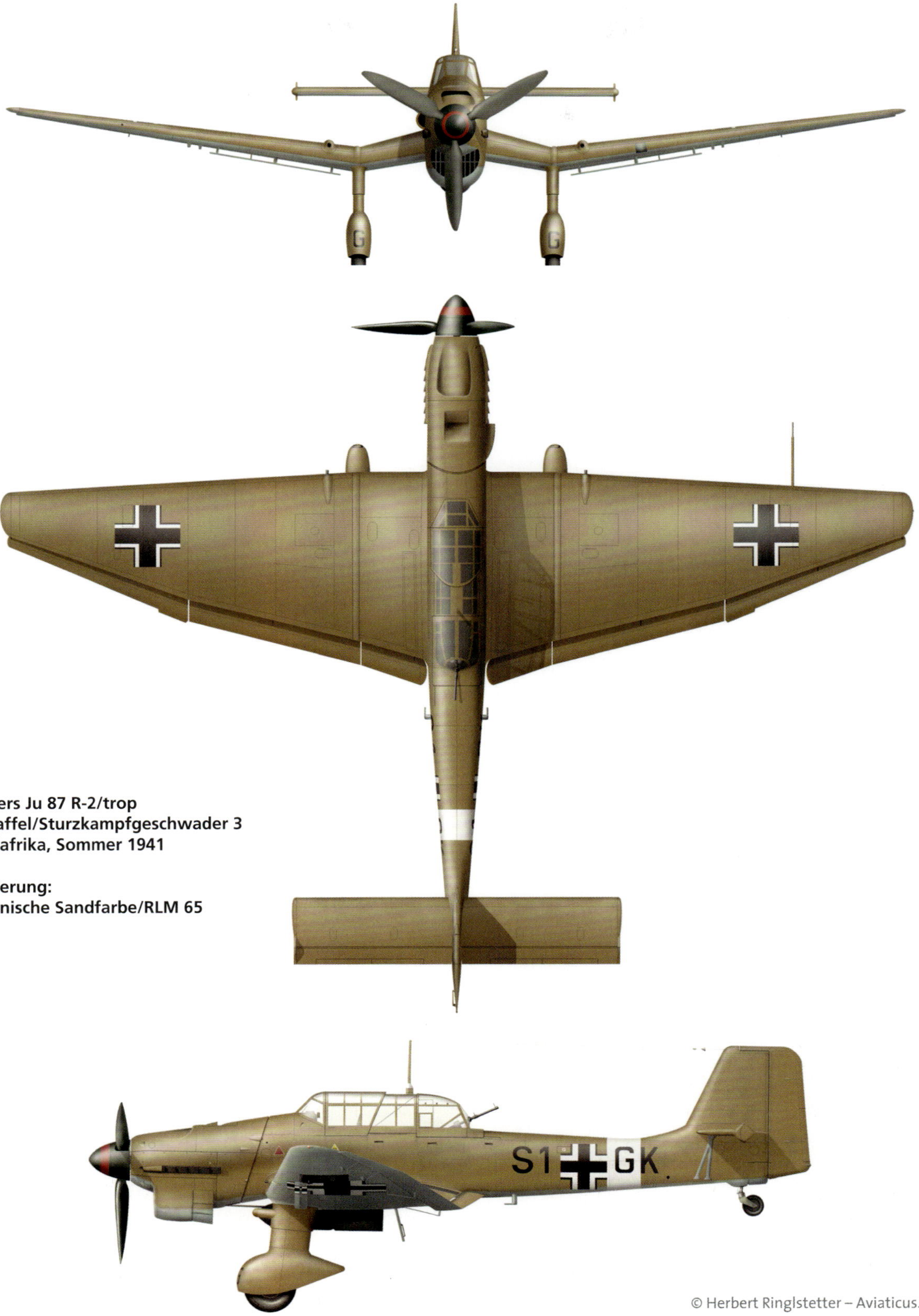

Junkers Ju 87 R-2/trop
2. Staffel/Sturzkampfgeschwader 3
Nordafrika, Sommer 1941

Lackierung:
Italienische Sandfarbe/RLM 65

Ju 87 B-2 der Regia Aeronautica, der italienischen Luftwaffe, wo die Ju 87 in großer Zahl im Einsatz stand

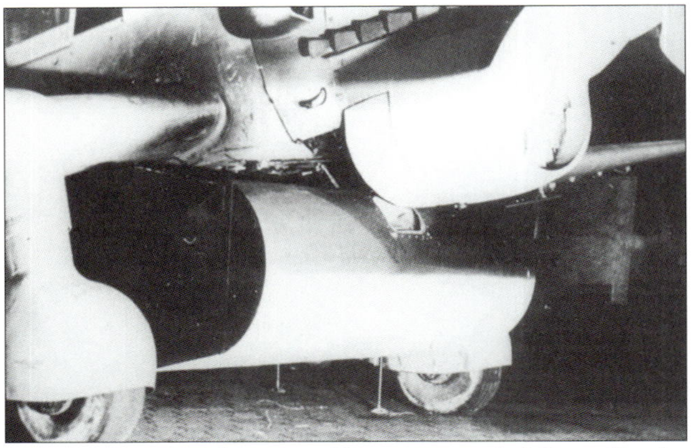

Zwei Ju 87 B-2 wurden mit Dobbas-Transportbehältern für ein Gewicht von bis zu 1061 kg erprobt

Junkers Ju 87 Stuka – Teil 2

Junkers Ju 87	B-1	B-2 (R-2)
Einsatzzweck	Zweisitziges Sturzkampfflugzeug	
Antrieb	Junkers Jumo 211 A (D), flüssigkeitsgekühlter, hängender V-12-Zylinder-Reihenmotor	
Startleistung	1100 PS	1200 PS
Dauerleistung	–	1190 PS
Spannweite	13,80 m	13,80 m
Länge	11,00 m	11,00 m
Höhe	3,77 m	3,77 m
Flügelfläche	31,90 m²	31,90 m²
Leergewicht	2760 kg	–
Rüstgewicht	–	– (3450 kg)
Startgewicht max.	4250 kg	– (5600 kg)
Höchstgeschwindigkeit	380 km/h	–
Marschgeschw. max.	330 km/h	–
Sturzgeschw. max.	550 km/h	550 km/h
Landegeschwindigkeit	110 km/h	110 km/h
Steigleistung	4,5 min auf 2000 m 8,8 min auf 3000 m 12 min auf 4000 m	– – (16 min) –
Reichweite ca.	800 km	700 km 1250 km mit Zusatztanks
Gipfelhöhe (beladen)	8100 m	6000 m
Starr-Bewaffnung	2 x MG 17 – 7,9 mm	2 x MG 17 – 7,9 mm
	1 x MG 15 – 7,9 mm	1 x MG 15 – 7,9 mm
Bombenzuladung	1 x 500 kg oder 1 x 250 kg oder 1 x 250 kg + 4 x 50 kg	500 kg mit Zusatztanks 1000 kg ohne

Stukas in Verbindung mit den Bodentruppen als äußerst wirkungsvolle Waffe und wichtiger Bestandteil der Blitzkriegtaktik. Das sehr aggressive, einem Raubvogel gleichende Erscheinungsbild der Ju 87 vermochte dem Gegner anfangs gehörigen Respekt einzuflößen, die im Sturz demoralisierend heulenden Sirenen taten ein Übriges. Im Sommer 1940, während der Battle of Britain, der Luftschlacht um England, erlitten die Stuka-Verbände jedoch herbe Verluste und wurden größtenteils aus dem Einsatz genommen. Massiv in Erscheinung traten Stuka-Einheiten erst wieder im Balkanfeldzug, im Kampf um Malta und in Nordafrika. Besonders im Mittelmeerraum kam es zum Einsatz der Reichweiten-Stukas. Zum Feldzug gegen die Sowjetunion, dem am 22. Juni 1941 beginnenden Unternehmen Barbarossa, gelangte das bisher größte Aufgebot an Ju 87 zum Kampfeinsatz. Noch einmal war die Blitzkrieg-Taktik erfolgreich. Die Bedingungen verschlechterten sich allerdings zusehends. Grundlage für einen erfolgreichen Einsatz war stets ein ausreichender Jagdschutz, der jedoch im Verlauf des Krieges immer weniger gewährleistet werden konnte. Von einer erfahrenen Besatzung geflogen, war die langsame Ju 87 gegnerischen Jagdfliegern jedoch keineswegs hilflos ausgeliefert. So verschoss so mancher Jägerpilot seine Munition auf der Jagd nach der vermeintlich leichten Beute. Zudem konnte die Ju 87 ein enormes Maß an Kampfbeschädigungen verkraften. Doch der Bestand an erfahrenen noch vor dem Krieg ausgebildeten Besatzungen schmolz rapide dahin, neue, unerfahrene fanden oft schnell den Tod.

Ju 87 R-2/trop der I./StG 1 mit nachträglich bei der Truppe ausgeführter Fleckentarnung

Ju 87 B-2, geflogen vom Gruppenkommandeur der III./StG 1, Hauptmann Helmut Mahlke, Falaise/Frankreich im August 1940. Lackierung: RLM 70/71/65

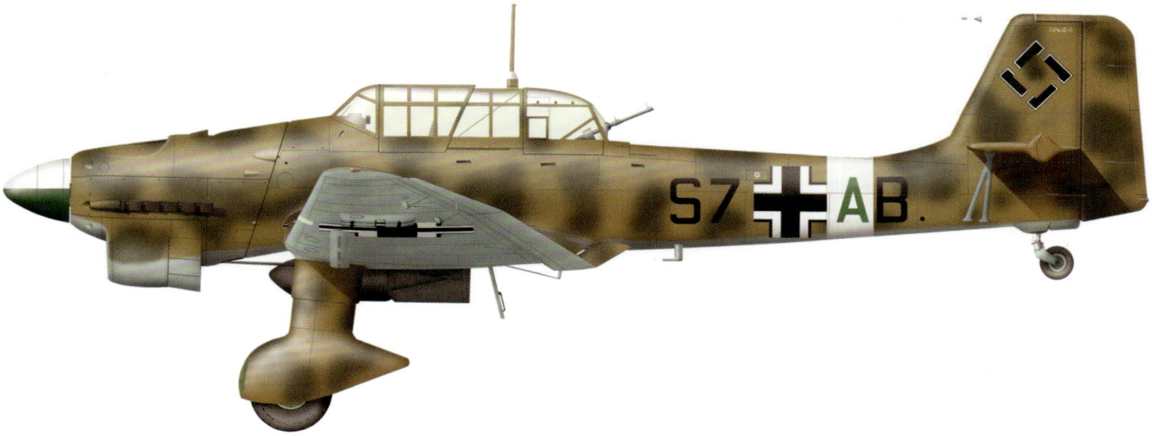

Ju 87 R-2/trop, Stab/I. StG 3, Tmimi/Lybien im Mai 1942. Geflogen wurde die Maschine von Gruppenkommandeur Hauptmann Heinrich Eppen. Lackierung: RLM 70/71/65, darüber italienisches Sandgelb

Ju 87 R-2 der I. Gruppe (2. Staffel) des StG 1, Trapani/Sizilien im Frühjahr 1941. Lackierung: 70/71/65

Ju 87 D-5 der 1./StG 5 im Einsatz über der Sowjetunion. Die ersten Maschinen der D-Serie kamen erst Anfang 1942 zur Truppe

Vom Sturzkampfbomber zum Panzerjäger

Junkers Ju 87 Stuka Teil 3

Mit der D-Serie erschien 1941 eine abermals überarbeitete Version des berühmten Sturzkampfbombers, der dann auch als Schlachtflugzeug speziell zur Erdkampfunterstützung eingesetzt werden sollte

Ju 87 D-2 der I. Gruppe des StG 2. An der Fläche sind die beiden verkleideten ETC-Träger zur Aufnahme von unterschiedlichen Lasten zu sehen

Gegenüber der Ju 87 B waren Kabinenhaube sowie Motor- und Kühlerverkleidung der Ju 87 Dora komplett überarbeitet worden und verliehen der neuen Variante, dessen erstes Musterflugzeug die Ju 87 V21 darstellte, ein neues, weitaus schnittigeres Aussehen.

Die Langstreckenflug-Qualitäten der R-Ausführung wurden in die Ju 87 D integriert, die Flächen waren mit neuen strömungsgünstig verkleideten Trägern zur Aufnahme von sämtlichen zur Wahl stehenden Abwurflasten, einschließlich 300-l-Zusatztanks, ausgestattet. Des Weiteren wurde das weiterhin nicht einziehbare Fahrwerk, das später für Notlandungen auf unebenem Gelände sogar absprengbar ausgelegt war, verstärkt. Für den Wintereinsatz stand wahlweise ein Schneekufen-Fahrwerk zur Verfügung. Die Flächenbewaffnung sollte durch den Einbau von zwei schweren

Ju 87 D vom StG 77. Die Radverkleidungen sind demontiert, um auf den aufgeweichten Einsatzplätzen besser zurecht zu kommen

Ju 87 D in fortgeschrittenem Fertigungsstadium. Die Bauteile wurden von verschiedenen Firmen zugeliefert und bei Junkers endmontiert

MG 151/20, Kaliber 20 mm, anstelle der bisher verwendeten MG 17 stark verbessert werden. Dies wurde gerade auch für den geforderten Einsatz als Schlachtflugzeug für nötig erachtet. In Serie ging die verstärkte Flächenbewaffnung aber vorerst nicht. Stark verbessert wurde mit der Einführung der D-Serie die rückwärtige Bewaffnung im B-Stand. Der Funker und Bordschütze bediente nun ein doppelläufiges 7,9-mm-MG 81 Z, ein Zwillings-MG, das eine höhere Schussfolge als das bisher verwendete MG 15 hatte. Als Munitionsvorrat standen 1000 Schuss je Lauf zur Verfügung.

Produktions-Verzögerungen

Die Serienreife des Junkers Jumo 211 J ließ jedoch auf sich warten, Versuche mit dem DB 603 führten zu keinem zufrieden stellenden Ergebnis. Bis zum Frühjahr, teilweise sogar Sommer 1941, dauerte es, bis die ersten Musterflugzeuge V21 bis V25 mit 1420 PS starken Jumo 211 J ausgerüstet zur ausgiebigen Erprobung herangezogen werden konnten.

Mit der Motorleistung konnte auch die Bombenzuladung der 87 noch einmal gesteigert: Bis zu 1800 kg konnten als Überlast ins Ziel gebracht werden. In der Regel waren allerdings selten mehr als 750 kg untergehängt.

Die Serienproduktion der Ju 87 D-1 lief jedoch nur sehr schleppend an, so kamen die ersten Maschinen erst Anfang 1942 zu den Einheiten der Luftwaffe.

Wie schon bei der B-, sollte auch aus der D-Serie (D-2) eine spezielle Tropenversion (trop oder Trop) für den Einsatz in Nordafrika entwickelt werden, die jedoch fallengelassen und erst etwas später als Ju 87 D-3/Trop wieder aufgegriffen wurde.

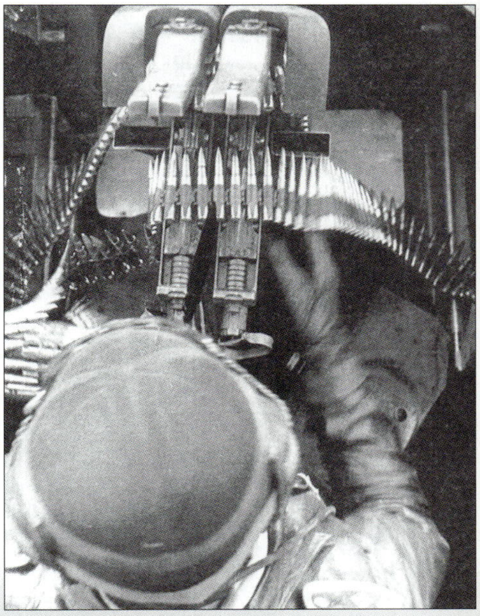

RECHTS **Ein Bordschütze/Funker beim Einlegen der Munitionsgurte in das Zwillings-MG 81 Z, Kaliber 7, 9 mm. Pro Lauf standen bis zu 1000 Schuss zur Verfügung.**

Ju 87 D-1 des StG 2 »Immelmann« im provisorischen Wintertarnanstrich. Die 50 kg-Bomben unter den Flächen sind mit Abstandzündern versehen, die ein Detonieren über dem Boden ermöglichten und verheerende Splitterwirkung zeigten

Ju 87 D-5 der 1./SG 3 mit einer SC 250- und vier SC 50-Bomben (siehe auch Grafik)

Mit zusätzlicher Panzerung versehene Ju 87 D. Hinten ragt das Zwillings-MG 81 Z mit doppelter Visiereinrichtung heraus

Eine aufgebockte Ju 87 G auf dem Schießstand. Das Abfeuern der 37-mm-Kanonen lässt die Halle vibrieren

Nach der mit erhöhtem Panzerschutz ausgestatteten D-3, die schon sehr hinsichtlich der Verwendung als Schlachtflugzeug ausgelegt war, folgte die Version D-5 mit auf 15 Meter verlängerter Spannweite und nochmals verbesserter Panzerung. Zudem wartete die Ju 87 D-5 endlich mit der schon lange geforderten verstärkten Flächenbewaffnung mit zwei MG 151/20 auf. Der Munitionsvorrat lag bei je 180 Schuss. Für Nachtschlachteinsätze wurde eine spezielle Zusatzausrüstung eingebaut. Außerdem erhielt die D-5 ein zusätzliches Querruderlager

Die Version D-6 entfiel, bei den Typen D-7 und D-8 handelte es sich um Umbauvarianten aus D-1- beziehungsweise D-3-Flugzeugen, die die größeren Tragflächen der Ju 87 D-5 erhielten.

Nicht in Serie gebaut wurde die mit einem Torpedo rüstbare D-4, die, mit Klappflügeln und Fanghaken ausgerüstet, für den Einsatz auf dem Flugzeugträger Graf Zeppelin vorgesehen war. Das Schiff wurde jedoch nie fertig gestellt. Ausschließlich zu Schulungszwecken entstand die Ju 87 H mit Doppelsteuerung und Blindflugausrüstung.

Schlachtgeschwader

Auch wenn die veraltete Ju 87 immer noch ein ausgezeichnetes Flugzeug für den Sturzangriff darstellte, wurden Angriffe dieser Art mit Fortschreiten der

Ju 87 G-2, SG 2, Ostfront im Sommer 1944. Geflogen wurde die mit sonst nur bei Jagdflugzeugen üblichen Markierungen versehene Maschine von Geschwaderkommodore Oberstleutnant Hans-Ulrich Rudel, dem erfolgreichsten und bekanntesten Stuka-Flieger. Rudel brachte es bis Kriegsende auf 2530 Feindflüge (auch Fw 190), wobei er eine mehr als außergewöhnliche Einsatzbilanz erreichte

schlechten Kriegslage immer riskanter und verlustreicher. Ohne ausreichenden Jagdschutz waren die langsamen Stukas zu verwundbar. Neue Taktiken wurden notwendig, so flogen Ju 87 immer öfter als Schlachtflugzeuge in Tages- und Nachteinsätzen. Aus Sturzkampfgeschwadern (StG) wurden ab Herbst 1943 Schlachtgeschwader (SG). Für Nachteinsätze waren die Flugzeuge mit einer Blindflugausrüstung ausgestattet, über den Auspuffrohren verhinderten Flammenvernichter die Sichtbarkeit bei Nacht. Die Sturzflugbremsen konnten für Schlachteinsätze entfernt werden.

Auf Panzerjagd

Mit der speziell zur Panzerjagd mit schweren Kanonen ausgerüsteten Ju 87 G konnten ab Frühsommer 1943 noch einmal beachtliche Erfolge erzielt werden, obwohl die »Kanonenvögel«, bedingt durch die jeweils 425 kg schweren Waffen, doch sehr behäbig zu fliegen waren. Unter den Tragflächen waren zwei 37-mm-Kanonen Flak 18 mit anfänglich je sechs, dann zwölf Schuss Munition montiert. Zur Gewichtsersparnis war die übliche Flächenbewaffnung meist ausgebaut, ebenso die Bombenträger und Sturzflugbremsen. So entstand aus D-1- und D-3-Maschinen die erste Panzerjäger-Ausführung G-1, aus der D-5 wurde die G-2 mit ebenfalls vergrößerter Fläche abgeleitet.

OBEN Eine Ju 87 D-5 mit serienmäßiger Flächenbewaffnung aus zwei 20-mm-MG 151/20. Die Maschine ist mit einer Flammenvernichteranlage für den Nachteinsatz versehen, unter den Flügeln hängen hölzerne Transportbehälter

UNTEN Ju 87 D-5 – deutlich sind die verlängerten Tragflächen zu erkennen. Die gelben Flügelspitzen und das gelbe Rumpfband kennzeichnen die Maschinen als an der Ostfront eingesetzte Flugzeuge

Ein »Kanonenvogel« Ju 87 G-2 auf der Jagd nach feindlichen Panzern

Junkers Ju 87 – Teil 3

Junkers Ju 87	D-1	D-5	G-1
Einsatzzweck	Zweisitziges Sturzkampf- und Schlachtflugzeug		
Antrieb	Junkers Jumo 211 J, flüssigkeitsgekühlter, hängender V-12-Zylinder-Reihenmotor		
Startleistung	1420 PS	1420 PS	1420 PS
Dauerleistung	1190 PS	1190 PS	1190 PS
Spannweite	13,80 m	15,00 m	13,80 m
Länge	11,00 m	11,00 m	11,00 m
Höhe	3,84 m	3,84 m	3,84 m
Flügelfläche	31,90 m²	33,60 m²	31,90 m²
Rüstgewicht	3870 kg	3940 kg	4800 kg
Startgewicht max.	5720 kg	6600 kg	5750 kg
Höchstgeschwindigkeit	410 km/h	410 km/h	370 km/h
Marschgeschw. max.	310 km/h	310 km/h	280 km/h
Sturzgeschw. max.	600 km/h	600 km/h	–
Landegeschwindigkeit	120 km/h	120 km/h	125 km/h
Steigleistung	14 min auf 3000 m	–	–
Reichweite	820 km	820 km	800 km
Gipfelhöhe (beladen)	7350 m	7500 m	–
Starr-Bewaffnung	2 x MG 17 – 7,9 mm 1 x MG 81 Z – 7,9 mm –	2 x MG 151/20 – 20 mm 1 x MG 81 Z –	– 1 x MG 81 Z 2 x Flak 18 – 37 mm
Bombenzuladung max.	1800 kg	1800 kg	–

Eine stark überarbeitete Ju 87 F (später als Ju 187 bezeichnet) mit Jumo 213 und Einziehfahrwerk sollte die alte Ju 87 ablösen, ging jedoch nicht mehr in Serie. Die robuste und schnelle Focke-Wulf Fw 190 ersetzte die Ju 87 ab 1943 nach und nach in den Schlachtgeschwadern.

Mehr als 5700 Exemplare, darunter etwa 3850 D-Typen, wurden bis zur Produktionseinstellung 1944 von diesem außergewöhnlichen Knickflügel-Flugzeug gebaut, das zu den bekanntesten Kampfmaschinen des Zweiten Weltkrieges gehört. Auch die schier unglaublichen Erfolge von Hans-Ulrich Rudel, des höchst ausgezeichneten Soldaten der deutschen Wehrmacht, in den letzten Kriegsjahren mögen viel dazu beigetragen haben, die Ju 87 für immer in die Analen der Luftkriegsgeschichte eingehen zu lassen.

Geflogen wurde die 87 auch in den Luftstreitkräften verbündeter Staaten wie Italien, Rumänien und Bulgarien.

Nur zwei komplette Ju 87 sind derzeit weltweit erhalten geblieben: die Ju 87 R-2/Trop der 1./StG 1 im Museum of Science and Industry in Chicago sowie die Ju 87 G-2 im Royal Air Force Museum Hendon in London.

Panzerjäger Ju 87 G-1 während der Erprobung. Sturzflugbremsen und die übliche Flächenbewaffnung waren entfernt. Auf der Motorhaube das Panzerjägerstaffel-Emblem, ein russischer T-34

Ein Waffenwart beim Aufmunitionieren der 37-mm-Kanone Flak 18. Ein Magazin fasste zwölf Schuss

Ein ganz besonderes Ju 87-Exemplar war diese aus einer D-3 entstandene Variante mit zwei Kabinen über den Flächenknicken

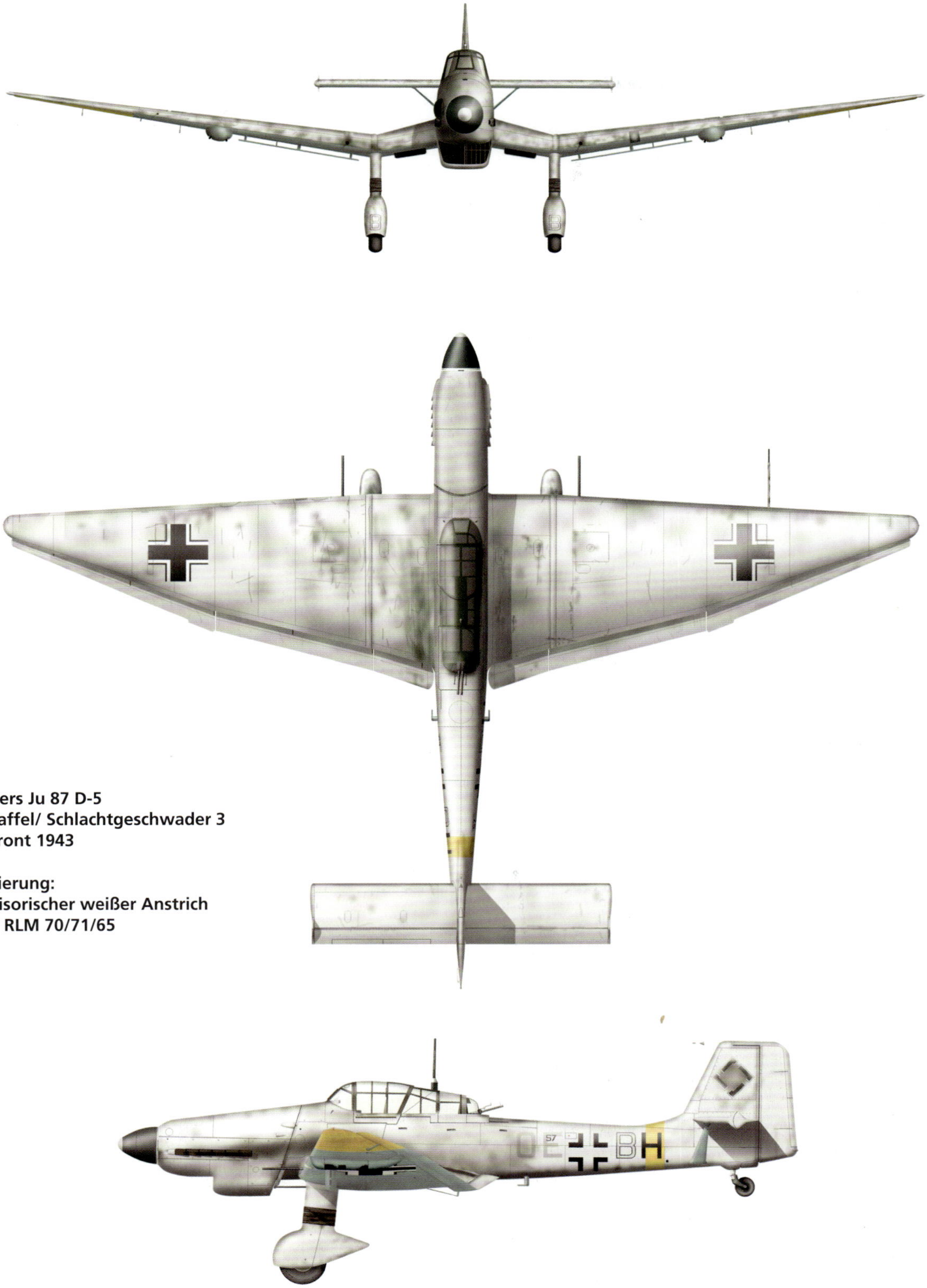

Junkers Ju 87 D-5
1. Staffel/ Schlachtgeschwader 3
Ostfront 1943

Lackierung:
Provisorischer weißer Anstrich
über RLM 70/71/65

Ju 87 D-1/Trop, Stab/StG 3, Nordafrika 1942. Lackierung: RLM 70/71/65, darüber teilweise italienisches Sandgelb

Ju 87 der D-Serie, die zur Torpedoträger-Erprobung diente. Hintergrund war der Einsatz auf dem in Bau befindlichen Flugzeugträger »Graf Zeppelin«, der jedoch nie fertig gestellt wurde. Lackierung: wahrscheinlich RLM 02/65

Ju 87 G-2 der 10.(Pz)SG 3, eingesetzt an der Ostfront Ende 1943. Lackierung: 70/71/65. Der erste Buchstabe nach dem Balkenkreuz war üblicherweise auch vorne auf die Fahrwerksverkleidung aufgemalt

Ju 87 D des StG 5 mit provisorischem Winteranstrich. Die Maschine vorne trägt noch den Kode L1 für das Lehrgeschwader 1 klein vor dem Balkenkreuz. Die IV./LG 1 wurde im Januar 1942 zur I./StG 5. Die Flugzeuge gehörten zur 1. Staffel (H). Die ersten Buchstaben nach dem Balkenkreuz und unter den Flächen sind demnach weiß (1. Staffel)

Ju 87 D, die sich möglicherweise auf dem Rückflug von einem Einsatz befinden

Fw 200 V11 (aus B-1), das Musterflugzeug für die C-1-Serie

■ »Geißel des Atlantiks«

Focke-Wulf Fw 200 Condor

Mit Ausbruch des Zweiten Weltkriegs fand die Laufbahn der Fw 200 als Verkehrsflugzeug ein jähes Ende, nun nahm sich die Luftwaffe des »Condors« an, der durch seine enorme Reichweite glänzte

Zwar lagen kurz vor Ausbruch des Kriegs zahlreiche Bestellungen für die zivile Fw 200 vor, doch wurden diese nicht mehr ausgeliefert, die Fw 200 sollte ihre Qualitäten nun in der Rolle als Fernaufklärer über See beweisen. Die neben der Rolle als schwerer Bomber auch hierfür vorgesehene Heinkel He 177 stand noch in der Entwicklung, die früheren viermotorigen Konstruktionen Dornier Do 19 und Junkers Ju 89 waren aufgegeben worden.

Für die japanische Marine-Luftwaffe hatte Focke-Wulf bereits den Auftrag für eine Aufklärer-Version der Fw 200 erhal-

Fw 200 V3, W.Nr. 3099, die erste Fw 200, die für Hitler zur Führermaschine umgerüstet wurde. Das Flugzeug mit dem Namen »Immelmann III« trug zuerst das Kennzeichen D-2600, dann WL+2600 und zuletzt 26+00

ten, so waren die Untersuchungen zur militärischen Verwendbarkeit der Fw 200 kein Neuland für Focke-Wulf.

C-1-Serie

Aus der B- entwickelte man eine C-Version, in Bau befindliche für den Zivilmarkt vorgesehene Maschinen wurden entsprechend umgebaut. Musterflugzeug für die C-1-Serie wurde die Fw 200 V11. Das Flugzeug war nicht nur als Fernaufklärer, sonder auch als Behelfsbomber ausgelegt. Im mittleren Teil der Bodenwanne konnte eine Bombenlast von 1100 kg, an Trägern unter den Tagflächen bzw. äußeren Motorgondeln weitere 1000 kg befördert werden. Neben Bomben konnten auch Seeminen mitgenommen werden. Zudem waren in die Bodenwanne zwei Abwehrstände (C und D) integriert, die mit einem 7,92-mm-MG 15 nach hinten und einem MG 15 oder MG/FF (20 mm) nach vorne bestückt waren. Zwei weitere Abwehrstände (A und B) mit MG 15 befanden sich auf dem Rumpfrücken. Die C-1-Serienflugzeuge erhielten zusätzlich zwei MG 15 (F-Stände) links und rechts in den hinteren Rumpffenstern.

Motorisiert war die C-1 mit vier BMW-132-H-9-Zylinder-Sternmotoren mit jeweils 1000 PS Startleistung. Zwillingsräder trugen dem erhöhten Gewicht Rechnung, die meisten Rumpf-Seitenfenster der Zivilversion entfielen.

Wegen der größtenteils sehr langen Einsatzdauer konnten an Bord für die normalerweise siebenköpfige Besatzung warme Mahlzeiten und Getränke zubereitet werden.

Erste Einsätze

Schon kurz vor Kriegsausbruch musste die Lufthansa einen großen Teil ihrer Flugzeuge und Besatzungen zur Bildung von Transportgruppen, so genannten Kampfgruppen zur besonderen Verwendung, an die Luftwaffe abgeben.

Fw 200 C-1, BS+AJ, die im Frühjahr 1940 erprobt wurde und dabei zu Bruch ging

Bereits im Polenfeldzug wurden einige dieser Maschinen, darunter auch entsprechend umgebaute Fw 200 A-0 und D, eingesetzt.

Während die im Vergleich zur C-1 mit einem Abwehrstand weniger versehene V10 (W.Nr. 0001) zur Aufkl.Gr.(F)Ob.d.L., einer Fernaufklärungsgruppe, geführt von Oberstleutnant Rowehl, ging, erhielt Hauptmann Petersen die ersten Serienmaschinen Fw 200 C-1. Schon im Vorfeld hatte Petersen umgebaute Fw 200 B erhalten, mit denen die Schulung von Besatzungen für den Einsatz gegen Geleitzüge begonnen wurde. Im Oktober 1939 wurde der Verband zur 1. Staffel des Kampfgeschwaders 40, doch dauerte es bis Frühjahr 1940, ehe die Einheit einsatzklar war.

Während der »Weserübung«, der deutschen Invasion Dänemarks und Norwegens (beide neutral), ab Anfang April 1940, wurden die Fw 200 abermals erfolgreich eingesetzt.

Weitere sechs Maschinen, nun C-2, die sich kaum von den C-1 unterschieden, ergänzten schon bald die 1./KG 40. Bis Ende April 1940 wuchs die Condor-Einheit zu einer Gruppe an. Später verfügte auch die II. und III. Gruppe des KG 40 über Fw 200 C.

Stationiert war die I./KG 40 zunächst auf den norwegischen Einsatzplätzen Trondheim und Stavanger-Sola, ab Juni 1940 auch in Bordeaux-Mérignac in Frankreich. So konnten die Condor mit ihrer Reichweite von bis zu 4500 km (Fernaufklärer) ein enorm weites Seegebiet abdecken.

Auf Geleitzug-Jagd

Aufklärungsflüge und verlustreiches Minenlegen bestimmten zunächst die Einsatztätigkeit der I./KG 40. Doch der eigentliche Auftrag der Condor-Maschinen bestand im Aufspüren und Vernichten von britischen Schiffen, der für Großbritannien lebenswichtigen Konvois.

Tief über dem Wasser – eine Fw 200 C-2 des KG 40 auf Feindflug

Fw 200 C-3, W.Nr. 0085. Die Maschine trägt den Standard-Sichtschutzanstrich für über Wasser eingesetzte Flugzeuge in RLM 72/73/65

Wenngleich die Fw 200 über 5000 kg Abwurflast tragen konnte, wurden zugunsten einer großen Reichweite meist nur 1000 kg mitgenommen.

Die Fw 200 des KG 40 operierten zunächst sehr erfolgreich über dem Nordatlantik. Ein besonders bemerkenswerter Erfolg gelang am 26. Oktober 1940, als das 42 348-t-Passagierschiff »Empress of Britain II«, eingesetzt als Truppentransporter, nordwestlich von Irland durch eine Fw 200 schwer beschädigt und schließlich vom U-Boot U 32 versenkt wurde. Mit wechselnden Erfolgen gelang es, als Fühlungshalter für U-Boote zu fungieren.

Die Abwehrmöglichkeiten der Geleitzüge waren anfangs relativ gering, was sich jedoch mit Fortschreiten des Kriegs und entsprechender Erfolgsrate der Bomber änderte und somit die Einsätze für die Deutschen immer gefährlicher wurden. So kamen z.B. Hurricane-Jäger zum Einsatz, die von Katapulten aus starteten – eine Landung war nicht vorgesehen, die Piloten sprangen ab.

War man anfangs im Tiefflug gegen die Frachter angeflogen, ging man mit Zunahme der Abwehr zum Angriff aus großer Höhe über. Zum Anvisieren des Ziels befand sich hierfür im D-Stand ein Bombenzielgerät Lotfe 7 (Lotfernrohr). Ab 1943 ging der Einsatz der Condor immer mehr zurück, teilweise wurden andere Flugzeuge, wie die He 177 und Ju 88, für diese Aufgaben herangezogen.

Neben den Kampfeinsätzen kamen Fw 200 auch weiterhin in geringem Umfang als Transportmaschinen (soweit noch vorhanden, auch ehemalige DLH-Maschinen) zum Einsatz, so auch zur Versorgung der 6. Armee in Stalingrad Anfang 1943, wo herbe Verluste hingenommen werden mussten.

Neben dem nordatlantischen Einsatzraum wurden Fw 200 vor allem auch im Mittelmeerraum eingesetzt.

Verbesserte C-3 und -4

Ein großes Manko der als Verkehrsflugzeug ausgelegten Fw 200 bestand in der unzureichenden Festigkeit der Zelle, die den hohen Anforderungen während des Kampfeinsatzes im Grunde nicht gewachsen war. So kam es immer wieder zu Schäden an der Zelle, Risse und Brüche waren keine Seltenheit. Zwar erhielt die folgende Version C-3 deshalb Verstärkungen, wirklich gelöst wurde das Problem jedoch nie. Auch die Abwehrbe-

Fw 200 C-4/U3 mit Funkortungsgerät »Rostock«

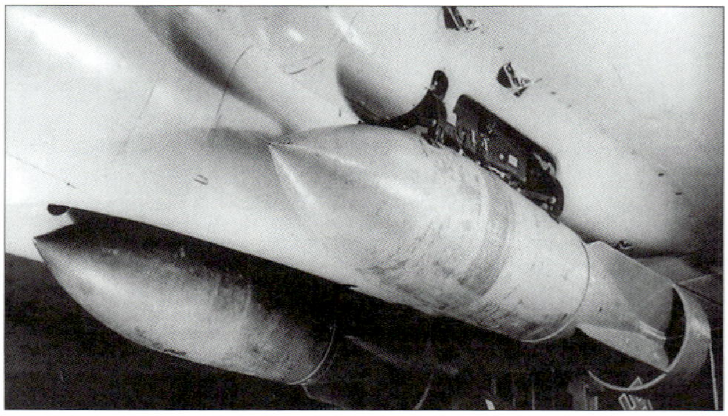

250-kg-Bomben unter der linken Tragfläche bzw. äußeren Motorgondel einer Fw 200 C-1

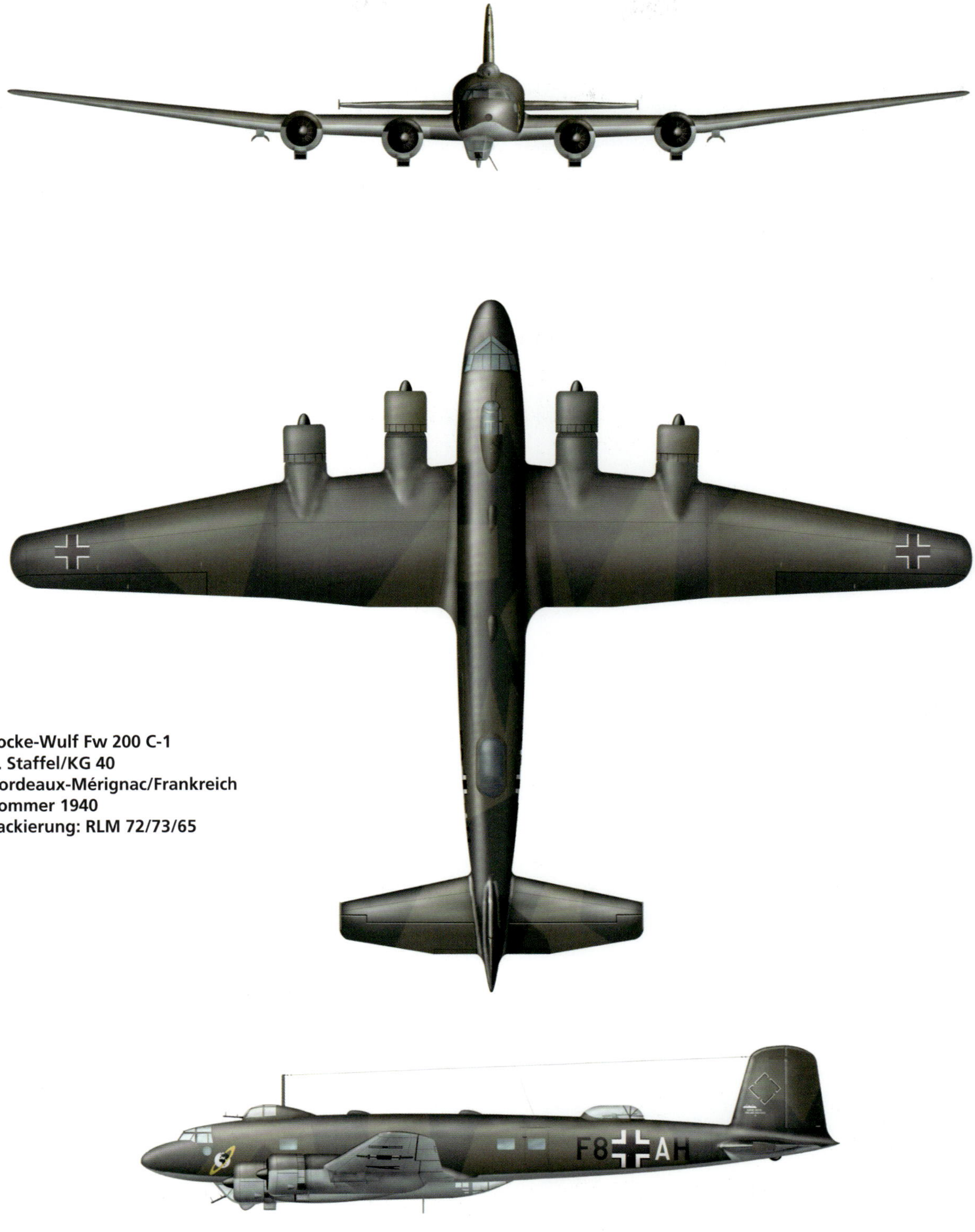

Focke-Wulf Fw 200 C-1
1. Staffel/KG 40
Bordeaux-Mérignac/Frankreich
Sommer 1940
Lackierung: RLM 72/73/65

Fw 200 C-4. Schräg oberhalb der Kabine ist der A-Stand zu sehen, ein elektrisch betätigter Drehturm mit MG 151

Fw 200 C-8 mit FuG 200 »Hohentwiel« zur Ortung feindlicher Schiffe. Aus dem D-Stand ragt das verkleidete Lotfe 7 heraus

Abwehrstand mit MG 151/20, Kaliber 20 mm

Erfolgsbilanz am Seitenruder einer Fw 200 C-3 des KG 40 – zehn Schiffe in 13 Einsätzen gegen Großbritannien

waffnung wurde verbessert, indem der A-Stand einen Drehturm erhielt. Das MG 15 mit 1125 Schuss Munition wurde beibehalten.

Das Musterflugzeug für die C-3 bildete die V 13, erste Serienmaschinen kamen noch Ende 1940 zur Truppe. Als Antrieb kamen vier Bramo 323 R (Brandenburgische Motorenwerke) zum Einbau, die mittels Methanol-Wassereinspritzung kurzzeitig jeweils 1200 PS abgaben.

Besonderen Einsatzbedingungen angepasst wurden Maschinen der C-3-Serie umgerüstet, so wurde die Fw 200 C-3/U1 (W.Nr. 0052) zum Musterflugzeug für den Torpedo-Einsatz.

Die C-3/U2 (W.Nr. 0055) erhielt ein erhöhtes Tankvolumen von 10 350 l, womit eine Reichweite von etwa 6400 km ermöglicht wurde.

Ebenfalls nur eine Maschine baute man als Fw 200 C-3/U3 mit Atlas-Echolot im Außenflügel.

25 Fw 200 (0070 – 0094) wurden dagegen von der C-3/U4 mit verstärkter Abwehrbewaffnung gebaut (s. technische Daten). Zudem hatten diese Flugzeuge gepanzerte Kraftstoffbehälter in der Rumpfwanne und Torpedoträger. Verschiedene weitere Umbauten wurden wahrscheinlich bei der Truppe vorgenommen.

Die 1942 ausgelieferte C-4 (Musterflugzeug C-3/U5) sollte mit insgesamt mehr als 100 Exemplaren zur meistgebauten Fw 200-Variante werden.

Der oberhalb der Führerkabine gelegene A-Stand HD 151 war mit einem schweren MG 151 bestückt, der B-Stand mit Drehkranz D 30 mit einem MG 131 und der D-Stand mit einem MG 151/20. Zudem erhielten die Flugzeuge eine verbesserte Funkausrüstung.

Die Typen Fw 200 C-4/U1 und /U2 wurden je zweimal als bewaffnete Reisemaschinen für Regierungsmitglieder gebaut, wobei die C-4/U1, W.Nr. 0137, CE+IB, Adolf Hitler persönlich zur Ver-

Focke-Wulf Fw 200

Focke-Wulf	Fw 200 C-3/U4
Einsatzzweck	Fernaufklärer u. Behelfsbomber
Baujahr	1941
Besatzung	7
Antrieb	4 x Bramo 323 R-2 luftgekühlter 9-Zylinder-Sternmotor
Startleistung	4 x 1000 PS (ges. 4000 PS) 4 x 1200 PS mit MW 50-Einspritzung
Dauerleistung	4 x 660 PS (ges. 2460 PS)
Länge	23,85 m
Spannweite	32,84 m
Höhe	6,30 m
Radstand	5,87 m (auf Mitte d. Räderpaare)
Flügelfläche	118,00 m^2
Leergewicht	13 080 kg
Startgewicht max.	22 700 kg
Flächenbelastung	192,37 kg/m^2
Höchstgeschw.	305 km/h in 0 m 380 km/h in 5000 m bei 22 t 405 km/h bei 17,6 t 240 km/h m. 2 Motoren o. Außenlast
Reisegeschw.	275 km/h in 0 m 325 km/h in 5000 m
Höchstzul. Geschw. im Gleitflug	450 km/h in 0 – 3000 m 400 km/h über 3000 m
Landegeschw.	130 km/h
Steigleistung (22 t)	14 min. auf 3000 m 25 min. auf 4000 m 47 min. auf 6500 m
Startrollstrecke	ca. 900 m
Reichweite max.	3550 km (Standard-Treibstoffmenge) 4500 km (mit Zusatztreibstoff)
Flugdauer max.	14,5 h
Dienstgipfelhöhe	6600 m
Abwehrwaffen	A-Stand: MG 15 – 7,92 mm B-Stand: MG 131 – 13 mm C-Stand: MG 15 – 7,92 mm D-Stand: MG 151/20 – 20 mm F-Stände: 2 MG 15 – 7,92 mm
Abwurflast	2100 kg, 1230 kg auf Langstrecke

Der gut ausgestattete Führerraum einer Fw 200 der Luftwaffe

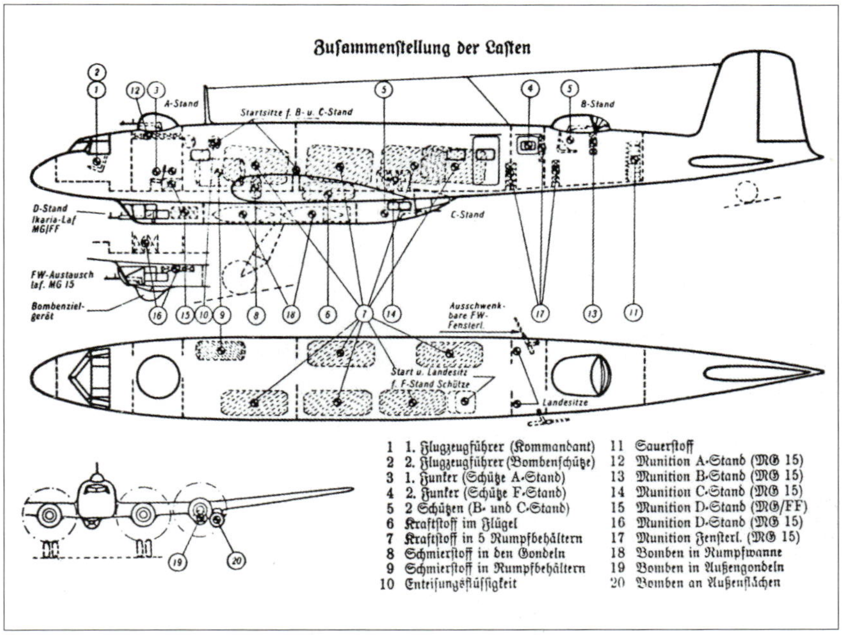

Innenleben einer Fw 200 C-3. Laut Ladeplan mussten beim Start die vorderen und bei der Landung die hinteren Plätze besetzt werden

fügung stand. Das Flugzeug war mit einer verkürzten Bodenwanne ausgerüstet, hinter der sich eine Absprungplatte unter dem »Führersitz« befand, über die Hitler hätte aussteigen können. Eine weitere, die C-3/U9, war ebenfalls als Regierungsflugzeug gebaut worden. Die C-4/U3 erhielt das Funkortungsgerät »Rostock« zur Positionsbestimmung von feindlichen Schiffen, das etwas später durch das verbesserte FuG 200 »Hohentwiel« ersetzt wurde.

Letzte Ausführungen

Nur jeweils ein Exemplar wurde von der als reiner Fernaufklärer konzipierten C-5 und C-5/U1 gefertigt, die über eine verstärkte Abwehrbewaffnung und Zusatztanks verfügten.

Die Fw 200 C-6 hatte, wie die C-5, Fensterstände mit SL 131 (Sockellafette 131), bestückt mit MG 131, die Funkausrüstung war erweitert, darunter auch das FuG 200. Die C-6 war dafür ausgelegt, auch die ferngelenkte Gleitbombe Henschel Hs 293 ins Ziel bringen können. Als Sendegerät diente das FuG 203 »Kehl III«.

Als letzte Condor-Version wurde 1943 die weitestgehend der C-6 entsprechende Fw 200 C-8 in geringer Stückzahl gebaut. Mit vergrößerter Reichweite, stärkerer Bewaffnung und verbesserter Funkanlage sollte die F-Version der Fw 200 aufwarten, zur Ausführung kam es jedoch nicht mehr. Nur etwa 260 Fw 200 C wurden für die deutsche Luftwaffe produziert, die mit den wenigen Condor-Maschinen über mehr als rentable Kampfflugzeuge verfügte. Für den Feind waren die Condore in der ersten Hälfte des Krieges eine bittere Pille, so bezeichnete kein Geringerer als Winston Churchill die Fw 200 als »Geißel des Atlantiks«. ◀

Fw 200 V3, W.Nr. 3099, die Adolf Hitler als Reisemaschine diente (siehe auch Seite 74 unten)

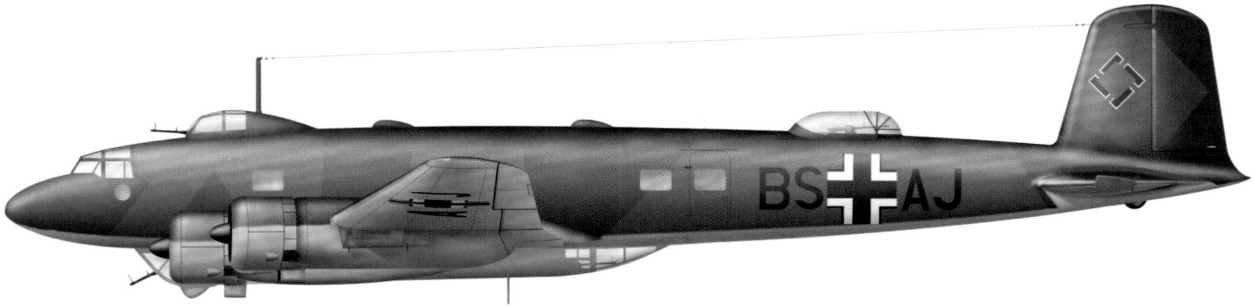

Diese Fw 200 C-1, W.Nr. 0013, trägt noch das Stammkennzeichen BS+AJ und kam zum KG 40. Lackierung: RLM 72/73/65

LINKS Keine Hektik: Vorbereitungen für den nächsten Feindflug einer Fw 200 C der I./KG 40

UNTEN Klassischer Bruch eines Condors. Diese Fw 200 C-4, W.Nr. 0141, (F8+FW) gehörte zum Kampfgeschwader 40 – Mérignac im Juli 1943

He 177 V1, W.-Nr. 177 0000 001, CB+RP, die am 20. November 1939 erstmals flog

Langstrecken-Bomber

Heinkel He 177

Die Bezeichnung »Reichsfeuerzeug« und »Reichsfackel« kamen nicht von ungefähr: Weil die Doppelmotoren der He 177 zu eng verkleidet eingebaut waren, fing sie leicht Feuer. Regelrecht zum Fiasko gerieten Entwicklung und Einsatz des einzigen schweren Bombers der Luftwaffe, weil die Führungsriege überzogene Forderungen stellte

Mit den viermotorigen Großbomber-Typen Dornier Do 19 und Junkers Ju 89 waren bereits Ende 1936 zwei schwere Langstrecken-Kampfflugzeuge geflogen. Zugunsten zweimotoriger Mittelstrecken-Bomber ließ man jedoch zunächst von den viermotorigen ab. Zumal deren Leistungen nicht genügten, denn 1936 erstellte die Luftwaffenführung neue Richtlinien bezüglich eines Fern-Bombers. Nun sollten bei einer Marschgeschwindigkeit von 500 Kilometern pro Stunde eine Tonne Abwurflast 5000 Kilometer und zwei Tonnen 2000 Kilometer weit befördert werden können.

Entsprechend den Bomberanforderungen im Entwicklungsprogramm des Reichsluftfahrtministeriums (RLM) entstand bei Heinkel das Projekt 1041. Unter der Federführung von Siegfried Günter beinhaltete es Entwürfe für zwei- und viermotorige Typen. Am 5. November 1937 konnte die Attrappe des Fernbombers schlussbesichtigt werden, offiziell erhielt er die Bezeichnung He 177.

Doch Ende November 1937 stellte das RLM eine neue Forderung: Der Typ sollte in der Lage sein, Sturzangriffe mit einem Winkel von bis zu 60 Grad zu fliegen. Dies und weitere Leistungsvorgaben machten umfangreiche konstruktive Änderungen notwendig und verzögerten den Bau des ersten Versuchsflugzeugs erheblich.

Die Heinkel-Entwickler reagierten auf den Mehrbedarf in Sachen Sturzfähigkeit und Geschwindigkeit mit einem innovativen Antriebskonzept: zwei Doppel-Triebwerke Daimler-Benz DB 606 mit einer Startleistung von insgesamt 5200 PS. Je zwei nebeneinander angeordnete DB 601 bildeten eine Einheit, die über ein gemeinsames Getriebe eine Vierblatt-Luftschraube mit einem Durchmesser von 4,5 Metern antrieb. Die aerodynamischen Vorteile sowie Gewichtseinsparungen im Vergleich zu vier einzeln montierten Motoren lagen auf der Hand. Außerdem verbesserten die Doppel-Motoren die Manövrierfähigkeit, weil sie näher am Schwerpunkt lagen. Schon bei der schnittigen He 119 hatte die Heinkel-Mannschaft 1937 dieses neuartige Antriebskonzept mit zwei DB 601 praktisch umgesetzt.

Fliegerisch erstaunlich gut

Am 20. November 1939 konnte die He 177 V1 mit Carl Francke von der Erprobungsstelle Rechlin am Steuer zum Jungfernflug starten. Francke beurteilte die Flugeigenschaften des Heinkel-Bombers insgesamt als sehr gut, wenngleich der Flug schon nach 20 Minuten wegen zu hoher Öltemperatur abgebrochen wer-

OBEN LINKS Zur taktischen Verbandsschulung eingesetzte He 177 A der Flugzeugführerschule (B) 16 in Burg bei Magdeburg

OBEN RECHTS Mechaniker der II./KG 40 beim Luftschraubenwechsel an einer He 177 A-5

RECHTS Dem Heckschützen einer He 177 A-3 und A-5 stand ein MG 151/20, Kaliber 20 mm, zur Verfügung, das allerdings nur ein sehr begrenztes Schussfeld abdeckte

UNTEN He 177 A-3 des KG 40 mit offenem hinteren Bombenschacht. Die letzten A-3 wurden im Juni 1944 ausgeliefert

den musste. Motortechnisch zeigte sich die He 177 keineswegs serienreif. Auch die mächtigen Verstell-Luftschrauben und Getriebe bereiteten noch Probleme. Um die Flugstabilität und Steuerbarkeit zu verbessern, vergrößerte man die Leitwerksflächen um 40 Prozent.

Anfang April 1940 wurde die He 177 zur Serienfertigung freigegeben. Am 24. April 1940 stürzte das dritte Versuchsflugzeug, die V3, ab. Daraufhin ließ Generalluftzeugmeister Ernst Udet den weiteren Bau der He 177 A-0-Vorserie um drei Monate verschieben. Am 28. Juni 1940 stürzte auch die V2 ab. Neben den Motorschwierigkeiten bereitete insbesondere die Sturzflugfähigkeit großes Kopfzerbrechen. Trotzdem lief Anfang Dezember 1940 der Serienbau im Heinkel-Werk Oranienburg und bei Arado in Warnemünde an. Im Heinkel-Werk Rostock entstanden nur acht Versuchsflugzeuge sowie 15 A-0-Vorserienmaschinen. Ab der V5 kam das etwas stärkere Serientriebwerk DB 606 A-1 zum Einbau, dessen Startleistung bei 2700 PS und Dauerleistung bei 2360 PS lag.

Durchdachte Konstruktion

Grundsätzlich handelte es sich bei der He 177 um eine moderne und flugtechnisch gute Konstruktion. Der strömungsgünstig geformte Rumpf des Ganzmetallmitteldeckers war in Schalenbauweise mit sechs Holmen ausgeführt. Das dreiteilige Tragwerk verfügte über zweiteilige Querruder und Landeklappen, die als Fowlerklappen ausgebildet waren und in ausgefahrenem Zustand für 20 Prozent Auftriebszuwachs sorgten. Spätere Ausführungen hatten einfache Querruder. Zudem kamen an Ober- und Unterseite der Flügel hydraulisch betätigte Sturzflugbremsen zum Einbau.

Seiten- und Höhenleitwerk verfügten über Entlastungs- und Trimmruder an den Ruderflächen. Die Höhenflosse war beweglich gelagert und mit den Fowlerklappen gekoppelt. Die vier Hauptfahrwerksbeine waren luftgedämpft und mit je einem Rad bestückt. Sie wurden hydraulisch seitlich nach außen und innen in die Flächen eingezogen. Auch das Spornrad war einziehbar und verkleidet. Die interne Abwurflast lagerte in zwei Schächten im Rumpf, die mit verschiedenen Magazinen für Bomben von 50 bis 1800 Kilogramm bestückt werden konnten. Unter den Tragflächen und dem Rumpfvorderteil konnten zusätzlich Lasten an Trägern eingehängt werden. Der Treibstoff war in jeweils vier Tanks im Rumpf und in den Flächen untergebracht, wo sich auf Motorenhöhe auch die Schmierstoffbehälter befanden.

Die Bewaffnung zur Abwehr von Feindjägern bestand bei der He 177 A-1 aus einem MG 81 J im oberen Bereich der Bugkanzel, Kaliber 7,92 Millimeter mit 2000 Schuss. Im vorderen Teil der

He 177 V7 auf einem Erprobungsflug. Die He 177 sollte die Heinkel-Konstruktions-Mannschaft ein enormes Maß an Zeit, Kraft und Nerven kosten

LINKS Blick in den Führerraum einer He 177. Neben dem Bombenschützen sind die seitlich installierten Instrumente zu sehen

RECHT He 177 der II./KG 40 mit Funkwellenmessgerät FuG 200 Hohentwiel. Damit konnten Schiffe bis zu einer Entfernung von etwa 80 Kilometern geortet werden

Bugwanne montiert war ein 20-Millimeter-MG FF (später MG 151) mit 300 Schuss Munition. Auf dem Rumpfrücken befand sich ein Drehturm FDL (B-1-Stand) mit einem (ab A-3 zwei) 13-mm-MG 131 und 1500 Schuss installiert. Bedient wurde er ferngesteuert vom Bordschützen, der vorne in der Kanzel unter einer Glaskuppel saß. Weiter hinten auf dem Rumpfrücken befand sich eine weitere Drehkranzlafette DL (B-2) mit MG 131 und 1000 Schuss, die elektrisch betrieben wurde. Der C-Stand, dessen MG 131 in einer Bauchwanne nach hinten unten gerichtet installiert war, verfügte über 1000 Schuss. Im Heck hielt ein weiteres MG 131 alliierte Jagdflieger fern.

Neue Varianten

Der Version A-1 folgte ab November 1942 mit nochmals erhöhtem Fluggewicht die He 177 A-3, die mit über 600 Maschinen zur meistgebauten He 177-Variante werden sollte. Schon in die laufende A-1-Serie waren zahlreiche Änderungen eingeflossen. Auffälligste Neuerung an der A-3 war der um 1,6 Meter verlängerte Rumpf und die stärkeren Triebwerke DB 610 A (rechts) und DB 610 B (links), jeweils bestehend aus zwei gekoppelten DB 605. Ebenfalls verstärkt wurde die Defensivbewaffnung. Dem sitzenden Heckschützen – zuvor musste er liegen – stand nun ein 20-Millimeter-MG 151/20 zur Verfügung. Der B-1-Stand erhielt ein zweites MG 131. Zur Schiffsbekämpfung konnten zwei bis drei an Außenträgern befestigte und mittels FuG 203 »Kehl« ferngelenkte Gleitbomben Henschel Hs 293 oder FX 1400 »Fritz X« ins Ziel gebracht werden. Möglich war auch die Aufnahme zweier Torpedos LT 50 oder zweier Luftseeminen LMA III. Überdies bekamen die ersten 100 He 177 A-3/R1 Kuto-Nasen zum Durchtrennen von Sperrballonkabeln installiert.

Bedingt durch den engen Einbau kam es häufiger zu Triebwerksbränden. Zur besseren Zugängigkeit wurden die DB 610 der He 177 A-5 um 20 Zentimeter nach vorne verlagert. Wie die A-3 konnte auch die A-5 einsatzspezifisch ausgerüstet werden.

Jäger haben Vorrang

Im Juli 1944 befahl Herman Göring den Baustopp der He 177, die Jägerproduktion hatte aufgrund der prekären Kriegslage inzwischen absoluten Vorrang. Ohnehin war es schon lange zuvor immer wieder zu Engpässen bei der Motorenlieferung gekommen.

Die geplanten Höhenbomber-Versionen A-2 und A-4 gingen nicht in Serie. Die Varianten A-6 und A-7 unterschieden sich hauptsächlich durch eine verstärkte und verbesserte Abwehrbewaffnung. So erhielt die He 177 A-6 einen Heckstand mit vier MG 81. Bei der A-7 vergrößerten die Ingenieure die Flächen auf 36 Meter Spannweite. Ebenfalls höher war die Bombenzuladung und Motorleistung. Allerdings wurden nur wenige Exemplare A-6 und A-7 gefertigt, zum Serienbau kam es nicht mehr. Die geplante Produktion von 100 Mistel-

Versuchsflugzeug He 177 V101 (B-5), W.-Nr. 535550, NE+OD, das mit vier einzeln montierten DB 603-Motoren ausgestattet war

B-2-Stand mit 13-mm-MG 131, dahinter der ferngelenkte Abwehrstand B-1 mit zwei MG 131

Der für die He 177 A-6 vorgesehene Heckstand mit vier 13-mm-MG 131

Bauzahlen* der He 177

Variante	Stück
V-Flugzeuge	8
A-0	35
A-1	130
A-3	615
A-5	349
Gesamt	**1137**

*Laut Bundesarchiv-Militärarchiv Freiburg

Bombern in Verbindung mit Focke-Wulf Fw 190 wurde nach zwei V-Mustern eingestellt. Das Erprobungskommando 25 testete einige mit 33 nach oben feuernden ungelenkten 210-Millimeter-Raketen ausgerüstete He 177-Zerstörer. Zu einem tatsächlichen Einsatz gegen schwere Bomber kam es nicht.

Verlustursache Nummer Eins: Motorbrand

Nach ersten Truppenversuchen bei der IV./KG 40 (V6 und 7) und der am 1. Februar 1942 aufgestellten Erprobungsstaffel He 177, kamen He 177 hauptsächlich bei der I. und II. Gruppe des KG 40, der I./KG 100 sowie beim KG 1 zum Einsatz. Die II./KG 40 flog ab November 1943 mit He 177 gegen Schiffsziele im Atlantik und dem Mittelmeer. Das Kampfgeschwader 1 operierte ab Mai 1944 mit bis zu 90 He 177 teils sehr erfolgreich an der Ostfront.

Während der Operation »Steinbock« in den ersten Monaten des Jahres 1944 flogen auch He 177 der I./KG 40 und der I./KG 100 bei Nacht Vergeltungsangriffe überwiegend auf London. Eingesetzt waren maximal 46 He 177. Das Angriffs-Schema der He 177 sah folgendermaßen aus: Ständige Höhen- und Flugrichtungsänderungen, zudem das Abwerfen von Aluminiumfolien-Streifen, um das britische Radar zu stören – kein leichtes Spiel für die Flugabwehr. Dann mit gedrosselten Motoren im Sinkflug mit hoher Geschwindigkeit ins Zielgebiet fliegen. Nach Auslösen der tödlichen Fracht wieder Gas geben und bis zur französischen Küste im Sinkflug bleiben, wobei 600 Kilometer pro Stunde und mehr erreicht wurden.

Verluste gab es zwar auch zu vermelden, aber mehr durch Motorbrände als durch den Feind. Dieses Verhältnis änderte sich erst während der alliierten Invasion im Juni 1944.

Die häufigen Triebwerkbrände – nicht selten bedingt durch falsche Handhabung – brachten der He 177 einen schlechten Ruf bei den Besatzungen ein. Spitznamen wie »Reichsfeuerzeug« oder «Reichsfackel« machten die Runde. Teilweise erhielten die Flugzeuge Startverbot. Letzte Einsätze wurden Anfang 1945 geflogen, als nur noch wenige He 177 einsatzklar waren.

Um den Problemen mit den Doppel-Motoren auszuweichen, lag es nahe, eine He 177-Version mit Einzelmotoren zu bauen. Erste Kandidaten sollten die Versuchs-Muster V3 und V4 sein – zunächst gegen den Wunsch des RLM. Nachdem die Schwierigkeiten mit den Doppel-Triebwerken nicht verschwanden, wurde diese Antriebs-Variante

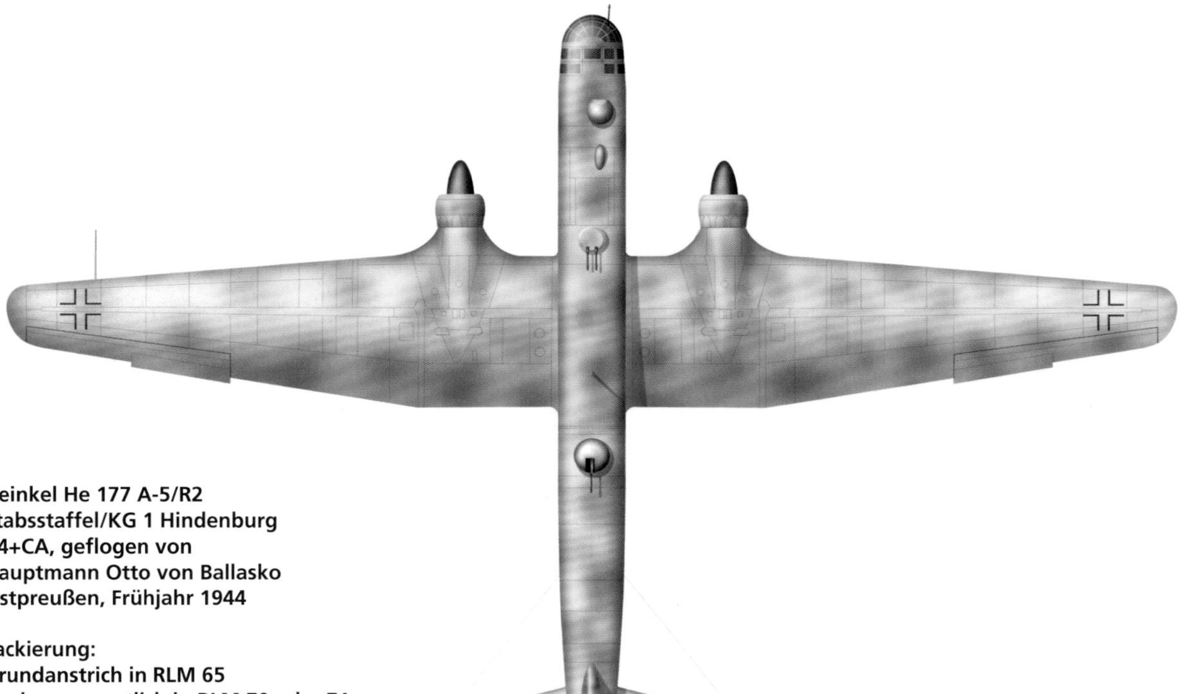

Heinkel He 177 A-5/R2
Stabsstaffel/KG 1 Hindenburg
V4+CA, geflogen von
Hauptmann Otto von Ballasko
Ostpreußen, Frühjahr 1944

Lackierung:
Grundanstrich in RLM 65
Flecken vermutlich in RLM 70 oder 71

Höhenbomber He 274 V1 (A.A.S. 01) 1946 in Frankreich

Beutemaschine He 177 A-5/R6 (T5439) mit britischen Kokarden und Invasionsstreifen

doch wieder in Betracht gezogen. Darunter auch die mit neuem Rumpf und Fahrwerk sowie verschiedenen Tragflächen und Motoren (DB 603, Jumo 222, BMW 801) ausgestatteten Ausführungen He 277 A und B.

Mit vier einzeln montierten DB 605 A startete am 20. Dezember 1943 die He 177 V101 (B-5) zum Erstflug. Im Februar 1944 folgte die mit doppeltem Seitenleitwerk ausgestattete V102. Die V103 erhielt Schleudersitze und einen Bremsschirm und hatte wieder das einfache Leitwerk. Zur geplanten Produktion der He 177 B-5 kam es wegen der vorgezogenen Jägerfertigung nicht mehr.

Vorstoß in neue Höhen

Schon im Herbst 1941 hatte man bei Heinkel den Entwurf eines Höhenbombers mit Druckkabine auf Basis der He 177 in der Schublade. Realisiert werden sollte das Projekt unter deutscher Leitung beim französischen Flugzeugbauer Farman in Paris.

Die als He 274 bezeichnete Maschine für Einsatzhöhen von bis zu 15000 Metern konnte jedoch von deutscher Seite nicht mehr verwirklicht werden. Nach der alliierten Invasion und dem Abzug der Deutschen wurden die weiteren Arbeiten bei Farman, ab November 1940 Ateliers Aéronautiques de Suresnes, kurz A.A.S., genannt, weitergeführt. Am 30. Dezember 1945 startete die A.A.S. 01 (He 274 V1) in Orleans-Bricy zum Erstflug. Die V2 flog im Dezember 1947. Dem Erprobungsprogramm folgte bis 1953 der Einsatz als Trägerflugzeug bei der Entwicklung französischer Strahl- und Raketenflugzeuge. Danach wurden die Maschinen verschrottet. ◀

Technische Daten – Heinkel He 177 und He 274

Heinkel He 177	A-1	A-5/R7	B-5 (V101)	He 274
Einsatzzweck	Schweres Kampfflugzeug – Nah- Mittel- oder Fernbomber			Höhenbomber
Besatzung	6	6	6	4
Triebwerk	2 x V-24-Reihenmotor, flüssigkeitsgekühlt DB 606 A/B	DB 610 A/B	4 x V-12-Reihenmotor, flüssigkeitsgekühlt DB 605 A	DB 603 A
Startleistung	2 x 2700 PS – ges. 5400 PS	2 x 2950 PS – ges. 5900 PS	4 x 1750 PS – ges. 7000 PS	4 x 1580 PS – ges. 6320 PS
Spannweite	31,44 m	31,44 m	31,44 m	44,20 m
Länge	20,40 m	22,00 m	22,45 m	22,48 m
Höhe	6,67 m	6,67 m	5,50 m	5,50 m
Flügelfäche	102 m^2	102 m^2	102 m^2	142 m^2
Leergewicht	16300 kg	17210 kg	19115 kg	21645 kg
Rüstgewicht	19145 kg	18940 kg	–	–
Zuladung gesamt	11855 kg	12060 kg	14385 kg	14355 kg
Startgewicht	31000 kg	31000 kg	33500 kg	36000 kg
Flächenbelastung max.	304 kg/m^2	304 kg/m^2	328 kg/m^2	254 kg/m^2
Marschgeschwindigkeit	400 km/h in Meereshöhe 485 km/h in 6000 m	395 km/h in 2000 m 410 km/h in 5700 m	– –	– –
Höchstgeschwindigkeit	420 km/h in Meereshöhe 500 km/h in 5500 m	490 km/h in 2000 m 520 km/h in 5700 m	440 km/h in Meereshöhe 540 km/h in 6500 m	430 km/h in Meereshöhe 600 km/h in 11000 m
Steigleistung	8 min auf 2000 m 17 min auf 4000 m	8,8 min auf 2000 m 19,8 min auf 4000 m	– –	– –
Startrollstrecke	1000 m	950 m	–	–
Landestrecke aus 15 m	–	1100 m	–	–
Landegeschwindigkeit	147 km/h	152 km/h	–	180 km/h
Reichweite optimal	4500 km	4000 km	3850 km	4250 km
Dienstgipfelhöhe	6900 m	6800 m	–	15000 m
Abwehrbewaffnung	A-Stand: 1 x MG 81 J und 1 x MG FF B1-Stand: 1 x MG 131 B2-Stand: 1 x MG 131 C-Stand: 1 x MG 131 H-Stand: 1 x MG 131	A-Stand: 1 x MG 131 und 1 x MG 151/20 B1-Stand: 2 x MG 131 B2-Stand: 1 x MG 131 C-Stand: 1 x MG 131 H-Stand: 1 x MG 131	A-Stand: 1 x MG 131 C-Stand: 1 x MG 131 H-Stand: 4 x MG 131	keine B1-Stand: 2 x MG 131 B2-Stand: 1 x MG 131
Abwurflast max.	bis zu 2500 kg	bis zu 3600 kg	–	–

He 177 A-5/R2 der 5./KG 100, 6N+BN, mit aufgehelltem Sichtschutzanstrich aus RLM 70(71)/02(75)/65(76) – 1944

He 177 A-3/R2 der 2./KG 4, 5J+QK, mit Nachtsichtschutzanstrich, wobei die Oberseiten wohl in RLM 70(71)/75(02) lackiert waren - 1944

He 177 A-5/R6 in Farnborough/Großbritannien Ende 1944. Die ehemals beim KG 40 geflogene Maschine wurde Mitte 1944 in Frankreich erbeutet. Die Maschine wurde zuerst mit französischen Kokarden und Invasionsstreifen samt der Aufschrift »Prise de Guerre« versehen, erhielt dann aber britische Hoheitszeichen und die übliche Beute-Kennzeichnung

Pfeilflügel-Strahlbomber

Junkers Ju 287

Die Ju 287 V1 stellte ein reines Erprobungsgerät für den künftigen Strahlbomber dar

Mit der Ju 287 flog neben Arados Ar 234 noch vor Kriegsende ein weiteres Kampfflugzeug mit vier Strahltriebwerken. Einzigartig an der Maschine waren die negativ gepfeilten Tragflächen

Junkers erhielt 1942 vom Reichsluftfahrtministerium den Auftrag zur Entwicklung eines vierstrahligen schweren Kampfflugzeugs. Um Zeit zu sparen, wurden nur die für das Vorhaben wesentlichen Teile neu entworfen und konstruiert, was in erster Linie die Tragflächen und die Triebwerksanlage betraf. Der Rest bestand aus Teilen anderer Flugzeuge. So stammte der Großteil des Rumpfes von einer Heinkel He 177 A-3, dessen Heck abgetrennt und durch ein neues ersetzt wurde. Das Seiten- und Höhenleitwerk nahm man von einer Ju 188 G-3. Beim Fahrwerk bediente sich die Junkers-Mannschaft dagegen sogar beim Gegner. Überwiegend kam es von auf dem Reichsgebiet niedergegangenen viermotorigen Consolidated B-24 Liberator-Bombern. Einziehbar war es nicht, doch erhielten die Räder und teilweise auch die Fahrwerksbeine voluminöse Verkleidungen, was dem Versuchsvogel ein eigenartiges, modern-altertümliches Erscheinungsbild verlieh.

Damals wie ein Ding aus einer anderen Welt – die 287 während der Flugerprobung

Die Turbinen-Luftstrahltriebwerke brachte man links und rechts im vorderen Bereich des Rumpfes sowie unter jedem Tragflügel an. Geleitet wurde das Technologieträger-Projekt von Heinrich Hertel.

Negativ gepfeilte Flächen

Da man mit dem neuen Bomber in schallnahe Geschwindigkeitsbereiche vorstoßen wollte, sollten die Flügel gepfeilt sein. Erfahrungen gab es auf diesem Ge-

Noch in geringer Höhe mit Starthilfsraketen

Mit dem Bremsschirm ließ sich die Landestrecke auf rund die Hälfte verkürzen

Die Ju 287 V1 wird startklar gemacht

Die V1 bei der Erprobungsstelle Rechlin. Zur Untersuchung der Luftströmung waren an Rumpf und Tragflächen Fäden angebracht

biet praktisch keine. Ausgedehnte Untersuchungen im Windkanal an Modellen mit unterschiedlichen Tragflügelauslegungen und Triebwerksanordnungen gingen dem Bau der neuartigen Flächen voraus. Die negative Pfeilung bewirkte ein günstiges Abkippverhalten, außerdem wurde die Raumaufteilung des Rumpfes bautechnisch begünstigt.

Zwei V-Muster des später Ju 287 genannten Entwurfs sollten als Vorerprobungs-Maschinen gebaut werden.

Am 8. August konnte die Ju 287 V1 in Brandis mit Siegfried Holzbaur am Steuer zum Erstflug abheben. Als Starthilfe kamen Starthilfsraketen, so genannte R-Geräte, unter jedem Triebwerk zum Einsatz. Das strahlgetriebene Unikum zeigte insgesamt ansprechende Flugeigenschaften und jagte im Laufe der Flugerprobung mit bis zu 650 km/h durch die Luft.

In leichter Abwandlung zur V1 entstand das zweite Versuchsflugzeug mit etwas herabgesetztem Höhenleitwerk und zum Rumpf hin verstrebten Fahrwerksbeinen. Zudem erhöhte man die Antriebsleistung durch das Hinzufügen weiterer Turbinen. So wurde die V2* mit je zwei und je drei zusammengeschlossenen Triebwerken untersucht. Die seitlich unterhalb der Kabine angebrachten Turbinen beließ man dagegen.

Die V3 sollte einen neuen Rumpf mit einem der Ju 288 ähnlichen Kabinenaufbau erhalten. Als normale Abwurflast waren drei Tonnen und mit Überlast vier Tonnen veranschlagt. Beim maximalen Abfluggewicht rechnete man mit annähernd 23 Tonnen, bei der Reichweite mit bis zu 2000 Kilometer. Als Antrieb kamen sechs Jumo 004- oder BMW 003-TL-Triebwerke in Frage.

Die Jägerproduktion hat Vorrang

Als sich die Kriegslage 1944 dramatisch zuspitzte, erklärte die Luftwaffenführung die Entwicklung und Produktion von Jägern zur Wiedererlangung der Luftherrschaft über dem Reich zum vorrangigen Ziel der Flugzeugbaufirmen. So mussten die Arbeiten an der Ju 287

Die Ju 287 V1 in Brandis. Unter den Strahltriebwerksgondeln sind Starthilfsraketen montiert

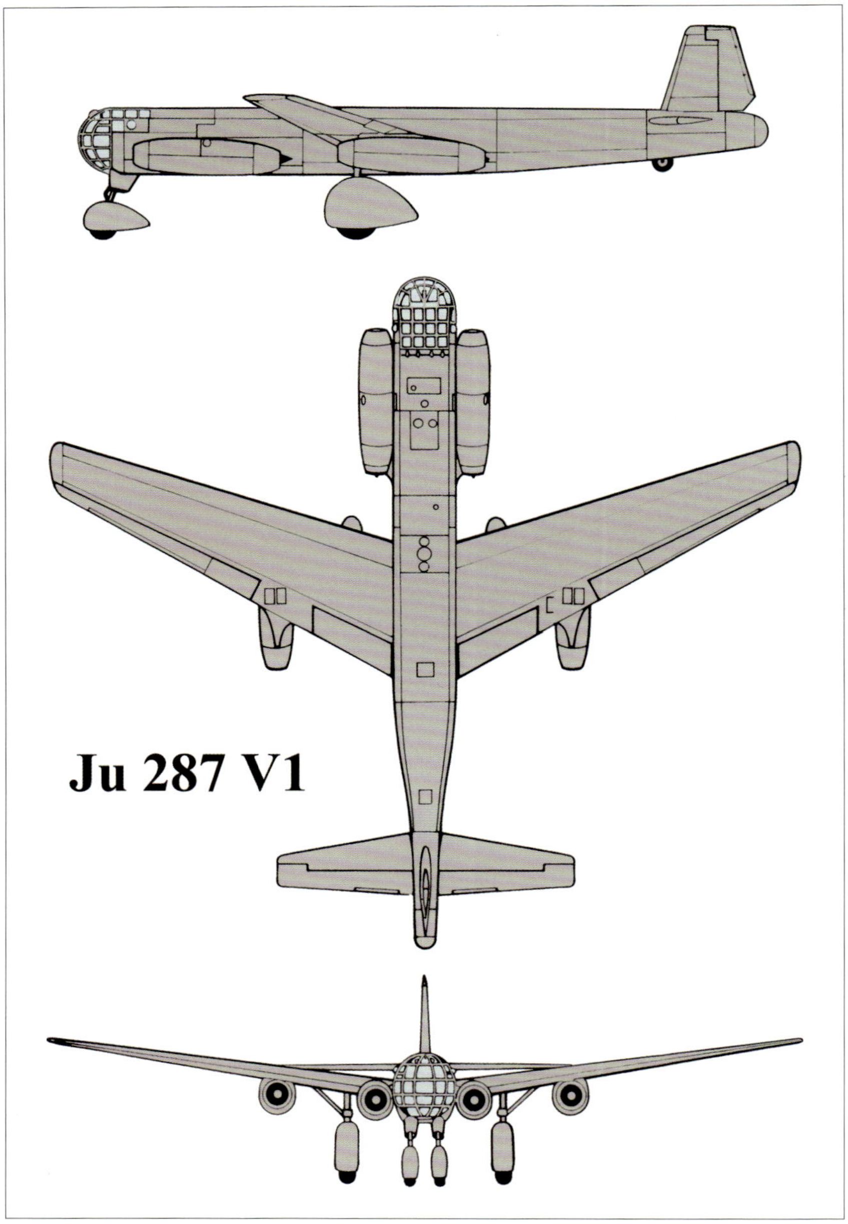

Ju 287 V1 – der Rumpf kam zum größten Teil von einer He 177, Seiten- und Höhenleitwerk entstammten einer Ju 188, Tragflächen und Strahltriebwerksanlage waren neu

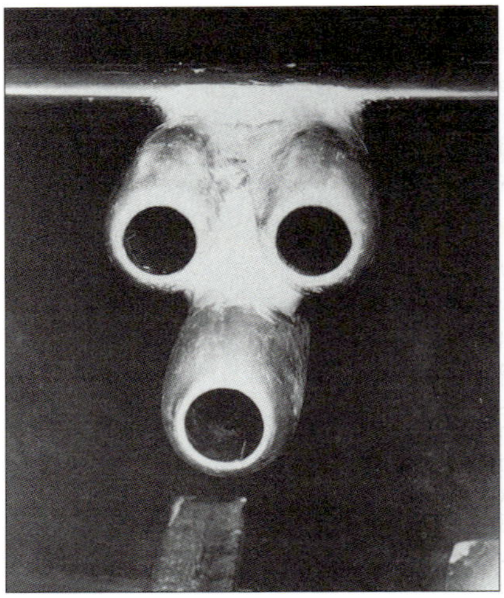

Gebündeltes Kraftpaket: schon bei der Ju 287 V2 erprobte Triebwerkskonfiguration aus drei BMW 003, die auch für die V3 als Variante vorgesehen war

Ende 1944 eingestellt werden. Bald darauf wurden sie jedoch fortgesetzt. Eine originalgroße Holzattrappe der V3 mit den vorgesehenen Einbauten samt Bombenschächten sowie einige Teile für den Prototypenbau wurden zwar noch gefertigt, weitere Arbeiten verhinderte jedoch die Kriegslage. Den Sowjets fielen die beiden Versuchsflugzeuge V1 und V2 sowie wertvolle Entwicklungs- und Erprobungsunterlagen in die Hände.

Unter sowjetischer Leitung

Zunächst liefen die Arbeiten an der Ju 287 mit der Junkers-Entwicklungsmannschaft unter sowjetischer Obhut in Deutschland weiter. Der nochmals überarbeitete Bomber führte nun die Bezeichnung EF 131, für Entwicklungsflugzeug 131. Im August 1946 war die erste Versuchsmaschine fertig, eine weitere diente zu Bruchversuchen. Ob eine dritte gefertigt wurde, ist unklar.

Zum Entsetzen des Junker-Personals verfrachteten die Sowjets noch vor der Flugerprobung das ganze Projekt samt deutscher Mannschaft von Dessau in die UdSSR auf ein Testgelände Nahe Moskau.

Dort startete die EF 131 am 23. Mai 1947 mit deutscher Besatzung zum Erstflug. Angetrieben wurde der Pfeilflügel-Bomber von sechs Jumo 004-Turbinen, die in zwei Dreierpaketen unter den Flächen angebracht waren.

Die Erprobungsflüge verliefen jedoch nicht zufrieden stellend, Schwingungsprobleme in den Flächen machten deren Überarbeitung notwendig.

Weitere Entwicklungsarbeiten führten zu den Entwürfen EF 132 und 140. Der sowjetische Strahlflugzeugbau erfuhr

Keine He 177, wie man auf den ersten Blick vermuten könnte, sondern die getarnt am Waldrand abgestellte Ju 287, so wie sie den Alliierten in die Hände fiel

durch die deutschen Technologie-Hinterlassenschaften enormen Schub, die die Grundlage für zahlreiche Folgekonstruktionen bildeten.

Konkurrenzmodell He 343

Auch bei Heinkel befand sich 1944 ein vierstrahliger Bomber in der Entwicklung. 1943 hatten die Arbeiten am Strahlbomber mit dem Projekt 1068 begonnen. Um Zeit zu sparen und das Flugzeug noch Mitte 1945 einsatzreif zu bekommen, verzichtete man vorerst auf die Weiterführung des P 1068-Entwurfes. Stattdessen griff man die Arado-Konstruktion Ar 234 auf und vergrößerte diese um das 1,5-fache, wodurch sich ein Bomber mit einem maximalen Abfluggewicht von rund 18 Tonnen bei zwei Tonnen Nutzlast ergab. Von dem He 343 genannten Kampfflugzeug sollten zunächst 20 Maschinen gebaut werden. Fertig gestellt wurde keines dieser Flugzeuge mehr, da das Vorhaben im November 1944 wegen des Jäger-Notprogramms gestoppt und nicht wieder aufgenommen wurde. ◀

*Anderen Quellen nach ist die Ju 287 V2 nicht mehr unter deutscher Leitung geflogen

Junkers Ju 287

Junkers Ju 287	V1	V3
Einsatzzweck	Versuchsflugzeug	Versuchsflugzeug
Besatzung	2	3
Antrieb	4 x Jumo 004 B-1 Strahltriebwerk	6 x Jumo 004 B-1 Strahltriebwerk
Leistung	4 x 910 kp Standschub zusätzlich als Starthilfe möglich: 4 x Walter HWK 502 mit je 500 kp	6 x 910 kp Standschub
Länge	18,30 m	18,25 m
Spannweite	20,10 m	19,40 m
Höhe	4,70 m	–
Flügelfläche	53,30 m²	68,40 m²
Flächenbelastung	305,70 kg/m²	396 kg/m²
Pfeilung Flügelvorderkante	– 23°	– 23°
Rüstgewicht	10 900 kg	13 540 kg
Zuladung	5320 kg	9600 kg
Startgewicht	17 820 kg	23 140 kg
Höchstgeschwindigkeit	620 km/h in 6000 m	870 km/h in 6000 m
Marschgeschwindigkeit	600 km/h in 6000 m	–
Landegeschwindigkeit	170 km/h	190 km/h
Anfangssteigleistung	13,7 m/sec	15,4 m/sec
Dienstgipfelhöhe	9400 m	10 100 m
Startstrecke	610 m	1600 m
Landestrecke	460 m	500 – 600 m
Reichweite ca.	980 km in 6000 m	1700 km in 10 000 m
Flugzeit max.	1,5 h	–
Abwurflast	–	3000 kg 4000 kg bei Überlast

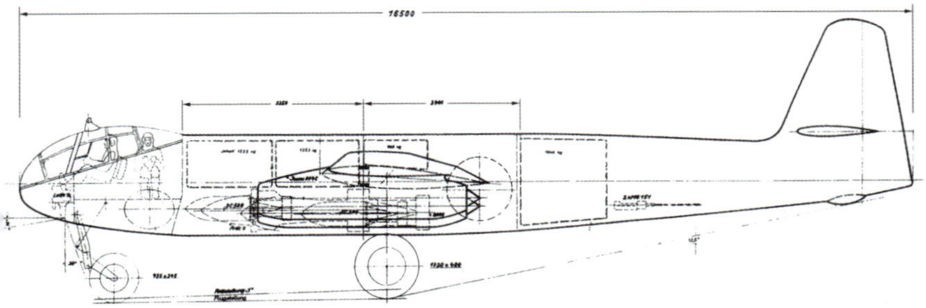

Einblicke in die Bomberausführung des Heinkel-Bombers He 343, der auch als Aufklärer und Zerstörer geplant war

Windkanalmodell der Ju 287 V3

Ju 287 V1: Mit Siegfried Holzbaur am Steuer startete das erste Versuchsflugzeug des Strahlbombers am 8. August 1944 in Brandis zum Erstflug. Lackierung: vermutlich RLM 70/71/65

Bf 110 G-4/R1 vom Nachtjagdgeschwader 3 mit Funkmess-Ausrüstung FuG 202. Hatte sich die Bf 110 am Tag als schwerer Jäger kaum bewähren können, zeigte sich der Typ als Nachtjäger umso erfolgreicher

Vom Zerstörer zum Nachtjäger

Messerschmitt Bf 110

Nach den nächtlichen Angriffen britischer Bomber auf das Ruhrgebiet rückte die Luftwaffenführung näher an die Realität möglicher künftiger Angriffsszenarien. Der Zerstörer Bf 110 schien mit am geeignetsten für diese neue Aufgabe

Die Bf 110 V1 1936 mit Jumo-210-Motoren ohne Fahrwerksabdeckungen. Eine Nachtjäger-Variante lag noch in weiter Ferne

Das Reichsluftfahrtministerium (RLM) erteilte 1934 an die Bayrischen Flugzeugwerke (BFW) den Auftrag zur Entwicklung eines Flugzeugzerstörers, der Feindmaschinen schon im Vorfeld abfangen sollte. Entsprechend den hierfür geschaffenen Richtlinien für das Rüstungsflugzeug III sollte die maximal zweimotorige Maschine unter anderem eine Dienstgipfelhöhe von 10.000 Meter, eine Reichweite von 2000 Kilometer und eine Höchstgeschwindigkeit von 400 km/h in 6000 Meter Höhe aufweisen. Oberste Priorität hatte dabei die Schnelligkeit, gefolgt von Reichweite, Steigleistung und Wendigkeit. Zudem sollte der neue Typ auch als Höhenaufklärer einsetzbar sein, etwas später kam der Auftrag für eine Schnellbombervariante hinzu.

In der Entwicklungsabteilung der BFW wurde ein zweimotoriger, frei-

Eine Bf 110 E wird für den nächsten Einsatz betankt. Seitlich am Rumpf ist der »Englandblitz«, das Zeichen der Nachtjäger, aufgemalt

Eine Bf 110 C vom NJG 3. Die Oberseiten der Maschine blieben scheinbar überwiegend ohne schwarzen Anstrich. Die erste Nachtjäger-Ausführung unterschied sich kaum vom Zerstörer. Im Vordergrund ragt eine Junkers Ju 86 ins Bild

tragender Tiefdecker in Ganzmetallbauweise entworfen, dessen Rumpf in bewährter Schalenbauweise aus Duralblech entstand. Ein doppeltes Seitenleitwerk ermöglichte, ein besseres Schussfeld für das nach hinten gerichtete Abwehr-MG zu erreichen.

Die Flügel waren einholmig mit tragender Außenhaut ausgeführt und über jeweils drei Anschlusspunkte mit dem Rumpf verbunden, der für eine zweiköpfige, hintereinander sitzende Besatzung ausgelegt war. An den äußeren Vorderkanten verliefen, wie schon beim kleinen einmotorigen Bruder Bf 109 erfolgreich erprobt, automatische Handley-Page-Vorflügel.

Als Antrieb waren Junkers-Jumo-210-V-12-Reihenmotoren vorgesehen. 1935 wurde der wesentlich stärkere Daimler-Benz DB 600 in die Entwicklung mit einbezogen, der dann in der V3 erprobt werden sollte.

Mit Hermann Wurster am Steuer startete die BFW Bf* 110 V1 mit der Werknummer 868 am 12. Mai 1936 bei Augsburg zum Erstflug und durchlief anschließend ausführliche Tests. Im Oktober 1936 wurde die Maschine (D-AHOA) zur Luftwaffen-Erprobungsstelle nach Travemünde geflogen.

Henschel hatte mit der Hs 124 und Focke-Wulf mit der Fw 57 ebenfalls zweimotorige Maschinen gemäß den RLM-Richtlinien entwickelt. Als Gewinner der

Bf 110-Nachtjäger der 7./NJG 4 mit Zusatztanks 1942 vor dem Start – möglicherweise zu einem Verlegungsflug. Die vordere Maschine (3C+AR) wurde von Oberleutnant Hans-Karl Kamp geflogen (siehe auch Foto Seite 94)

** Die korrekte Bezeichnung lautet Bf (für Bayerische Flugzeugwerke AG – BFW) 110. Erst mit der Umwandlung der BFW in die Messerschmitt AG Mitte 1938 änderte sich das Kürzel für die von da an konstruierten Flugzeuge in Me. Umgangssprachlich wurde und wird jedoch meist das Kürzel Me verwendet.*

Nachdem Leutnant Niklas am 31. Mai 1942 einen RAF-Bomber abgeschossen hatte, erhielt seine Bf 110 E Treffer und er musste die Maschine notlanden (s. auch S. 7)

Blick in den Führerraum und auf die vier MG 17 einer Bf 110

So sah der Funker und Bordschütze den Flugzeugführer einer Bf 110

Zerstörer-Ausschreibung ging jedoch letztlich die Bf 110 hervor.

Am 24. Oktober 1936 flog die Bf 110 V2 mit verändertem Leitwerk und am 24. Dezember 1936 folgte die V3 (D-ATII) mit leistungsstärkeren DB 600-Motoren, später auch mit DB 601.

Bf 110 A- und B-Serie

Dem Bau von sieben A-0- sowie zwei B-0-Vorserien-Maschinen schloss sich 1938 der Serienbau der Bf 110 B-1 an. Da der DB 600 noch nicht ausgereift war, wurde die B-1 wie die A von zwei je 730 PS starken Jumo 210 G angetrieben.

Bewaffnet war die Bf 110 B mit vier starr eingebauten Maschinengewehren MG 17, Kaliber 7,9 Millimeter, im oberen Rumpfbug sowie zwei 2-Millimeter-MG-FF, die unterhalb der vorderen Kabi-nenhälfte eingebaut waren und deren Ausschussöffnungen sich im unteren Rumpfbug befanden. Als Abwehrbewaffnung nach hinten stand dem Funker und Bordschützen, der auf einem Drehsitz saß, ein 7,9-Millimeter-MG-15 auf einer Schwenkarmlafette zur Verfügung. Zur Bedienung der FT-Anlage befand sich vor dieser ein weiterer Sitz, wodurch auch ein drittes Besatzungsmitglied aufgenommen werden konnte.

Zwischen Rumpf und Flügel waren in jeder Tragfläche zwei Treibstofftanks mit insgesamt 1220 Liter untergebracht. Das Hauptfahrwerk wurde nach hinten eingezogen, während das Spornrad nicht einziehbar war.

Mit der Cäsar in eine neue Leistungsdimension

Ab Anfang 1939 lief der Bau der Großserie Bf 110 C an. Mit der Serienreife und dem Einbau des mit einer Einspritzanlage ausgestatteten, erheblich stärkeren 30-Liter-Motors DB 601 A nahmen die Flugleistungen beträchtlich zu. Die Spannweite war um gut 60 Zentimeter gekürzt worden, die Geschwindigkeit erhöhte sich auf rund 530 km/h. Wegen

UNTEN Auch frühe Bf 110-Nachtjäger wurden teilweise noch mit Funkmessanlagen ausgerüstet

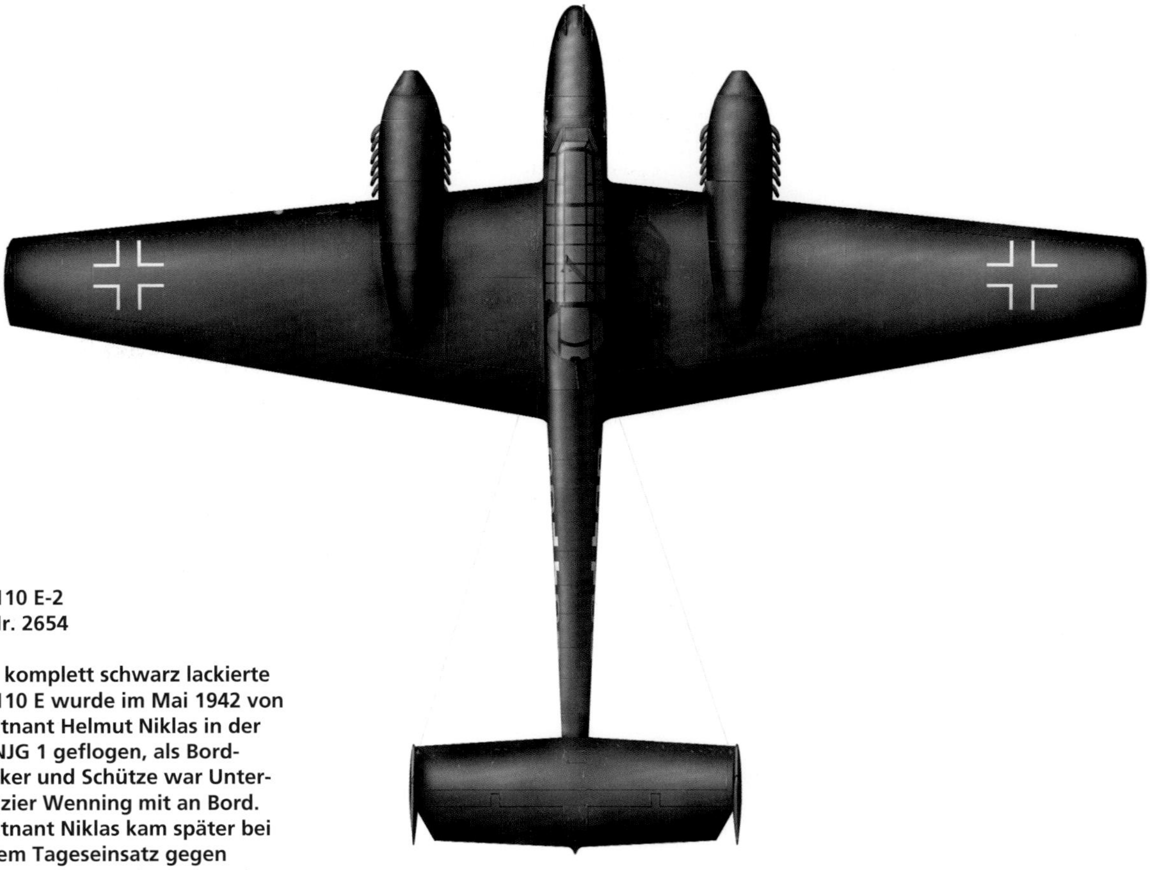

Bf 110 E-2
WNr. 2654

Die komplett schwarz lackierte Bf 110 E wurde im Mai 1942 von Leutnant Helmut Niklas in der 6./NJG 1 geflogen, als Bordfunker und Schütze war Unteroffizier Wenning mit an Bord. Leutnant Niklas kam später bei einem Tageseinsatz gegen Boeing-B-17-Bomber ums Leben

Bf 110 G-4-Nachtjäger mit Waffenwanne unter dem Rumpf und Werferrohren für ungelenkte 21-cm-Raketen unter den Tragflächen, die üblicherweise nur bei Tageseinsätzen verwendet wurden

Eine Bf 110 G-2 des NJG 200 (8V) ohne Funkmessausrüstung im Einsatz an der Ostfront. Sie trägt den üblichen Tagjäger-Anstrich

Der stark verbesserte Kabinenaufbau einer Bf 110 G erleichterte den hinteren Besatzungsmitgliedern im Notfall den Ausstieg

des Mehrverbrauchs der Motoren verringerte sich allerdings die Reichweite merklich.

Um Jagdbombereinsätze fliegen zu können, wurden unter den Tragflächen und unter dem Rumpf nachrüstbare Außenträger (ETC) montiert.

Für mehr Reichweite sorgte ein fest unter dem Rumpf installierter, verkleideter 1050-Liter-Zusatztank (Dackelbauch), der sich jedoch nicht bewährte und vereinzelt auch bei Nachjägern zu finden war. Die Lösung, an Außenträgern unter Tragflächen und Rumpf abwerfbare Zusatztanks mit 300 oder sogar 900 Liter mitführen zu können, setzte

Serienmäßig produzierte Bf-110-Nachtjäger

F-4	283
G-4	679G-4/U7
60	
G-4/R3	407
G-4/R6	342
G-4/R7	262
G-4/R8	458
Gesamt*	**2491**

Außer bei den Messerschmitt-Werken wurde die Bf 110 auch bei Focke-Wulf in Bremen, MIAG in Braunschweig und der Gothaer Waggonfabrik produziert. Insgesamt verließen über 6000 Exemplare der Bf 110 die Werkshallen, viele davon als Nachtjäger.

*Nicht enthalten sind zu Nachtjägern umgebaute Maschinen

Verstaubt, aber interessant: Der unrestaurierte Führerraum der Bf 110 G-4/R3, die heute im RAF-Museum in Hendon ausgestellt ist

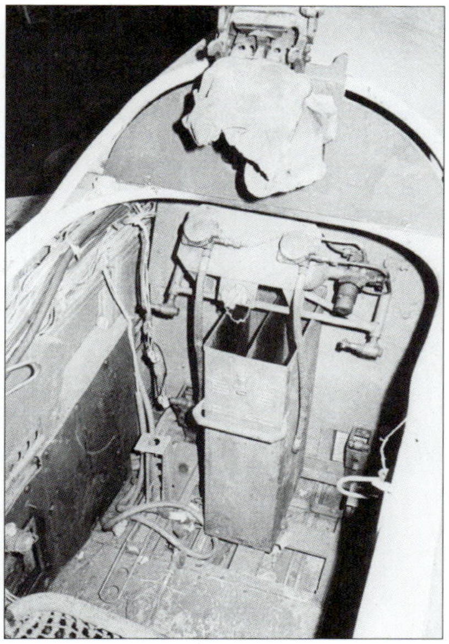

Der Arbeitsplatz des Funkers (links) und des Beobachters und Bordschützen mit ausgebautem MG 81 Z in der G-4/R3

sich durch und blieb auch bei den kommenden Bf-110-Versionen Standard. Somit konnte mit bis zu 3000 Liter Kraftstoff die Reichweite enorm erhöht werden konnte.

Für das Einsatzgebiet im südlichen Mittelmeerraum wurden die Flugzeuge mit einer Tropenausrüstung versehen, wozu vergrößerte Kühler, Sandabscheider vor den Luftansaugkanälen, Waffenlaufabdeckungen und eine zusätzliche Rettungsausrüstung gehörten.

Ab 1940 kam zum Teil eine mit höheroktanigem C-3-Kraftstoff betriebene Ausführung des DB 601 A mit auf 1275 PS erhöhter Startleistung zum Einbau. Gekennzeichnet war dies durch ein N auf der Motorhaube.

Erste Nachtjäger-Ausführung

Die ersten Bf-110-Nachtjäger tauchten schon 1940 auf. Die Maschinen aus der C-, D- und E-Serie erhielten meist einen vollständig schwarzen Anstrich. Sie unterschieden sich ansonsten kaum von den Tagjägern. Die behelfsmäßigen Nachtjäger wurden bei den Staffeln nachtflugtauglich umgebaut, wozu unter anderem die Beleuchtung der Instrumente stark vermindert wurde, um deren Blendwirkung bei Nacht zu verringern.

Funkmessanlagen, die in die Maschine hätten eingebaut werden können, standen noch in der Entwicklung, geflogen wurde auf Sicht. Zum Teil kamen auch Spanner-Anlagen, sogenannte

Die 30-mm-Kanonen MK 108 mit den davor liegenden Antennen der Funkmessanlage

Ultrarot-Geräte (heute Infrarot), zum Einsatz, die jedoch wegen zu geringer Reichweite kaum von praktischem Wert waren.

Notgedrungene Weiterentwicklung

Laut Bauprogramm sollte Ende 1941 die Bf 110-Reihe mit der E-Serie auslaufen, doch das geplante Nachfolgemuster Me 210 war keineswegs fronttauglich

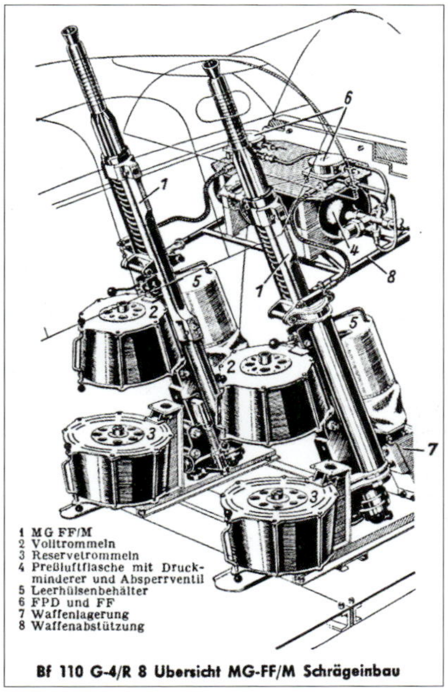

Einbauübersicht der Schrägbewaffnung in der 110

und bereitete große Probleme, die kurzzeitig nicht zu lösen waren. So setzte man weiter auf die veraltete Bf 110, deren Bau mit der F-Serie notgedrungen fortgesetzt werden musste.

Zur Steigerung der Leistung wurde die Bf 110 F mit zwei Daimler-Benz-DB-601-F-Motoren ausgerüstet, die je 1350 PS Startleistung abgaben und über vergrößerte Kühler verfügten.

In der Literatur wurden und werden Bf 110 mit alten Motorverkleidungen

Mit zwei MG 151/20 (Rüstsatz M 1) unter dem Rumpf und FuG 220 sowie FuG 212 (mittlere Antenne) ist diese Bf 110 G ausgerüstet

Enge Angelegenheit: Die Fotos zeigen zwei Varianten des Einbaus von schräg nach oben feuernden 20-mm-Waffen, auch »Schräge Musik« genannt, was damals auch ein Ausdruck für Jazzmusik war

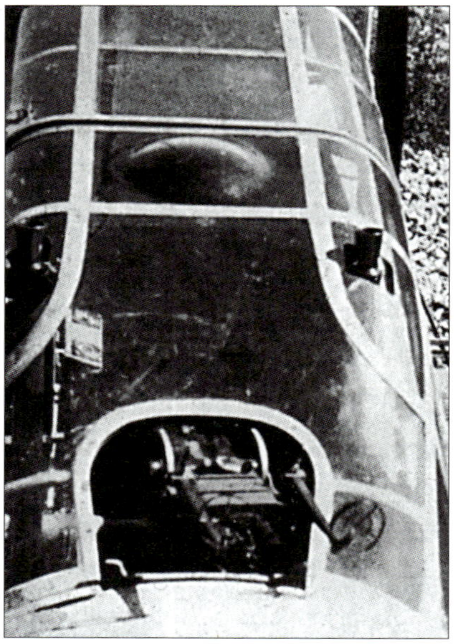

und Propellerhauben, aber großen Kühlern, oft als F-Modelle bezeichnet, doch handelt es sich hier lediglich um Maschinen der Baureihen C, D und E mit Trop-Ausrüstung, zu der auch der vergrößerte Kühler gehörte! Äußerlich klar unterscheidbar sind die Bf 110 ab der F-Serie durch veränderte Motorverkleidungen und größere Luftschraubenhauben, die, wie schon bei den Vorgängervarianten, baugleich mit denen der einmotorigen Bf 109 waren.

Hinter dem Sitz des Flugzeugführers baute man einen Überschlagbügel ein, ein kantiger Lufteinlass vorne auf dem Rumpfbug, eingeführt schon ab der E-Serie, versorgte die Heizung mit Frischluft.

Erst später, in der schon laufenden Serienproduktion, wurde der Kabinenaufbau verbessert, der dem Funker und Bordschützen den Ein- und Ausstieg erleichterte. Zur effektiveren Abwehr von Angreifern erhielt dieser später ein doppelläufiges Maschinengewehr MG 81 Z, Kaliber 7,9 Millimeter, mit je 800 Schuss Munition. Viele Bf 110 F waren noch mit einem MG 15 ausgestattet, erst ab der G-Reihe wurde das MG 81 Z (Z für Zwilling) zum Standard.

Fortgesetzt wurde der Serienbau mit der Bf 110 F-2 (F-1 entfiel), die, wie die Vorgängermodelle, mit verschiedenen Trägern für Bomben und Zusatztanks unter Rumpf und Tragflächen ausgerüstet werden konnte.

Bf 110 Gustav

Nochmals stärker motorisiert erschienen Anfang 1943 die ersten Bf 110 der Baureihe G an der Front, deren Serienproduktion mit der G-2 begann, da die G-1 entfiel.

Zwei DB 605 B brachten nun eine Startleistung von je 1475 PS an die Luftschrauben, die ebenfalls neu waren und zusätzlich für mehr Vortrieb sorgten.

Die beiden 20-Millimeter-MG-FF/M, eingebaut unter und hinter dem Führersitz, wurden durch gleichkalibrige MG 151/20 ersetzt. Die MG 17 im oberen Rumpfbug blieben unverändert.

Den jeweiligen Einsatzerfordernissen angepasst, konnten verschiedene Rüstsätze montiert werden, darunter auch eine GM-1-Anlage (Nitrooxyd-Einspritzung) zur Leistungssteigerung in großer Höhe, wobei der dafür benötigte Tank im hinteren Kabinenteil untergebracht war und das MG 81 Z sowie die hintere Panzerung entfallen musste. Die Anlage ermöglichte für 45 Minuten eine Leistungssteigerung von je 300 PS und eine Höchstgeschwindigkeit von knapp 600 km/h in 10 000 Meter. Speziell zur Mosquito-Jagd gedacht, kam die GM-1-Anlage jedoch kaum zum Einsatz, da sich die Flugeigenschaften damit bei vollem Tank wegen der veränderten Schwerpunktlage drastisch verschlechterten und die Anlage zudem noch unausgereift war.

Eine stark aufgehellte Bf 110 G-4 eines unbekannten Verbandes mit FuG 212 und 300-Liter-Zusatztanks unter den Flächen

Bf 110 G-2 der II./NJG 6, geflogen von Gruppenkommandeur Rolf Leuchs im März 1944. Lackierung: RLM 74/75/76

Erheblich mehr Feuerkraft erreichte man mit dem Einbau von zwei 30-Millimeter-Kanonen MK 108 als obere Bugbewaffnung anstelle der vier MG 17. Die Munition bestand aus Sprenggranaten, pro Waffe waren 135 Schuss an Bord. Die Kanonen zeigten enorme Wirkung, nur wenige Treffer konnten ausreichen, um selbst einen schweren viermotorigen Bomber zum Absturz zu bringen. Um

Bf 110 G-4 der 5./NJG 5 von Oberleutnant Johnen, der seine mit geheimster Funkmesstechnik ausgestattete Maschine nach Motorproblemen am 28. April 1944 in der Schweiz landen musste

Bf 110 G-4/R3 mit der typischen Flammenvernichter-Anlage über den Auspuffrohren sowie zwei je 300 Liter Kraftstoff fassenden Zusatzbehältern unter den Tragflächen

Chancenlos: Ein Bf 110-Nachtjäger wird während eines Tageseinsatzes das Opfer eines US-amerikanischen Begleitjägers

Einsatzbereite Bf 110 G-4/R3 des NJG 1 mit unterschiedlichen, individuell ausgeführten Tarnschemen

die Blendwirkung für den Piloten bei Nachteinsätzen zu verringern, montierte man teilweise Flammendämpfer vor die Läufe.

Eine andere Variante war der Einbau von zwei MG 151/20 statt der vier MG-17-Maschinengewehre.

Nach der Bf 110 G-3, einem Zerstörer, Jagdbomber und Fernaufklärer, fand die Bf 110-Produktion mit der Bf 110 G-4 ihren Abschluss. Der Typ konnte je nach Ausstattung als schwerer Jagdbomber, Zerstörer und Nachtjäger (überwiegend) eingesetzt werden.

Um die mit verschiedenen Ausrüstungen stark verschlechterte Längsstabilität zu verbessern, flossen im Laufe der G-4-Produktion vergrößerte Seitenruder in die Serie ein. Um kriegswichtiges Metall zu sparen, wurde das verbesserte Doppelseitenleitwerk aus Holz gefertigt.

Die geplante H-Reihe für den Einsatz in großen Höhen mit stärkeren Motoren, verlängertem Rumpf und einer auf 18,58 Meter vergrößerten Spannweite ging nicht mehr in Serie.

Verbesserter Nachtjäger

Ab Frühjahr 1942 wurde mit der Bf 110 F-4 erstmals eine spezielle Nachtjagdvariante der 110 serienmäßig an die Geschwader geliefert. Sie konnte mit zwei zusätzlichen 20-Millimeter-MG-151/20 mit je 200 Schuss (Rüstsatz M 1) unter dem Rumpf ausgerüstet werden, was jedoch einen Geschwindigkeitsverlust von etwa 20 km/h mit sich brachte.

Außerdem erhielt der Nachtjäger ein Lichtenstein-Funkmessgerät FuG 202, das die Ortung von Feindmaschinen in einer Entfernung von etwa vier Kilometern in einem Kegel von 70 Grad ermög-

Eine Bf 110 G-4 de I./NJG 4, die nach wie vor das berühmte Emblem der II./ZG 76, der Haifischgruppe, trägt

Die Bf 110 G-4, W.-Nr. 180 564, im Frühjahr 1945 mit recht dunkler Lackierung in den Farben (wahrscheinlich) RLM 74/75/76. Das rechte Seitenruder und das Übergangsblech zwischen Rumpf und Flächen stammen wohl von einer anderen 110

lichte. Bisher wurden die Nachtjäger zwar vom Boden aus zu den Bombern geführt, flogen dann aber auf sich alleine gestellt auf Sicht. Auch noch vorhandene Nachtjäger der Typen C, D und E konnten derart nachgerüstet werden.

Die für den nächtlichen Einsatz installierten Auspuff-Flammenvernichter, Antennen und, wenn angebaut, der M-1-Rüstsatz verschlangen zusammen rund 50 bis 60 km/h. Die Höchstgeschwindigkeit sank so auf etwa 480 bis 490 km/h. Anstatt des schwarzen Tarnanstrichs der ersten Maschinen erhielten die Nachtjäger nun ein wesentlich helleres Tarnschema, das weitestgehend dem der Tagjäger entsprach, bei der Truppe aber oftmals noch verändert, meist nochmals aufgehellt wurde (siehe Tarnung und Markierungen S. 94).

Die Weiterentwicklung des Bf-110-Nachtjägers kam mit der G-4, die mit Fortschreiten des Krieges mit einer laufend verbesserten Funkmesstechnik wie dem FuG 220 Lichtenstein SN 2 ausgerüstet wurde und auch waffentechnisch Neuland betrat. So zeigten sich gute Erfolge mit zwei steil nach oben feuernden MG FF, die, als »Schräge Musik« bezeichnet, ab 1944 in etlichen Bf 110 (G-4/R8) in unterschiedlichen Positionen im hinteren Teil der Kabine eingebaut waren.

Um den mit der Funkmessanlage beschäftigten Funker zu entlasten, wurde, soweit dies nicht durch Zusatzeinbauten verhindert war, ein dritter Mann als Bordschütze und Beobachter mitgenommen.

Gute Flugeigenschaften

Die Bf 110 galt fliegerisch als gutmütig. Sie war in jeder Situation relativ leicht beherrschbar und verlangte vom Flugzeugführer keine besonderen Anforderungen. Die Sichtverhältnisse aus der Führerkabine waren recht gut. Die zwölf Meter lange Maschine mit einer Spannweite von stattlichen 16 Metern war voll kunstflugfähig und für ein zweimotoriges Flugzeug dieser Größe erstaunlich wendig, obschon im Vergleich zu einmo-

US-Soldaten inspizieren einen Bf 110 G-4-Nachtjäger mit ETC unter dem Rumpf und Zusatztanks unter den Flächen, der bis auf die Antennenanlage einsatzbereit scheint. An den Flügelvorderkanten ist die gefleckte Lackierung der Maschine zu sehen

Messerschmitt Bf 110

Messerschmitt Bf 110	C-1	G-4/R8
Typ	Zerstörer/Nachtjäger	Nachtjäger
Besatzung	2	3
Antrieb	2 x Daimler-Benz DB 601 A	2 x DB 605 B
	flüssigkeitsgekühlter hängender V-12-Zylinder-Reihenmotor	
Startleistung (1 min)	2 x 1100 PS – ges. 2200 PS	2 x 1475 PS – ges. 2950 PS
Erhöhte Dauerleistung (30 min)	2 x 960 PS in 4500 m	2 x 1250 PS in 5800 m
Dauerleistung	2 x 860 PS in 4900 m	2 x 1080 PS in 5800 m
Spannweite	16,28 m	16,28 m
Länge	12,07 m	12,07 m (ohne Antenne)
Höhe	4,10 m	4,00 m
Spurweite	4,60 m	4,60 m
Flügelfläche	38,36 m²	38,36 m²
Rüstgewicht	4570 kg	6090 kg
Startgewicht	6750 kg	9800 kg
Höchstgeschwindigkeit	530 km/h in 3500 m	510 km/h in 5800 m
Marschgeschwindigkeit	465 km/h in 3500 m	–
Sturzgeschwindigkeit max.	700 km/h	700 km/h
Startgeschwindigkeit	110 – 120 km/h	110 – 120 km/h
Landegeschwindigkeit	140 km/h	140 km/h
Steigleistung	900 m/min zu Beginn	6000 m in ca. 9,1 min
Normale Reichweite	800 km	880 km
Mit Zusatztanks	–	1270 km
Dienstgipfelhöhe	8500 m	8000 m
Starrbewaffnung	4 x MG 17 – 7,92 mm 2 x MG FF – 20 mm	2 x MK 108 – 30 mm 2 x MG 151/20 – 20 mm
		2 x MG FF/M – 20 mm als Schrägbewaffnung
Bewegliche Bewaffnung	1 x MG 15 – 7,92 mm	1 x MG 81 Z (2 x 7,9 mm) auf Lafette
Bombenlast an Außenträgern als Jagdbomber	max. 2000 kg	Gewöhnlich 500 – 1000 kg (bis zu 1350 kg möglich)
Funkmessausrüstung (Frühe Versionen flogen ohne Radar)	Teilweise noch versch. Ausstattungen	FuG 202 Lichtenstein B/C – ab Ende 1942 FuG 220 Lichtenstein SN 2 und FuG 202 ab Ende 1943 Nur FuG 220 ab etwa Mitte 1944
Auf Einsatzart abgestimmte Rüstsätze möglich		

torigen Jägern die »110« als schwerfällig anzusehen war. Das Abfangen der Maschine bei hoher Geschwindigkeit verlangte vom Flugzeugführer die Mobilisierung nicht unerheblicher Kräfte, der Einmotorenflug gestaltete sich dagegen in der Regel problemlos. Auch als Waffenplattform konnte die Bf 110 überzeugen, sie lag ruhig in der Luft und war gut korrigierbar. Als störend erwiesen sich allerdings die bei geringer Fahrt unregelmäßig ausfahrenden Vorflügel, was ein sauberes Anvisieren des Gegners praktisch unmöglich machte.

Wechselhafte Einsatzbilanz

Die Messerschmitt Bf 110-Einheiten gehörten zur Elite der Luftwaffe, wofür nur die besten Flugzeugführer ausgewählt wurden und auf die der Oberbefehlshaber der Luftwaffe, Hermann Göring, große Stücke hielt.

Zu Kriegsbeginn bewährte sich die Bf 110 als schwerer Jäger und Zerstörer über Polen, Holland, Belgien, Norwegen und Frankreich. Die Trümpfe der Bf 110 waren ihre hohe Geschwindigkeit und starke, gebündelt angeordnete Bewaffnung. Ein gezielter Feuerstoß aus dem Bug einer Bf 110 hatte für gewöhnlich fatale Folgen für das gegnerische Flugzeug.

Im Kampf gegen einmotorige moderne Jäger wie die britische Spitfire oder Hurricane konnte die 110, obwohl stark bewaffnet und relativ schnell, kaum bestehen; sie war schlichtweg zu schwerfällig – es fehlte an Beschleunigungsvermögen und Wendigkeit. Anders sah die Sache in der Dämmerung und in der Nacht aus, wo sich die 110 als gut geeignet für die neue Aufgabe als Nachtjäger zeigte. Mit dem Auf- und

Bf 110 E, W.Nr. 3920, vom Stab des NJG 1, geflogen von Geschwaderkommodore Major Wolfgang Falck im Herbst 1940

Bf 110 G-4 der 9./NJG 5 mit stark gefleckter Tarnung 1944

Bf 110 G-4 der 2. Staffel des NJG 6 mit zwei MK 108, Kaliber 30 mm, im Rumpfbug

Ausbau der deutschen Nachtjagd-Verbände, die überwiegend aus Zerstörer-Einheiten gebildet wurden, stellten sich schon bald zunehmend Erfolge gegen die britischen Bomber ein.

Mangels geeignetem Ersatz blieb die Bf 110 notgedrungen den ganzen Krieg hindurch als Zerstörer, Langstrecken-Begleitjäger für Schiffskonvois, Schlachtflugzeug, schwerer Jagdbomber, Aufklärer und gerade auch als Nachtjäger im Einsatz. Neben der Ju 88 wurde die 110 so zum Standard-Nachtjäger der Luftwaffe.

Da massiv bewaffnet, kamen mit den immer massiver werdenden Bombenangriffen der Alliierten Bf 110-Nachtjäger auch am Tag in der Reichsverteidigung zum Einsatz, bei denen die in der Tagjagd oft ungeübten Besatzungen nur allzu leicht den amerikanischen Langstrecken-Begleitjägern zum Opfer fielen, die die Bomber weit nach Deutschland hinein eskortierten. Zudem kamen Schlachtfliegereinsätze zur Unterstützung von Bodentruppen hinzu. Die Tageseinsätze führten zu beträchtlichen und überaus sinnlosen Verlusten von wertvollen Besatzungen und Menschenleben.

Aber auch im Dunkeln wurden die deutschen Nachtjäger zunehmend zu Gejagten – besonders die ebenfalls mit Radar ausgerüsteten britischen Mosquito-Langstrecken-Nachtjäger machten ihnen das Leben schwer. Eine beachtliche Zahl von Nachtjägerpiloten erzielte mit der Bf 110 große Erfolge, darunter auch Heinz-Wolfgang Schnaufer, der mit 121 Luftsiegen bei Nacht an erster Stelle der Nachtjagd-Experten steht.

Leider sind von der eleganten Bf 110 nur zwei komplette Exemplare bis heute erhalten geblieben, darunter allerdings auch der Nachtjäger Bf 110 G-4/R3, WNr. 730 301, beheimatet im RAF-Museum in Hendon,London. Ebenfalls bis heute aufbewahrt sind die Seitenleitwerksflossen von Schnaufers letzter Bf 110 G mit seiner darauf verewigten Abschussbilanz.

Nachtjäger Do 215 B-5 mit FuG 202 und DB 601-V-12-Reihenmotoren

Der Fliegende Bleistift als Nachtjäger

Dornier Do 17 Z-7/-10 und Do 215 B-5

Praktisch aus der Not entstanden aus den Bomber-Typen Do 17 und deren Abkömmling Do 215 erste Einsatzmuster für die Fernnachtjagd

Die wenigen Do 17-Nachtjäger entstanden durch Umbau von Do 17 Z-2-Bombern

Seit 1939 erhielten Kampfverbände der Luftwaffe die gegenüber den Vorgängern stark verbesserte Do 17 Z, die 1940 als Bomber und Aufklärer eines der Haupteinsatzmuster darstellte.

Die Z-Reihe hatte einen komplett neu konstruierten und vergrößerten Vorderrumpf mit erweiterter Kabine. Der neue Aufbau, der sogenannte Kampfkopf, bot wesentlich bessere Sichtverhältnisse und genug Platz um ein viertes Besatzungsmitglied aufzunehmen.

In Großserie ging die neue Do 17 mit der Z-1, die nach 113 Exemplaren durch die etwas verbesserte Do 17 Z-2 mit zwei je 1000 PS starken Bramo 323 P abgelöst wurde.

Die Bedrohung durch nächtliche Angriffe britischer Bomber im Mai 1940 führte zu eiligen Gegenmaßnahmen, die unter anderem den Einsatz von Nachtjägern mit großer Reichweite vorsahen, die die RAF-Bomber über eigenem Ge-

OBEN **Blick auf die MG 17 im Bug einer Do 17 Z-10. In der Frontscheibe ist das Q-Rohr der im Bug eingebauten »Spanner«-Anlage zu sehen**

RECHTS OBEN **Waffeneinbau im Bug einer Do 17 Z-10 mit vier MG 17 oben und zwei MG FF unten**

biet, speziell beim Sammeln und beim Landen, bekämpfen sollten. Zu den hierfür infrage kommenden Typen zählte neben der Ju 88 auch die Do 17.

Nachtjäger

Mit der Do 17 Z-7, »Kauz I«, kamen erste Bemühungen zum Tragen, die Do 17 für den Einsatz als Fernnachtjäger zu nutzen. So entstand durch Umbau einer Do 17 Z-2 die erste Nachtjäger-Ausführung Z-7. Als bewegliche Abwehrwaffen blieben die in Linsenlafetten LL-G installierten 7,92-mm-MG 15 im B- und C-Stand auf dem Rumpfrücken beziehungsweise im hinteren Teil der Bodenwanne unverändert. Im gepanzerten Bug (11 mm) wurden drei MG 17 und ein MG 151, Kaliber 15 mm (oder MG FF?), montiert. Als Zieleinrichtung kam ein Revi C 12 zum Einbau. Die Besatzung reduzierte sich auf drei Mann – Flugzeugführer, Funker/Bordschütze und Bordwart, der für das Wechseln der Bugwaffen-Magazine zuständig war.

Einen weiteren Nachtjägerversuch unternahm man mit der Do 17 Z-10, »Kauz II«. Im neu gestalteten aerodynamisch verbesserten Waffenbug kamen neben zwei 20-mm-Kanonen MG FF vier MG 17 zum Einbau.

Um das Aufspüren des Gegners zu erleichtern, erhielten die Maschinen das Infrarotgerät (damals Ultrarot genannt) »Spanner«, das über einen im Bug hinter einem kleinen Rundfenster montierten Sensor auf die Wärmeentwicklung von vermeintlich gegnerischen Flugzeugen reagierte und diese auf dem Bildschirm des Q-Rohres, montiert in der linken Frontscheibe, anzeigte.

Ein paar Z-10 verfügten über ein hinter dem Piloten im Kabinendach eingebautes MG 15, mit dem nach oben gefeuert werden konnte. Diese Art der Feindbekämpfung kam später mit der Schrägbewaffnung, der so genannten »Schrägen Musik«, sehr wirkungsvoll zum Einsatz.

Do 17 Z-7 »Kauz I« der II./NJG 2

Aus dem Rumpfrücken ragen die Antennen der Funkmessanlage FuG 202, die erstmals in einer Do 17 Z-10 eingebaut wurde

Dornier Do 215 B-5 der II./NJG 2 im Mai 1942 mit stark abgedunkeltem Tarnanstrich (siehe auch Foto Seite 16)

Lediglich zwei oder drei Do 17 Z wurden zu Nachtjägern Z-7 und neun oder zehn zu Z-10 umgerüstet.

Do 215

Als letzte Bauserie der Do 17-Reihe entstand 1939 die Do 215. Dabei handelte es sich um eine auf der Do 17 Z basierende Version, deren Bezeichnung zwar auf ein neues Muster schließen lässt. Da eine Buchstabenbenennung nach Z nicht möglich war, erhielt die Version eine komplett neue Bezeichnung. Der bedeutendste Unterschied gegenüber der Z-Reihe bestand im Einbau von flüssigkeitsgekühlten Daimler-Benz-V-12-Reihenmotoren DB 601. Konzipiert war das Flugzeug als Aufklärungsbomber mit einer Bombenlast von bis zu 500 kg. Die erste in Serie produzierte Version wurde der Fernerkunder Do 215 B-1, gefolgt vom Bomber B-2. Leistungsgesteigerte Motoren DB 601 Ba mit einer Startleistung von je 1175 PS erhielten die Bombervariante B-3 und der Fernaufklärer B-4.

Unter der Bezeichnung B-5 »Kauz III« entstanden durch Umbau von Do 215 B-1 und B-4 20 Nachtjäger. Der Typ erhielt den Bug der Do 17 Z-10 sowie eine darin integrierte »Spanner«-Sichtanlage. Die Bewaffnung von vier 7,92-mm-MG 17 befand sich ebenfalls in der Nase, ein bis zwei 20-mm-MG-FF konnten zudem in einem Behälter unter dem Rumpf mitgeführt werden. Versuchsweise erhielten Mitte 1941 einige Maschinen die Funkmessanlage FuG 202 »Lichtenstein B/C«. Die Entwicklung der Do 215 B-5 wurde nicht weiter verfolgt, da inzwischen mit den Typen Do 217 J und Ju 88 C leistungsstärkere Maschinen zur Verfügung standen.

Der Kauz im Einsatz

Im Juli 1940 wurde eine Do 17 Z-7 erstmals im scharfen Einsatz erprobt. Bereits am 20. Juli konnte Leutnant Streib damit einen Whitley-Bomber abschießen. Schon zwei Tage später fielen der Z-7 zwei Wellington-Bomber zum Opfer.

Die Aufklärer/Bomberversion Do 215 B-4, die als Basis für den Nachtjäger B-5 diente

Eingesetzt wurden Do 17-Nachtjäger in der Folge bei den Nachtjagdgeschwadern 1 und 2 in der Fernnachtjagd, die in der Dämmerung sowie nachts geflogen wurde. Die Maschinen wurden zwar fliegerisch geschätzt, aber für die Aufgabe als Nachtjäger nur als bedingt brauchbar erachtet und von Ende 1941 bis Anfang 1942 durch Do 215 B-5 und Ju 88 C ersetzt. Die übrig gebliebenen Do 17 gingen an Schulen. Die aktiv arbeitende »Spanner I«-Anlage bewährte sich wegen zu geringer Reichweite nicht und wurde meist ausgebaut. Auch das etwas später verwendete passiv arbeitende Gerät »Spanner II« brachte keine befriedigenden Ergebnisse.

Die Z-10 mit der Kennung CD+PV wurde 1941/42 zur Erprobung der neuen Lichtenstein-Funkmessanlage herangezogen.

Als erster Front-Nachtjäger erhielt der »Kauz III« das FuG 202, was zwar wegen der Antennenanlage zu einer Verminderung der Geschwindigkeit um etwa 25 km/h führte. Doch erwies sich das Gerät als wesentlich nützlicher als die »Spanner«-Anlagen. So konnte Oberleutnant Becker von der II./NJG 1 am 9. August 1941 den ersten Luftsieg unter Zuhilfenahme des FuG 202 melden. Zwischen April und Juni 1941 fielen den Do 215 B-5 18 RAF-Bomber zum Opfer.

In stetig schwindender Zahl flogen Do 215-Nachtjäger von Ende 1940 bis Anfang 1944 beim NJG 1 und 2.

Dornier Do 17 »Kauz II«

Dornier Do 17	Z-10
Einsatzzweck	Nachtjäger
Erstflug	1940
Besatzung	2
Antrieb	2 x 9-Zylinder-Sternmotor Bramo 323 P
Startleistung	2 x 1200 PS (ges. 2400 PS)
Spannweite	18,00 m
Länge	16,23 m
Höhe	4,56 m
Flügelfläche	55 m²
Rüstgewicht	6000 kg
Startgewicht max.	8550 kg (8850 kg Überlast)
Flächenbelastung max.	155 kg/m²
Reisegeschw. max.	385 km/h in 4300 m
Höchstgeschwindigkeit	425 km/h in 5000 m
Landegeschwindigkeit	125 km/h
Reichweite normal	1200 km
Dienstgipfelhöhe	8000 m
Abwehrbewaffnung	2 x MG 15 – 7,92 mm
Bugbewaffnung	2 x MG FF – 20 mm 4 x MG 17 – 7,92 mm

Do 217-Musterflugzeug für die J-Serie mit FuG 202 Lichtenstein B/C

Das Mehrzweck-Kampfflugzeug als Nachtjäger

Dornier Do 217 J und N

1938 entwickelte Dornier die Do 217 als Nachfolgemodell der Do 17/215-Reihe. Die Do 217 zeichnete sich durch ihre enorm vielseitige Einsatzfähigkeit aus, die vom Horizontalbomber bis zum Nachtjäger reichte

Die Do 217 J-1 mit BMW 801-Motoren entstand auf Basis der Bomberversion E-2

Basierend auf den Vorgängermodellen Do 17 M und Z entstand 1938 das erste Versuchsmuster der Do 217. Der Aufbau der Ganzmetall-Konstruktion war komplett überarbeitet und gliederte sich in wenige für den Großserienbau optimierte Baugruppen. Die Spannweite wurde um einen Meter auf 19 Meter vergrößert. Wie bei der Do 17 Z, zeigte sich der Kanzelbereich der V1 wesentlich erweitert, jedoch abermals neu gestaltet.

Am 4. Oktober 1938 startete die Do 217 V1 (W.Nr. 687), angetrieben von zwei Daimler-Benz DB 601-V-12-Reihenmotoren, erfolgreich zum Erstflug. Das Versuchsflugzeug ging jedoch schon am 11. Oktober während der Erprobung im Einmotorenflug durch Absturz verloren. Bereits am 4. November 1938 startete die Do 217 V2 (W.Nr. 688, D-ABWC) zum Jungfernflug. Auch sie wurde von DB 601 A angetrieben. Die V3 rüstete man dagegen mit Junkers Jumo 211 aus, ebenfalls V-12-Reihenmotoren.

Um der Forderung des Reichsluftfahrtministeriums (RLM) nach Sturzflug-Fähigkeit des Musters zu genügen, erhielt die Do 217 Sturzflugbremsen in Form von vier kreuzförmig ausklappbaren Flächen, die in das verlängerte Heck integriert wurden. Wirklich befriedigen konnte diese Konstruktion jedoch nicht.

In Großserie ging die Do 217 im Frühjahr 1941 mit der Bomber-Version E-1, die endlich mit dem 1580 PS starken luftgekühlten Doppel-Sternmotor BMW 801 MA ausgestattet werden konnte, der lange nicht zur Verfügung gestanden hatte.

Nachtjäger Do 217 J

Schon mit der Do 17 und 215 hatte man begonnen, auch deren Einsatztauglichkeit als Nachtjäger in die Tat umzusetzen, was jedoch nur sehr bedingt gelungen war.

Unter der Bezeichnung Do 217 J-1 entstand auf Basis der E-2 eine Nachtjäger-Ausführung, die am 15. März 1942 erstmals flog. Mit vier MG 17 (je 700 Schuss) und vier 20-mm-MG FF/M mit je 200 Schuss im umgebauten Rumpfbug war die Maschine schwer bewaffnet. Bald wurden die MG FF jedoch gegen effektivere MG 151/20 gleichen Kalibers ersetzt. Gezielt wurde mittels Reflexvisier Revi C 12/D. Als Defensivbewaffnung verfügte die Do 217 J-1 über den B-Stand auf dem Rumpfrücken, der als elektrisch betätigter Drehturm mit einer Drehkranzlafette DL 131 ausgelegt und mit einem 13-mm-MG 131 (500 Schuss) bestückt war. In den C-Stand in der rückwärtigen Bodenwanne mit Schussrichtung nach hinten unten baute man ebenfalls ein MG 131 (max. 1000 Schuss) ein. Montiert war es auf einer Walzenlafette WL 131/1. Die beweglichen MG 15 in den Seitenfenstern der E-Version entfielen.

Wie beim Bomber Do 217 E-2 kamen auch bei der Nachjäger-Variante zwei BMW 801 ML zum Einbau, die verstellbare dreiblättrige VDM-Luftschrauben mit einem Durchmesser von 3,8 Meter in Schwung brachten.

Das Treibstoff-Gesamtvolumen betrug bis zu 4870 Liter in selbstdichtenden Behältern. Dieses teilte sich auf in zwei Flächentanks mit je 795 Liter zwischen Rumpf und Motorgondeln, zwei 160-Liter-Behälter in den Außenflächen sowie einem im Schwerpunktbereich im Rumpf installierten 1050-Liter-Tank. Zusätzlich ließen sich ein 1160 und ein 750 Liter fassender abwerfbarer Behälter in den Bombenschächten mitführen, womit sich die Reichweite erheblich erhöhen ließ. An Schmierstoff standen jedem Motor 200 Liter Öl in einem selbstdichtenden 235-Liter-Tank zur Verfügung. Zusatztanks an Trägern unter den Flächen waren dagegen nicht vorgesehen.

Die Bomber-Einrichtung blieb zunächst in Form von zum Beispiel zwei Magazinen für je acht 50-kg-Bomben erhalten, da so die Möglichkeit, Störan-

Gut ausgestattet aber schwerfällig: Nachtjäger Do 217 J-1 mit werksseitig ausgeführtem Tarnmuster Foto: BMW AG Konzernarchiv

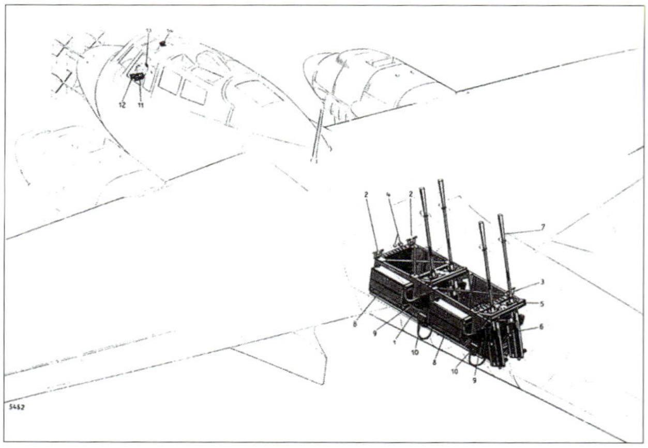

RECHTS **Einbau der Schrägbewaffnung aus vier MG 151/20 in einer Do 217 N**

UNTEN **Die MG 131 in den beiden Abwehrständen der Do 217 J sind noch nicht eingebaut**

OBEN RECHTS **Der Führerraum einer Do 217 N-2 mit reichhaltig ausgestattetem Instrumentenbrett**

OBEN LINKS **Do 217 N-2 mit FuG 202 sowie vier MG 17 und vier MG 151/20 im Bug. Die Waffen sind mit Mündungsfeuerdämpfern ausgestattet**

OBEN UND UNTEN **Die PE+AW mit DB 603-Motoren diente als Musterflugzeug für die N-2-Serie. Die Abwehrstände sind ausgebaut und der Rumpf aerodynamisch verfeinert. Flammenvernichter an den Auspuffstutzen waren bei Nachtjägern obligatorisch**

griffe zu fliegen, gegeben war. Selbst eine 1000-kg-Bombe konnte ins Ziel gebracht werden.

Die Funkausrüstung umfasste unter anderem die Sprechfunkanlagen FuG 16 und FuG X, das Funklandegerät FuBI sowie ein Bordpeilgerät Peil G 5.

Als Funkmessgerät diente ein im Bug untergebrachtes FuG 202 Lichtenstein BC, desssen Antennenanlage jedoch die Höchstgeschwindigkeit um etwa 30 km/h reduzierte.

In der weitestgehend identischen Version J-2 kam das verbesserte FuG 212 Lichtenstein C-1 zum Einbau. Die Bomberausrüstung war bereits werksseitig ausgebaut.

Verbesserte N-Serie

Die Do 217 N-1 unterschied sich von der J-2 überwiegend durch das Weglassen

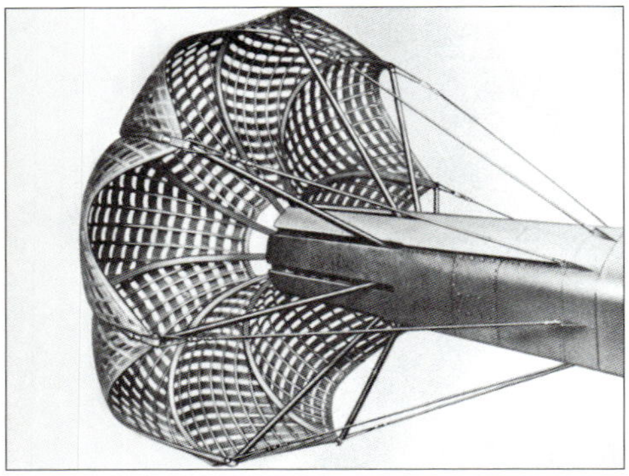

OBEN UND RECHTS **Eine Do 217 N-2 mit Bremsschirms im Heck, der die leichtere Angleichung an die Geschwindigkeit des feindlichen Bombers ermöglichte. Rechts ragen die vier schräg eingebauten MG 151/20 aus dem Rumpfrücken**

unnötigen Gewichts und den Einbau von DB 603-Motoren mit Vierblattpropellern, die auch in der Bomberversion Do 217 M für Vortrieb sorgten, aber als noch unausgereift galten.

Die erste Versuchsmaschine Do 217 NV1 startete am 31. Juli 1942 zum Jungfernflug. Die Serienproduktion begann im August 1942. Einen weiteren Schritt hin zur reinen Nachtjagd-Maschine ging man mit der wenig später erstmals geflogenen N-2 durch Entfernen des B-Standes, wenngleich die Nachrüstung möglich war, da die Öffnung nur mit einer Plexiglasscheibe abgedeckt wurde. Etwa in Rumpfmitte wurden vier MG 151/20 installiert, die im Winkel von 70 Grad nach vorne oben feuerten und als »Schräge Musik« bezeichnet wurden. Bei Einbau der Schrägbewaffnung, die als Rüstsatz R 22 verfügbar war, konnte nur noch der vordere 1160-Liter-Rumpf-Zusatzbehälter eingebaut werden.

Die Unterseite des Rumpfes erfuhr durch Ausbau des C-Standes und Beseitigung des Überganges eine aerodynamische Verfeinerung. Die Kabine wurde optimiert und erhielt eine verstärkte Panzerung.

Werksaufnahme der GG+YG, einer Do 217 N-1 (siehe auch Seite 113)

Do 217 N-1 der 11./NJG 4

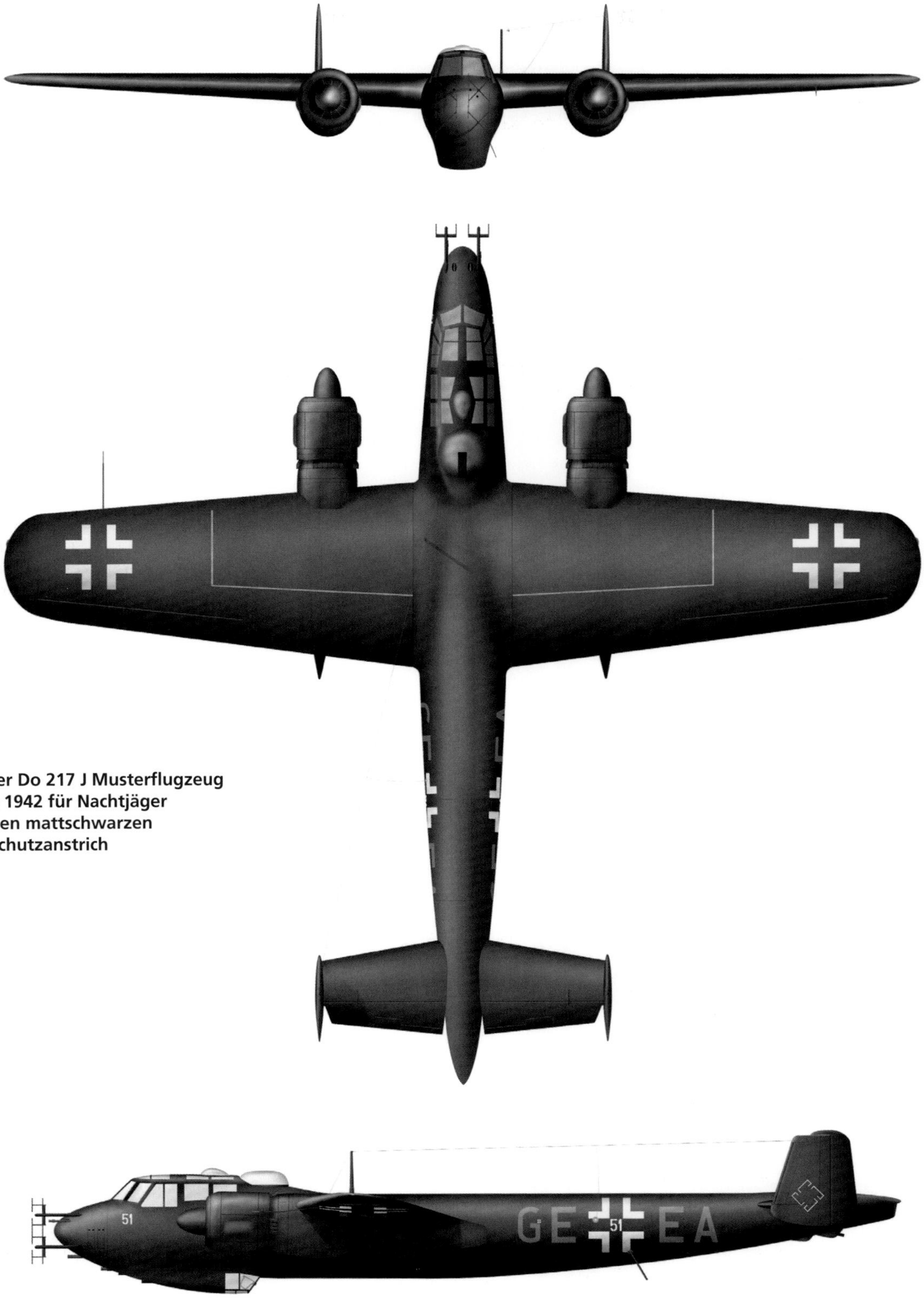

Dornier Do 217 J Musterflugzeug im bis 1942 für Nachtjäger üblichen mattschwarzen Sichtschutzanstrich

Gebaute Do 217-Nachtjäger	
Version	Gesamt
J	130
N-1	240
N-2	325

Als Rüstsatz 25 konnte ein Bremsschirm am Heck montiert werden, der für eine rasche Geschwindigkeitsreduzierung sorgen sollte, um Feindmaschinen gezielter bekämpfen zu können.

Die Funkmessausrüstung bestand wieder aus dem FuG 202 oder 212, spätere Einsatz-Maschinen erhielten das verbesserte FuG 220 Lichtenstein SN 2.

Bei allen Nachtjagd-Versionen bestand die Besatzung aus drei Mann.

Insgesamt sollen 455 Do 217-Nachtjäger die Dornier-Werke in Friedrichshafen und München verlassen haben.

Im Fronteinsatz

Im Vergleich zu den hauptsächlich verwendeten Mustern Messerschmitt Bf 110 und Junkers Ju 88 kamen Do 217-Nachtjäger in weitaus geringerem Umfang zum Einsatz. Bestimmt zeigte die 217 auf diesem speziellen Gebiet auch nicht ihre größte Stärke. Gerade die J-Versionen waren zu schwer und zu langsam und erreichten mit gut 7000 Meter eine zu geringe Höhe, um effektiv eingesetzt werden zu können.

Zwar stimmte die Ausrüstung und besonders die Bewaffnung war ausgezeichnet. Die später verwendete »Schräge Musik« zeigte nicht selten verheerende Wirkung an den Unterseiten der feindlichen, vornehmlich britischen Bomber, doch waren die Do 217 J und N schwerfällig und nicht einfach zu fliegen. Für gegnerische Nachtjäger stellten sie eine eher leichte Beute dar. So fanden sich 1944 nur noch wenige Do 217 in den Reihen der deutschen Nachtjagdverbände.

Nur für geübte Piloten

Nur wenige Besatzungen flogen das Muster gerne. Während erfahrene Flugzeugführer relativ problemlos mit der behäbigen Do 217 zurecht kamen, gelangten nicht so geübte oder begabte Piloten schnell an ihre Grenzen. Schon die Ausbildung auf der Do 217 verschlang im Durchschnitt etwa 30 Prozent mehr Flugstunden als auf vergleichbaren Mustern und die Unfallrate fiel entsprechend hoch aus. Durch die hohe Flächenbelastung ließ sich die Do 217 nur mit dem nötigen Gefühl und Wissen handhaben und war besonders im Langsamflug nicht einfach zu steuern. ◀

Die kläglichen Überreste eines Do 217-Nachtjägers mit stark aufgehellter ehemals dunkler Lackierung

Dornier Do 217-Nachtjäger

Dornier Do	217 J-1	217 N-2
Einsatzzweck	Nachtjäger	Nachtjäger
Besatzung	3	3
Antrieb	2 x 14-Zylinder-Doppelsternmotor BMW 801 ML-2, luftgekühlt	2 x V-12-Zylinder-Reihenmotor DB 603 A-1, flüssigkeitsgekühlt
Startleistung	2 x 1580 PS – ges. 3160 PS	2 x 1750 PS – ges. 3500 PS
Kampfleistung in 4000 m	2 x 1380 PS – ges. 2760 PS	–
Spannweite	19,00 m	19,00 m
Länge	18,10 m	18,90 m (mit Bremsschirm)
Höhe	5,03 m	5,00 m
Spurweite	5,80 m	5,80 m
Flügelfläche	57 m²	57 m²
Leergewicht	8730 kg	–
Rüstgewicht	10 820 kg	10 267 kg
Startgewicht	13 175 kg 15 250 kg max.	13 210 kg
Flächenbelastung max.	279 kg/m²	232 kg/m²
Marschgeschw. max.	465 km/h	465 km/h in 5400 m
Höchstgeschwindigkeit	– 455 km/h in 4200 m	430 km/h in Meereshöhe 515 km/h in 9500 m (ohne Schrägwaffen)
Landegeschwindigkeit	148 km/h	148 km/h
Steigleistung	35 min auf 5000 m	3,2 min auf 1000 m
Anfangssteigleistung	260 m/min	290 m/min
Reichweite	3000 km	2050 km
Dienstgipfelhöhe	7200 m	8900 m
Bewaffnung	4 x MG 17 – 7,92 mm 4 x MG 151/20 – 20 mm 2 x MG 131 – 13 mm in B- u. C-Stand Zus. Schräg-Bewaffnung möglich	4 x MG 17 – 7,92 mm 4 x MG 151/20 – 20 mm 4 x MG 151/20 als Schräg-Bewaffnung
Bombenlast	Max. 1000 kg möglich	(Bombenmagazine als Rüstsatz in N-1)
Funkmess-Ausrüstung	FuG 202	FuG 212 oder FuG 220

OBEN **Eine Do 217 N-2 mit dem Werksanstrich aus RLM 75/76 und vereinfachten Balkenkreuzen**

RECHTS **Anstrichmuster für die Do 217 N vom Herbst 1943. Verwendung fanden die Farben RLM 74/75/76(02). Siehe auch Seite 21 oben**

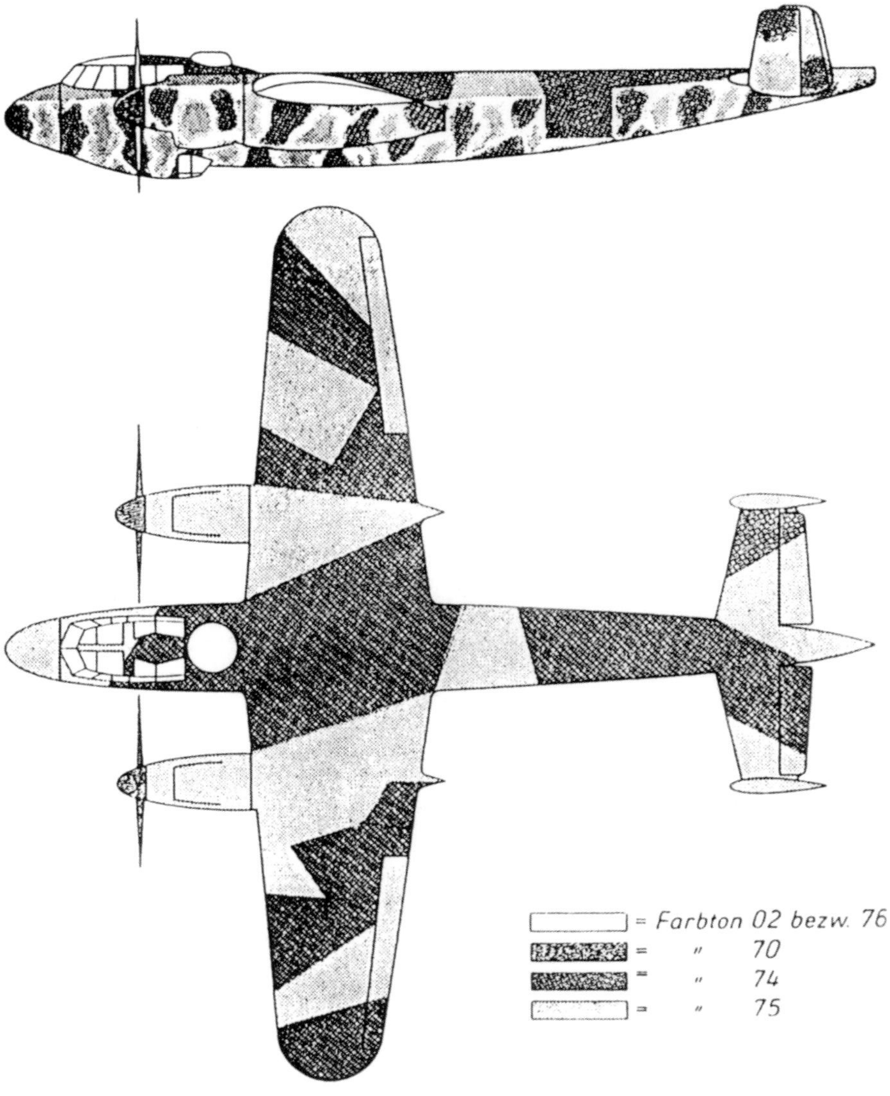

Vom Schnellbomber zum Nachtjäger

Junkers Ju 88

Schon sehr früh zeigte sich die Eignung der Ju 88 nicht nur zum schnellen Bomber, sondern auch zum schweren Nachtjäger mit großer Reichweite

Erinnert mehr an die späteren Nachtjäger-Varianten der Ju 88 als an die Bomber-Versionen: das erste Versuchsmuster der Ju 88 mit DB 600-Motoren

Die Konstruktion der Ju 88 geht zurück auf eine Ausschreibung des Reichsluftfahrtministeriums (RLM) vom November 1935, wonach die Flugzeugbaufirmen Dornier, Henschel, Messerschmitt, Heinkel und Junkers beauftragt wurden, einen zweimotorigen leichten Schnellbomber zu entwerfen. Dieser sollte zusammen mit dem schweren viermotorigen strategischen Langstreckenbomber, welcher sich mit den Mustern Do 19 und Ju 89 in der Entwicklung befand, die moderne deutsche Bomberflotte bilden.

Das dreisitzige Flugzeug sollte möglichst geringe Abmessungen aufweisen und bei einer Reichweite von 2000 Kilometern eine militärische Nutzlast von 500 Kilogramm mitführen können. Zudem verlangte das RLM eine Dauerhöchstgeschwindigkeit, die zumindest annähernd an die von derzeit in der Entwicklung befindlichen Jagdflugzeugen her- anreichen sollte – etwa 450 km/h.

An eine Abwehrbewaffnung war zunächst nicht gedacht, der Schnellbomber sollte sich durch überlegene Geschwindigkeit dem Angreifer entziehen können.

Bei den Junkers Flugzeug und Motorenwerken (JFM) hatte man sich schon im Vorfeld mit einem 500 km/h schnel-

Mit FuG 220 »Lichtenstein« SN 2 ausgerüsteter Nachtjäger Ju 88 G. Das »Hirschgeweih« kostete bis zu 30 km/h. Unter dem Rumpf ist die Waffenwanne mit vier 20-mm-MG 151/20 zu erkennen

Die meisten Ju-88 wurden als Bomber mit verglastem Bug gefertigt, der bei den Zerstörer- und Nachtjäger-Ausführungen durch einen Metallbug ersetzt wurde

Ju 88 C-4 der IV/NJG 5 mit drei 7,92-mm-MG 17 und einem 20-mm-MG FF im Bug sowie zwei weiteren MG FF in der Bodenwanne

len, schlanken zweimotorigen Kampfflugzeug in Ganzmetallbauweise befasst und entsprechende Entwürfe zu Papier gebracht, die schon sehr bald eingereicht werden konnten.

Nach positiver Besichtigung der Attrappe durch RLM-Beauftragte begann man unter Federführung von Ernst Zindel, dem Konstruktionsdirektor bei Junkers, Anfang 1936 mit der praktischen Umsetzung des Entwurfs. Zur Verstärkung des überlasteten Konstruktionsbü-

Ju 88 C-2 der 2./NJG 2, geflogen von Leutnant Heinz Rökker, Catania/Sizilien 1942

VON OBEN NACH UNTEN
Bruch einer Ju 88 C-6 (4R+AS) der 8. Staffel des NJG 2, der für die Besatzung – zumindest die »Landung« betreffend – wohl glimpflich verlief. Aus dem Rumpfrücken ragen die beiden Läufe der MG-151/20-Schrägbewaffnung

Fotos Scherzers Militaer-Verlag

ros wurden die vormals bei Fairchild in den USA beschäftigten Ingenieure Alfred Gassner (Österreicher) und Heinrich Evers (US-Amerikaner) eingestellt, die in der älteren Literatur immer wieder als Haupt-Konstrukteure der Ju 88 genannt werden. Tatsächlich waren die beiden als Typenleiter und Betreuer für die termingerechte Durchführung der Detailkonstruktion der Ju 88 beschäftigt.

Bereits am 21. Dezember 1936 konnte Flugkapitän Karl-Heinz Kindermann mit dem Versuchsflugzeug Ju 88 V1, WNr. 4941, zum Jungfernflug abheben. Angetrieben wurde die erste Ju 88 von zwei Daimler-Benz DB 600-Reihenmotoren mit je 1000 PS Startleistung. Die Flugeigenschaften konnten insgesamt befriedigen, wenngleich noch etliche Änderungen notwendig waren.

Durch stetig steigende Anforderungen wurde aus dem Schnellbomber letztlich in erster Linie ein moderner mittlerer Bomber, der ab Sommer 1939 in Großserie produziert und in der Folgezeit in steigender Zahl den deutschen Kampfgeschwadern zugeführt wurde.

Moderne Konstruktion

Der Rumpf der Ju 88 war in Ganzmetall-Schalenbauweise mit verglaster Bugkanzel und dahinter aufgesetzter verglaster Besatzungsraum-Abdeckung ausgeführt. Unterhalb des Vorderrumpfes vergrößerte eine nach rechts versetzte Liegewanne den Kabinenbereich.

Die freitragenden zweiholmigen Flächen mit Warmluftenteisung wiesen

OBEN Nachtjagd-Pilot Willi Kleebauer am Steuer einer Ju 88 des NJG 2

LINKS Führerraum eines Ju 88 C-Nachtjägers mit den Starrwaffen

Als Abwehr nach hinten stand in den Versionen C und R ein MG 81 Z, 7,92 mm, zur Verfügung Fotos (2) Scherzers Militaer-Verlag

über die gesamte Hinterkante laufende Landeklappen und daran anschließende Querruder auf. Im Bereich des Vorderholmes der äußeren Flächen waren die gitterartigen Sturzflugbremsen montiert, da das Flugzeug auf ausdrücklichen Wunsch des RLM sturzflugfähig sein musste.

Zwei Junkers Jumo 211-Motoren (erste Baureihen) mit jeweils 1175 PS Startleistung übertrugen ihre Kraft auf die Dreiblatt-Verstellluftschrauben der Ju 88 A-1. Ringkühler für Öl- und Kühlflüssigkeit sorgten für vertretbare Temperaturen. Der Kraftstoff wurde in vier selbstdichtenden Flächentanks mit zusammen 1680 Litern untergebracht. Zusätzlich konnte anstatt der Bombenmagazine in die beiden Lastenräume ein 1220- beziehungsweise 680-Liter-Behälter eingebaut werden. Außerdem verhalfen unter den Innenflächen montierbare abwerfbare Zusatztanks unter- schiedlicher Größe zu mehr Reichweite.

Das Hauptfahrwerk wurde hydraulisch um 90 Grad gedreht nach hinten in die Motorgondeln eingezogen, worin es vollständig verschwand. Das Spornrad ließ sich komplett verkleidet in den Rumpf einziehen.

Die ursprüngliche Konzeption der Ju 88 als Schnellbomber legte den Grundstein dafür, die technisch fortschrittliche Zweimot auch für die Rolle als schwerer Zerstörer und bald auch kriegslagebedingt als Nachtjäger vorzusehen. So kam es noch 1939 zur Umrüstung einer Ju 88 aus der A-1-Serie mit Jumo 211 B-Motoren. Die komplette Bomberausrüstung entfiel. Aus der Bugkanzel ragte nun die Starrbewaffnung, bestehend aus drei 7,92-mm-MG-17 und einem 15-mm-MG-151. Die Sturzflugbremsen des C-1 genannten Zerstörers (auch Z-Serie genannt) waren abmontiert, die Bodenwanne mit MG 15 in der Bodenlafette Bola 39 mit 575 Schuss blieb bestehen. Auch den sonstigen Kabinenaufbau ließ man unverändert. Vorne, in der rechten Frontscheibe, kam weiterhin im A-Stand ein MG 15 mit 375 Schuss Munition in fünf Trommeln zum Einbau. Zur Abwehr nach hinten oben stand ebenfalls ein MG 15 (675 Schuss) zur Verfügung. Die Besatzung bestand anstatt aus vier nur noch aus drei Mann. Es wurden jedoch nur wenige C-1 gebaut, da rasch auf die C-2 übergegangen wurde, die wiederum auf der A-1 basierte, aber die größeren Tragflächen der A-4/-5 erhielt. Die unnötige Glaskanzel wich einem Metallbug. Anstatt des MG 151 kam ein 20-mm-MG-FF (M) im Rumpfbug zum Einbau. Den Antrieb besorgten zunächst noch zwei Jumo 211 B, später dann je 1200 PS starke 211 G-Motoren.

Erste Nachtjäger-Variante

Vom Zerstörer war der Schritt hin zum schweren Jäger für Nachteinsätze nicht weit. In der Ausführung als Nachtjäger erhielt die Ju 88 C-2 zwei zusätzliche MG FF, die in der Bodenwanne untergebracht wurden. Im B-Stand war ein MG 81, Kaliber 7,92 mm, installiert. Das rückwärtige MG 15 im unten liegenden C-Stand entfiel. Die Reichweite der C-2 betrug bis zu 2500 Kilometer.

Die Version C-3 erhielt BMW 801 A-Doppelsternmotoren, die jedoch nicht in ausreichender Anzahl zur Verfügung

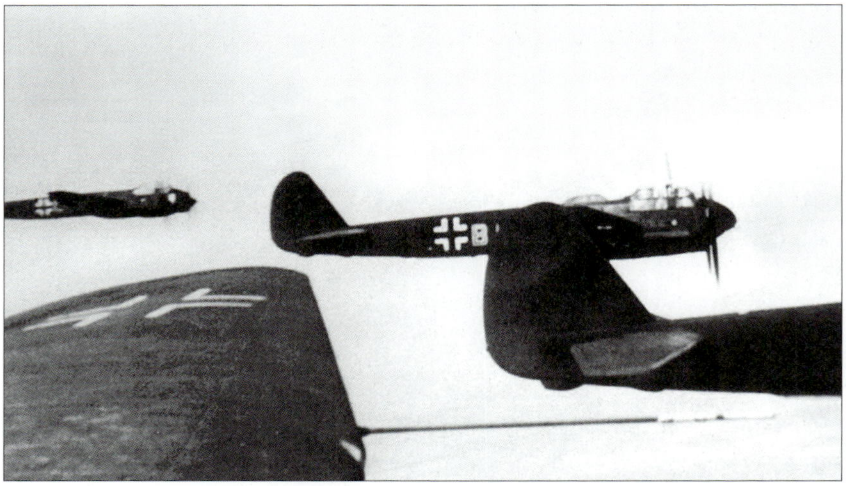

Ju 88 C-2 noch ohne Zielsuchgerät, wie sie 1941 zur Fernnachtjagd eingesetzt wurden

Ein damals überaus wertvolles Geschenk an die Briten, das heute noch existiert: Am 9. Mai 1943 setzte sich die Besatzung Schmid, Rosenberger, Kaltwill nach Großbritannien ab und landete die mit FuG 202 ausgestattete Ju 88 R-1, D5+EV, WNr. 360 043, der 10./NJG 3 auf dem RAF-Flugplatz Dyce. Unten die Maschine nach der Landung, die anderen Aufnahmen zeigen das Beutestück zu einem späteren Zeitpunkt mit abgenommener Antennenanlage des FuG 202 mit deutschen Hoheitszeichen sowie mit den später aufgetragenen britischen Markierungen. Die Platten über den Auspuffstutzen fungierten als Flammenvernichter

Die Ju 88 R-1, D5+EV, im Standard-Sichtschutzanstrich aus RLM 70/71/65

Die später mit gelben Prototyp-Markierungen versehene Beute-R-1

standen, da sie für den Großserienbau der Jagdmaschine Focke-Wulf Fw 190 gebraucht wurden, weshalb nur wenige Exemplare gebaut wurden.

Die Versionen Ju 88 C-4 und C-5 kamen als Zerstörer und Fernerkunder zum Einsatz.

Großserie C-6

In Großserie produziert wurde die Ju 88 C-6 mit jeweils 1420 PS leistenden Jumo 211 J, teilweise aber auch zwei BMW 801. Die C-6 kam als Zerstörer (C-6a) für den Tageinsatz sowie Nachtjäger (C-6b und c) ab Herbst 1941 zu den Einheiten. Für den nächtlichen Jagdeinsatz kamen ein FuG 202, später ein FuG 220 »Lichtenstein« SN 2 sowie weitere funkmesstechnische Aufrüstung zum Einbau. Je nach Einsatzzweck betrug die Treibstoffkapazität bis zu 3580 Liter. Die Starrbewaffnung im Bug bestand aus drei MG 17 plus drei MG 151/20. Die Nachtjäger-Variante C-6b konnte zudem mit zwei schräg nach vorne oben ausgerichteten, im Rumpfrücken eingebauten MG 151/20, Kaliber 20 mm, ausgerüstet werden. Da sie im Winkel von 75 Grad eingebaut waren, wurden sie auch als »Schräge Musik« bezeichnet. Um diese außergewöhnliche Bewaffnung mit Erfolg einsetzen zu können, musste die Maschine unter dem feindlichen Bomber hindurchfliegen und im richtigen Moment feuern, sich gleichzeitig aber wieder schnell genug entfernen, um nicht von Trümmern des beschossenen Bombers getroffen zu werden.

Ju-88-R-Serie

1943 erschien die Ju 88 R-1 mit je 1600 PS starken BMW-801-MA-Motoren und FuG 212 »Lichtenstein« C 1. Der B-Stand war mit einem 13-mm-MG-131 bestückt. Ansonsten glich die R-1 der C-6, genauso wie die Ju 88 R-2 mit 801 G oder D und FuG 220 »Lichtenstein« SN 2.

Kampfstarke G-Serie

Basierend auf den Erfahrungen mit den Typen C-6 und R-2 entwickelte man die G-Reihe. Um die Leistungsfähigkeit zu steigern, erhielt die Ju 88 G 1943 BMW-801-D-Motoren mit einer Startleistung von je 1700 PS. Rumpf und Leitwerk

Die Ju 88 R-1 im RAF-Museum in Hendon. Im Vordergrund ist ein Bf-110-Nachtjäger zu sehen, im Hintergrund ein He 111-Bomber

Ju-88-V-Muster zur G-1 mit FuG 212 während der Erprobung

Ju 88 G-6 des NJG 4 mit FuG 240 »Berlin«

Eine Ju 88 G-6 des NJG 100 ist bereit für einen neuen Einsatz

stammten größtenteils von der Ju 188 E, die Tragflächen von der A-4. Wieder kam das FuG 220 zum Einbau. Die Ausführung G-1 war mit vier MG 151/20, die strömungsgünstig in einer unter dem Rumpf montierten Waffenwanne montiert waren. Zudem konnten zwei MG 151/20 in der Waffenkanzel eingebaut werden. Als Defensivbewaffnung stand lediglich ein 13-mm-MG-131 im B-Stand zur Verfügung. Zudem verfügte die G-1 unter anderem über ein Peil- und Zielfluggerät FuG 10 P, ein Funklandegerät FuG B-1 2, einen Funkkompass PeGe 6 und einen zusäzlichen Treibstofftank im vorderen Lastenraum. Nach wahrscheinlich wenigen G-2 mit Jumo 213 und 30-mm-Kanonen dienten die G-3 (DB 603) bis G-5 lediglich als Versuchsmuster, während die ab Sommer 1944 gebaute Version G-6 mit 1750 PS starken Jumo 213 in Serie ging. Ein Teil der Maschinen erhielt eine MW 50-Anlage (Methanol/Wasser-Einspritzung) zur kurzzeitigen Leistungserhöhung,. Der Kraftstoffvorrat der G-6 lag bei insgesamt 3200 Litern.

Mit vierköpfiger Besatzung folgte die 645 km/h schnelle G-7, die generell den Höhenmotor Jumo 213 E erhielt und die Flächen der Ju 188 hatte. In die Bodenwanne wurden zusätzlich zwei 30-mm-MK-108 installiert. Erleichtert und mit MW-50-Anlage sollte auch der Einsatz als »Mosquito-Jäger« möglich sein. Wahrscheinlich wurden nur noch wenige G-7 gebaut. Die Nachtjäger-Versionen G-8 und G-9 (BMW 801 G) gingen nicht in Serie. Die aus A-4-Zellen und Ju-188-Flächen entstandenen Langstrecken-Zerstörer und Nachtjäger G-10 führte man schließlich der Nutzung als Mistel-Gespanne zu.

Der zweite Nachtjäger, der den Briten unversehrt in die Hände fiel: die irrtümlich in England gelandete Ju 88 G-1 der 7./NJG 2 mit FuG 220 SN 2

Einsatz

Anfänglich flogen komplett mattschwarz lackierte Ju 88 C ab Mitte 1940 Fernnachtjagd über England. Ihr Ziel waren die Nachtbomber der Royal Air Force (RAF). Später wurden die Nachtjagdmaschinen mittels Bodenfunkmessgeräten an die feindlichen Bomber herangeführt. Danach waren die Besatzungen wieder auf Sichtkontakt und möglichst nicht zu dunkle Nächte angewiesen. Mit dem Lichtenstein-Gerät wurde es möglich, die Feindflugzeuge ab einer Distanz von etwa zwei bis vier Kilometern auf dem Bildschirm auszu-

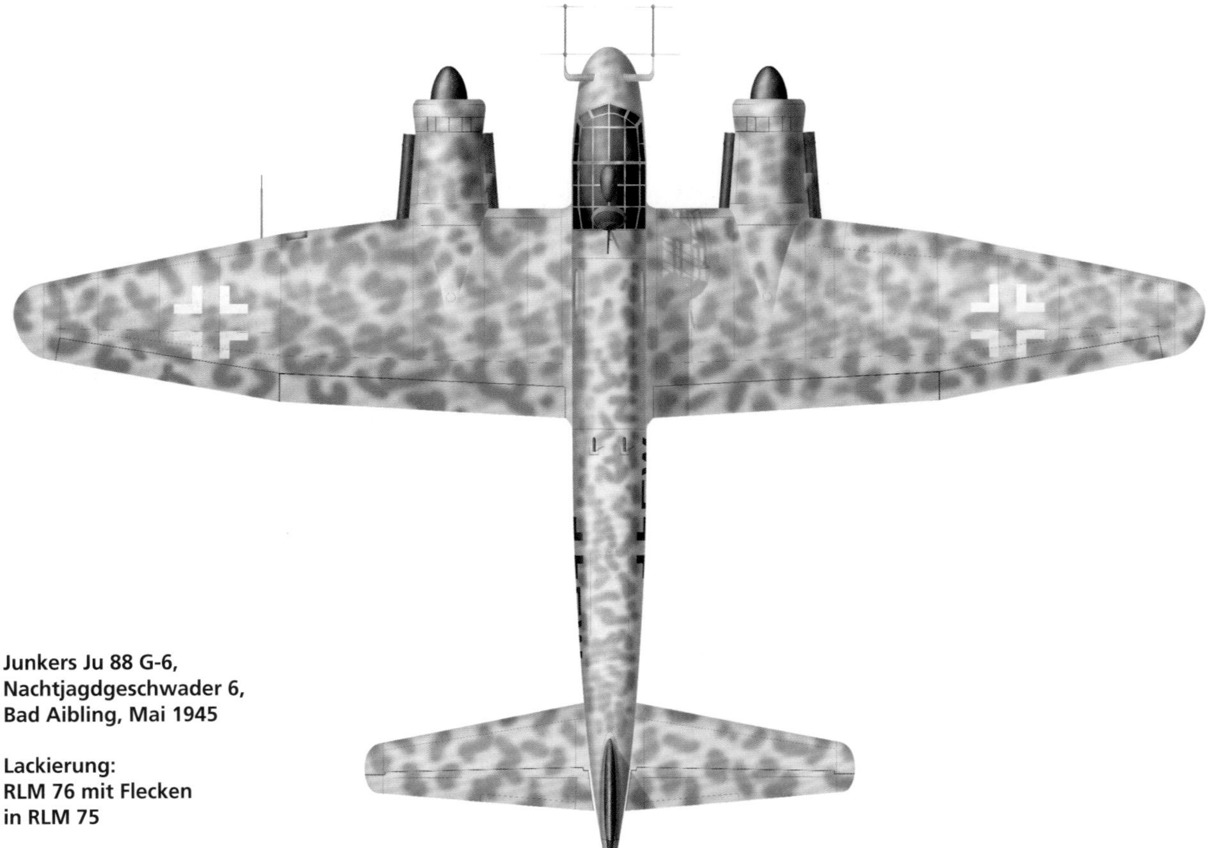

Junkers Ju 88 G-6,
Nachtjagdgeschwader 6,
Bad Aibling, Mai 1945

Lackierung:
RLM 76 mit Flecken
in RLM 75

Mittels schwarzer Umrandung des Seitenleitwerks sollte der Eindruck einer leistungsschwächeren Ju 88 C vorgetäuscht werden

machen und nach Annäherung zu bekämpfen. Mit Fortschreiten des Krieges wurden die deutschen Nachtjäger oft selbst zu Gejagten. Besonders die schnelle zweimotorige britische Mosquito war bei den Besatzungen gefürchtet.

Notgedrungen kamen Ju 88-Nachtjäger und -Zerstörer auch in der Reichsverteidigung am Tag zum Einsatz, was zu teils katastrophalen Verlusten führte, da die US-Amerikaner ab 1944 meist mit starkem Begleitschutz flogen, dem die schweren, durch Antennen und Flammenvernichter noch langsameren Ju 88 nur allzu leicht zum Opfer fielen. Der Verlust an gut ausgebildeten Nachtjagd-Besatzungen konnte praktisch nicht ersetzt werden.

Treibstoffmangel und nicht ausreichende Reaktionszeiten nach dem Fall von Frankreich schränkten die Nachtjagd ab Mitte 1944 zusehends ein, Planungen wurden immer schwieriger.

Bekannte Produktionszahlen der Ju 88-Nachtjäger

R-2	190
G-1	1242
G-6	1280
Gesamt	**2712**

Geschenk an die Briten

Am 9. Mai 1943 um 15:03 Uhr startet eine in Aalborg/Dänemark stationierte Ju 88 R-1 der IV. Gruppe des Nachtjagdgeschwaders 3. Das Besondere an diesem Flug: Die Besatzung Oberleutnant Helmut Schmid, Oberfeldwebel Paul Rosenberger und Feldwebel Georg Kantwill hat nicht vor wiederzukommen. Zwar landet Schmid die Ju 88 nach einer Stunde Flugzeit zunächst in Kristiansand in Norwegen. Um 16:50 Uhr startet die Besatzung wieder gemäß ihrem Einsatzbefehl. Um 17:10 Uhr funkt Rosenberger die Meldung, wonach ein Motor brennen und man sich zur Notwasserung bereit machen würde. Doch die BMW 801 laufen einwandfrei, und Oberleutnant Schmid drückt die Maschine nach unten in eine Höhe, in der sie funkmesstechnisch nicht zu erfassen ist. Erst nachdem die schottische Küste in Sichtweite kommt, geht Schmid zumindest auf 500 Meter. Auf der Gegenseite wird

OBEN UND LINKS **Die glücklich in britische Hände gefallene Ju 88 G-1 mit BMW-801-Motoren und großem Höhen- und Seitenleitwerk der Ju 188. Sie trägt inzwischen britische Kokarden und die Kennung TP 190**

RECHTS **Die WNr. 623185, eine Ju 88 G-6, ist mit sogenannter »Schräger Musik«, zwei 20-mm-MG 151/20, auf dem Rumpfrücken ausgestattet**

Foto US Air Force

das sich nähernde Flugzeug von zwei Spitfire-Jagdflugzeugen in Empfang genommen, die, nachdem die Ju 88 mit ausgefahrenem Fahrwerk und wackelnden Tragflächen offenbar friedfertige Absichten bekundet, die feindliche Zwei-

Junkers Ju 88			
Junkers Ju 88	C-6	R-2	G-6
Einsatzzweck	Nachtjäger	Nachtjäger	Nachtjäger
Besatzung	3	3	3
Antrieb	2 x Jumo-211-J-V-12-Zylinder-Reihenmotor, flüssigkeitsgekühlt	2 x BMW-801-D-2-14-Zylinder-Doppelsternmotor, luftgekühlt	2 x Jumo-213-A-1-V-12-Zylinder-Reihenmotor, flüssigkeitsgekühlt
Startleistung	2 x 1420 PS – ges. 2840 PS	2 x 1700 PS – ges. 3400 PS	2 x 1750 PS – ges. 3500 PS
Spannweite	20,08 m	20,08 m	20,08 m
Länge	14,96 m (mit Antenne)	14,36 m	14,36 m (ohne Antenne)
Höhe	4,06 m (schräg st. bis Kabinenoberk.)	4,06 m	4,06 m
Flügelfläche	54,70 m²	54,70 m²	54,70 m²
Rüstgewicht	8100 kg	–	–
Startgewicht	11 450 kg	11 500 kg	12 400 kg
Flächenbelastung max.	209 kg/m²	209 kg/m²	227 kg/m²
Höchstgeschwindigkeit	500 km/h	580 km/h	625 km/h in 5000 m
Marschgeschwindigkeit	490 km/h	510 km/h	580 km/h in 5000 m
Landegeschwindigkeit	145 km/h	160 km/h	170 km/h
Startrollstrecke	875 m	750 m	1250 m
Normale Reichweite max.	2950 km	3000 km	2220 km
Dienstgipfelhöhe	8800 m	9200 m	10 000 m
Abwehrbewaffnung	3 x MG 17 – 7,92 mm 3 x MG 151/20 – 20 mm 2 x MG 151/20 als Schrägbewaffnung möglich 1 x MG 81 Z – 7,92 mm	4 x MG 151/20 – 20 mm 1 x MG 81 Z – 7,92 mm	6 x MG 151/20 – 20 mm 1 x MG 131 – 13 mm Schrägbewaffnung möglich
Funkmess-Ausrüstung	FuG 220 SN 2	FuG 220 SN 2	FuG 220/ 228 (240)

mot zu ihrem Einsatzplatz in Dyce bei Aberdeen in Schottland eskortieren. Dort staunt man nicht schlecht über das mehr als willkommene Geschenk. Damit besaßen die Briten einen mit neuester Funkmesstechnik ausgestatteten deutschen Nachtjäger in völlig intaktem Zustand. Obendrauf gab es noch die Bedienungsanleitung für die eingebaute Funkausrüstung, insbesondere das FuG 202.

Den Briten half die Ausstattung des Nachtjägers sehr dabei, wirksame Gegenmaßnahmen zu erarbeiten. So konnte das in der Entwicklung befindliche »Window«-Systems (Abwurf von Aluminiumstreifen) direkt erprobt und rasch eingesetzt werden.

Die deutsche Abwehr tappte damit eine ganze Weile praktisch wieder im Dunkeln und war auf Sichtkontakt angewiesen. Zudem konnte beim fingierten Kampf mit einem Halifax-Bomber eine wirksame fliegerische Abwehrmaßnahme in Form der Korkenzieher-Taktik entwickelt werden, um sich der Ortung zu entziehen. Insgesamt führten britische Piloten 83 Flüge mit 67 Stunden Flugzeit mit der Beutemaschine durch.

Nachdem die geschichtsträchtige Ju 88 R-1, WNr. 360 043, D5+EV, jahrelang eingelagert war, wurde sie 1974/75 restauriert. Heute ist die Maschine im Royal Air Force Museum in Hendon bei London ausgestellt.

Und noch eine ...

Ein weiteres Präsent bekamen die Briten in Form der Ju 88 G-1, WNr. 712 273, der 7. Staffel des NJG 2, dessen Besatzung versehentlich am 13. Juli 1944 im englischen Woodbridge landete. Die Maschine mit der Kennung 4R+UR war mit dem modernen FuG 220 »Lichtenstein« sowie den Passiv-Zielsuchgeräten FuG 350 »Naxos« und FuG 227 »Flensburg« ausgestattet, womit die britischen Radar-Spezialisten erneut Einblick in die neueste Funkmesstechnik der deutschen Nachtjäger erhielten. Ganze zehn Tage später hatten die britischen Ingenieure wirksame Gegenmaßnahmen in Form eines neuen Störsenders entwickelt, der die Wirksamkeit des FuG 220 erheblich beeinträchtigte.

Der britische Testpilot Eric Brown, der eine ganze Reihe von deutschen Flugzeugmustern flog, darunter auch verschiedene Ju-88-Varianten einschließlich der G-1, äußerte sich sehr positiv über die fliegerisch anspruchsvolle Ju 88 und befand sie neben der Focke-Wulf Fw 190 zum besten deutschen Kriegsflugzeug des Zweiten Weltkriegs.

Ju 88 und Bf 110 des NJG 2 in Hadersleben im Mai 1945

Foto Scherzers Militär-Verlag

Für diese Ju 88 und Bf 110 ist die Einsatzzeit vorbei. Amerikanische Soldaten begutachten die deustchen Nachtjäger

Ju 88 C-6 der 3./NJG 4 mit FuG 220

Ju 88 G-1 – so könnte eine der Schwestermaschinen der im Technikmuseum Berlin ausgestellten G-1 (2Z+BR) ausgesehen haben. Hier lackiert in RLM 75/76

Ju 88 G-6, W.Nr. 621541, die 1944 beim Stab der II./NJG 100 eingesetzt war. Die Maschine ist mit einer weit vorne im Rumpf installierten Schrägbewaffnung ausgerüstet und in RLM 75/76 lackiert

Das Versuchsmuster He 219 V5 mit Vierblatt-Propellern diente unter anderem zur Schusswaffenerprobung

Vom schnellen Aufklärer zum kompromisslosen Nachtjäger

Heinkel He 219 – Teil 1

Als überaus gelungener Nachtjäger erlangte Heinkels He 219 trotz der nur geringen Produktionszahl einen hohen Bekanntheitsgrad. Zu ihrer speziellen Aufgabe kam die Zweimot jedoch erst spät – praktisch zu spät

Zu Beginn der Arbeiten am Projekt P 1055 im Jahr 1940 stand die schnelle Aufklärung an vorderster Stelle der Aufgabenstellung für den neuen Heinkel-Entwurf. Das Projekt basierte auf der futuristisch anmutenden He 119, die von einem im Mittelrumpf montierten Daimler-Benz-Doppelmotor DB 606 angetrieben wurde, der zwei gegenläufig rotierende Luftschrauben bewegte. Eine als Zerstörer geplante Variante erhielt die Projektnummer P 1056.

Heinkel stellte zunächst verschiedene Auslegungen mit in den Rumpf integriertem DB-613- oder DB-610-Doppelmotor vor. Doch als der Schaffensplan für die Zweimot vielschichtiger wurde, folgte ab Juli/August 1941 mit Genehmigung von Generalluftzeugmeister Ernst Udet eine konventionelle Gestaltung mit zwei DB-603-Triebwerken in Flächengondeln. So sollte die seit Januar 1941 mit der Typnummer 219 belegte Maschine als Mehrzweckflugzeug funktionieren. Die Verantwortlichen im Reichsluftfahrtministerium (RLM) stellten sich die Heinkel-Konstruktion als leistungsstarken Schnellbomber, Zerstörer und Höhenjäger sowie Nachtjäger vor. Eine Spezialisierung als reines Nachtjagdflugzeug, wie vom Kommandeur des XII. Fliegerkorps und General der Nachtjagd Josef Kammhuber gefordert, kam zunächst nicht infrage.

Die Schlussbesichtigung der Attrappe des He-219-Neuentwurfs war für Mitte November 1941 geplant, der Erstflug für den 1. September 1942 und der Anlauf der Serienfertigung für Mitte 1943. Tatsächlich fand die Schlussbesichtigung erst am 21. April 1942 statt, nachdem Kammhuber die Kabine der Nachtjägerausführung bereits im Januar begutachtet hatte.

Udets Nachfolger als Chef des Technischen Amtes, Generalfeldmarschall Erhard Milch, befürwortete die Optimierung vorhandener Typen für spezielle Einsatzgebiete, allen voran die Junkers Ju 88 und deren Nachfolger Ju 188. Nachdem die Kriegslage diesbezüglich entschiedene Schritte verlangte, wurde der Serienbau des He-219-Nachtjägers angeordnet und in die höchste Dringlich-

Ausführung der He 219 mit zwei Motoren in den Flügeln sowie Endscheibenleitwerk. Im Bereich der Rumpfabstufungen hinter den Flächen sollten Abwehr-Waffenstände eingebaut werden

keitsstufe erhoben. Laut Flugzeuglieferprogramm vom September 1942 sollten von November 1942 bis September 1944 185 A-0-Vorserienflugzeuge einschließlich Versuchsflugzeuge sowie 117 Serienmaschinen gebaut werden. Der Mangel an geeigneten Arbeitskräften und Fertigungsstätten verhinderte jedoch einen zügigen Produktionsstart der He 219.

Zunächst teils mangelhaftes Flugverhalten

Zum Erstflug der He 219 V1, Werknummer 219001, VG+LW, kam es am 6. November 1942 in Rostock-Marienehe. Die zweite Versuchsmaschine, die He 219 V2 (W.Nr. 219002, GG+WG), folgte am 10. Januar 1943 in Wien-Schwechat. Beide Male saß Flugkapitän Gotthold Peter am Steuer. Entwicklung und Versuch waren nach einem Bombenangriff auf Marienehe nun in Wien-Schwechat untergebracht, das weitaus sicherer war.

Die Flugeigenschaften der neuen Maschine bezeichnete Peter insgesamt als zufriedenstellend, doch ließ auch manches noch zu wünschen übrig: Die zu geringe Stabilität um die Hochachse, das in bestimmten Flugzuständen auftretende Schütteln in Rumpf und Leitwerk sowie zu hohe Steuerdrücke standen ganz oben auf der Mängelliste. Zudem lag die erreichbare Höchstgeschwindigkeit unter der errechneten. Abhilfe bringen sollten die Verlängerung des Rumpfes um 940 Millimeter und eine um 30 Prozent dickere Beplankung, die Vergrößerung des Doppelleitwerks, die Verlegung des Hauptfahrwerks um 220 Millimeter

OBEN UND UNTEN Die verbesserte He 219 V1 mit verlängertem Rumpf und vergrößertem Seitenleitwerk

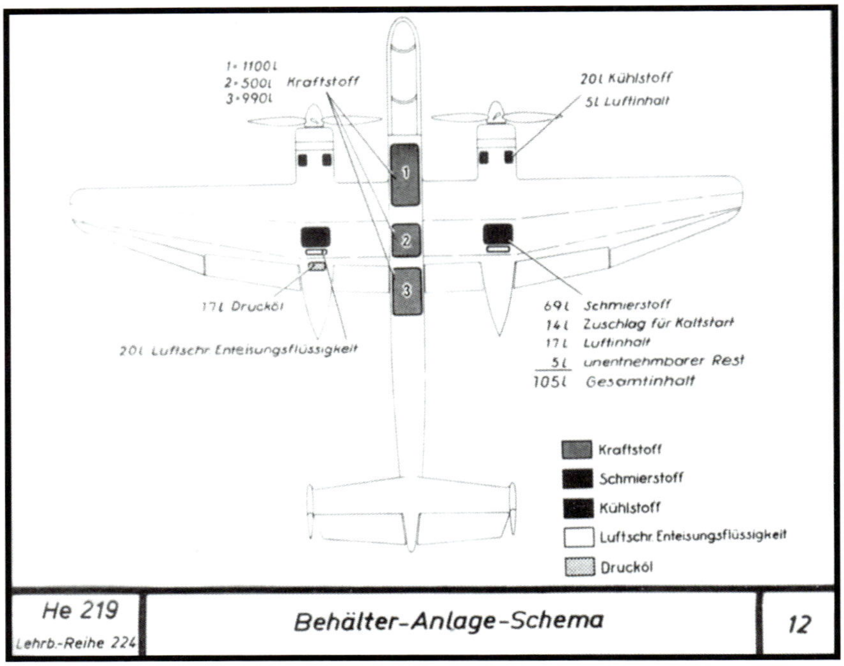

OBEN **Der Flächenhauptholm war durchlaufend. Die Gondelschalen waren in die Flächenschalen integriert und dienten zugleich als Motorträger**

LINKS OBEN **Flüssigkeitsbehälter-Verteilung in der He 219**

Heinkel He 219	
He 219	**V1**
Erstflug	6. November 1942
Einsatzzweck	Versuchsflugzeug
Besatzung	2
Antrieb	2 x DB 603 A; hängender, flüssigkeitsgekühlter V-12-Zylinder-Reihenmotor
Startleistung	je 1750 PS bei 2750 U/min
Kampfleistung kurzzeitig	je 1540 PS in 5700 m
Dauerleistung	je 1450 PS in 5500 m
Luftschraubendurchmesser	3,60 m
Spannweite	18,53 m
Länge	14,60 m
Höhe auf Sporn	4,40 m
Flügelfläche	44,50 m²
Flächenbelastung	264 kg/m²
Spurweite	5,00 m
Rüstgewicht	9030 kg
Startgewicht	11 750 kg
Höchstgeschwindigkeit	615 km/h in 6500 m 490 km/h in Bodennähe
Marschgeschwindigkeit	485 km/h in 6000 m
Startstrecke	520 m 780 m bis 20 m Höhe
Landegeschwindigkeit	150 km/h bei 10,4 t
Steigleistung	2000 m in 3,5 min 4000 m in 7,2 min 6000 m in 11,5 min 8000 m in 18 min
Dienstgipfelhöhe	9900 m nach Start 10 300 m mit halbem Treibstoff
Starrbewaffnung	6 x MG 151/20–20 mm vorgesehen
Abwehrbewaffnung	1 x MG 131/13 mm vorgesehen
Angaben laut Datenblatt vom Dezember 1942	

nach vorne sowie gegenläufig drehende Propeller.

Die in der ersten Ausführung der V1 im Rumpfbereich dicht hinter den Flächen vorgesehenen Waffenstände sollten vom Funker über ein Periskop fernbedient werden. Sie entfielen im Zuge der Rumpfverlängerung und Verstärkung. Alternativ war offenbar der Einbau eines 13-mm-MG-131 im rückwärtigen Kabinenteil vorgesehen, wie dem Datenblatt vom Dezember 1942 zu entnehmen ist. Doch die Abwehrbewaffnung galt in erster Linie den Bomber- und Zerstörerausführungen, das Hauptaugenmerk lag aber inzwischen, wie von Kammhuber nachdrücklich gefordert, auf dem Einsatz als Nachtjäger, bei dem die Defensivbewaffnung eine untergeordnete Rolle spielte. Am 30. Januar 1943 startete erstmals die überarbeitete He 219 V1 und präsentierte sich mit rundum stark verbesserten Flugeigenschaften.

Ju 188 gegen He 219

Am 25. und 26. März 1943 fand ein Vergleichsfliegen zwischen den Mustern Junkers Ju 188 und He 219 statt, bei dem zehn Flugzeugführer die He 219 V1 flogen, darunter auch Nachtjagd-Experte Major Werner Streib. In einem Fernschreiben an Ernst Heinkel vom 25. März heißt es dazu: »Losberg hat die 188 geflogen und Streib dagegen die 219. Die 219 ist wendiger und beweglicher

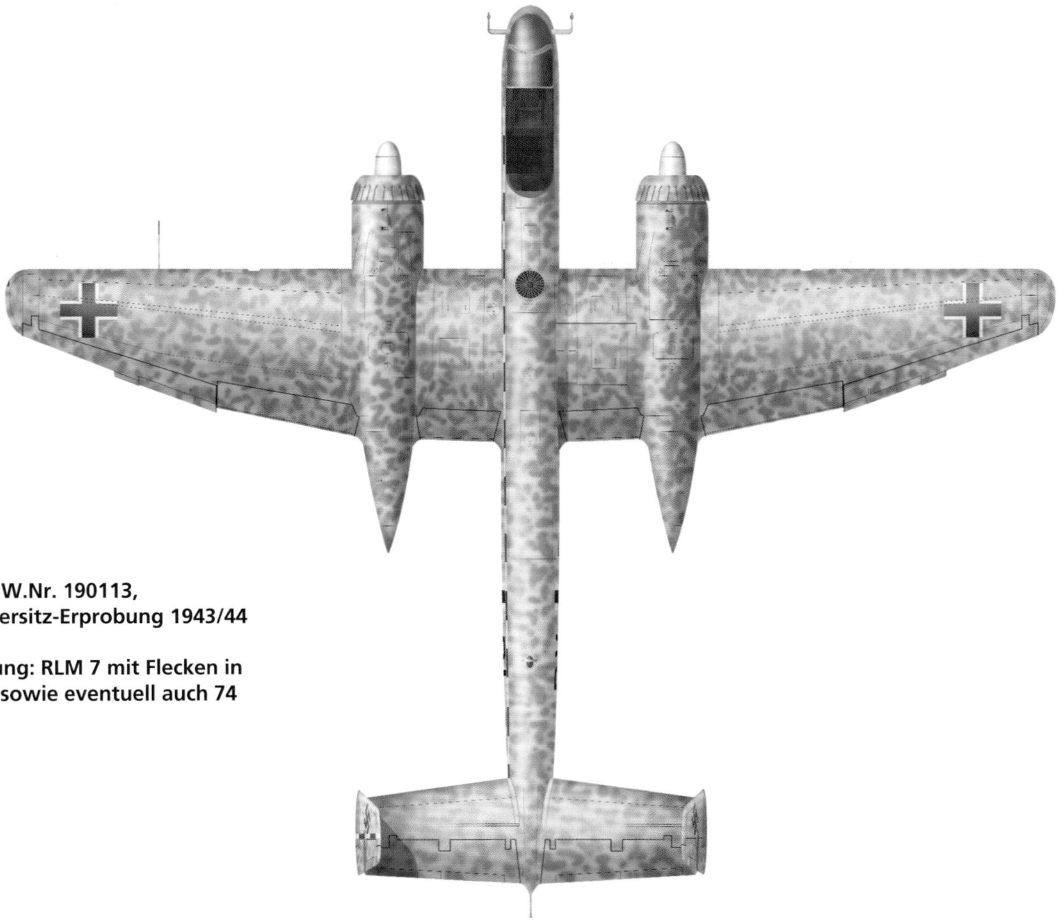

He 219, W.Nr. 190113, Schleudersitz-Erprobung 1943/44

Lackierung: RLM 7 mit Flecken in RLM 75 sowie eventuell auch 74

Grandiose Sichtverhältnisse: Der Arbeitsplatz des Flugzeugführers in einer He 219

Blick auf das vor der Führersichtscheibe eingebaute Reflexvisier – die davorliegende Panzerplatte ist heruntergeklappt

und hat im Kurvenkampf die 188 ausgekurvt. Die aus den Leistungsblättern hervorgehende Geschwindigkeitsüberlegenheit der 219 von mindestens 25 Kilometern hat sich bestätigt. Die theoretisch bessere Steiggeschwindigkeit der Ju 188 hat sich nicht bestätigt…« Die Flugeigenschaften der He 219 wurden von den teilnehmenden Piloten insgesamt als »in Ordung« befunden. Im Mai 1943 wurden die V-Flugzeuge He 219 V4 und V6 an die Erprobungsstelle Rechlin und die V5 an Tarnewitz abgegeben. Die V7, V8 und V9 gingen zur praktischen Truppenerprobung an das XII. Fliegerkorps nach Venlo, Niederlande, zum Nachtjagdgeschwader 1. Die ersten He-219-A-0-Serienflugzeuge verließen im Juli 1943 das Heinkel-Werk in Wien-Schwechat.

Die Kabine bot der Besatzung hervorragende Sichtverhältnisse. Das seitlich am Rumpf abgenommene Wartungsblech gibt die Sicht auf Teile der Steuerung frei

Moderne Konstruktion

Die zweimotorige Ganzmetall-Konstruktion war als freitragender Mitteldecker ausgelegt, dessen Rumpf einen abgerundeten Rechteckquerschnitt aufwies und vierteilig aufgebaut war. Dem Rumpfmittelstück schlossen sich zwei weitere Teile nach hinten an, während vorn der gepanzerte Kabinenaufbau platziert war, der mit dem mittleren Teil verschraubt war, während die anderen Segmente durch Vernietung zusammengefügt wurden. Die Kanzel für Flugzeugführer und Beobachter/Funker, die mit dem Rücken zueinander saßen, war insbesondere gegen Beschuss von vorne mit Panzerplatten versehen und bot ausgezeichnete Sichtverhältnisse. Als weiteres Sicherheitsplus erhielt die He 219 nach dessen Serienreife Mitte 1944 für beide Besatzungsmitglieder einen Schleudersitz.

Die Bewaffnung bestand zunächst aus zwei in der Fläche nahe am Rumpf eingebauten MG 151/20, Kaliber 20

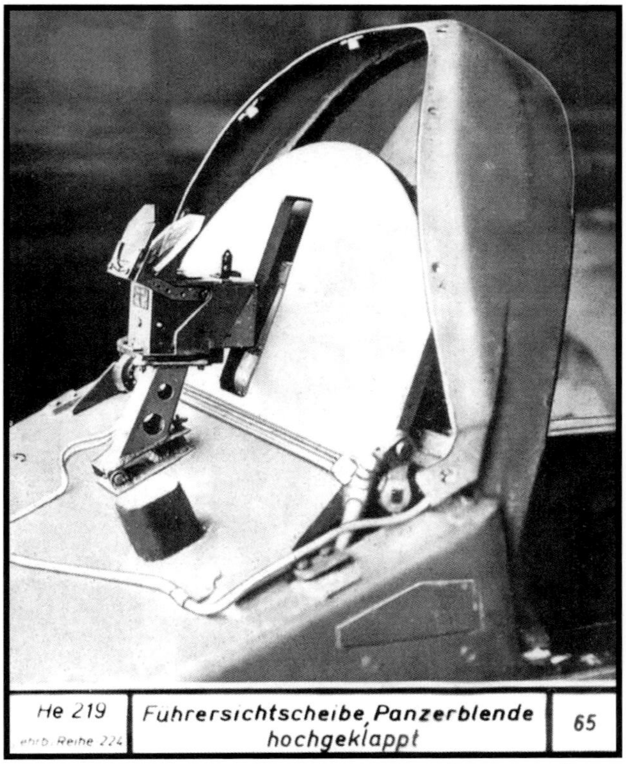

Schutz vor dem Abwehrfeuer der Bomber: die Panzerplatte in Kampfposition

Das Hauptfahrwerk wurde nach hinten in die Motorgondeln eingezogen

Millimeter, sowie vier MG 151/20 in der Rumpfwanne. Doch war auch der Einbau von 30-mm-Maschinenkanonen MK 108 in der Wanne vorgesehen. Der Kraftstoff wurde in drei Behältern im Rumpf mitgeführt mit einem Fassungsvermögen von 1100, 500 und 990 Litern. Die funkmesstechnische Ausstattung richtete sich nach den gerade leistungsfähigsten Anlagen und wurde unter anderem mit der He 219 V6 erprobt.

Die trapezförmigen Tragflächen waren in Halbschalenbauweise mit durchgehendem Hauptholm und aufgesetzten Endkappen ausgeführt. Über etwa ein Drittel der Flächenhinterkante verliefen mit Trimmflächen versehene Querruder, die Landeklappen waren zweigeteilt links und rechts der Motorgondeln. Die Motorgondelschalen dienten nicht nur zur Verkleidung, sondern auch als Träger zur Aufnahme der V-12-Zylindermotoren DB 603 A, die eine Startleistung von je 1750 PS an die dreiblättrigen Metallluftschrauben abgaben. Um die Leistung zu steigern, wurde ein unter dem Rumpf montiertes BMW-003-Strahltriebwerk an einem Windkanalmodell untersucht.

Die Höhenleitwerksflosse war ebenfalls durchgehend konstruiert, die Seitenflossen an den Enden angesetzt. Sämtliche Ruder hatten einen Massenausgleich. Sowohl das Seiten- als auch das Höhenleitwerk waren mit einem Trimmruder ausgestattet. Enteisungsanlagen hielten die besonders anfälligen vorderen Bereiche der Außenflächen, die Höhenflosse sowie die Luftschrauben eisfrei. Die He 219 erhielt ein Bugradfahrwerk, das zu dieser Zeit noch wenig verbreitet war. Ein- und ausfahren ließ sich das Fahrwerk per Öldruck, untergebracht war es in den Gondeln

Die Klappen hinter dem Kühler wurden mit Schnellverschlüssen geöffnet

Die W.Nr. 190113 während der Schleudersitz-Erprobung mit abgenommener hinterer Kabinenhaube (siehe auch S. 129)

Die rot-weißen Streifen dienten zur Auswertung der Bahnkurve des herauskatapultierten Beobachtersitzes

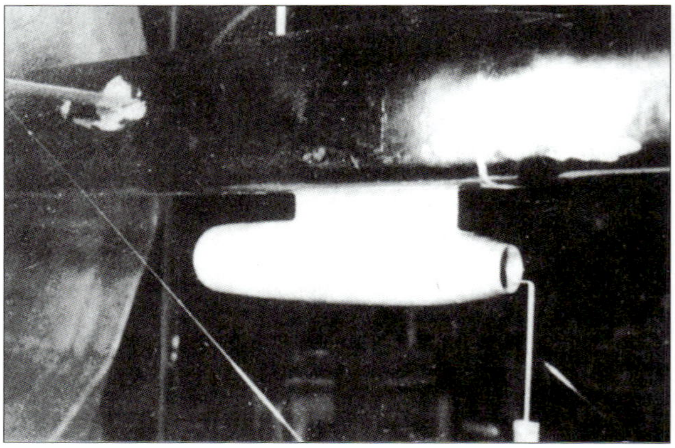

Windkanal: Modell eines He-219-Rumpfs mit untergehängtem BMW-Strahltriebwerk

und im Rumpf. Ein absolutes Novum stellte die Ausrüstung der He 219 mit Schleudersitzen dar. Der mit Pressluft betriebene Katapultsitz war bei Heinkel entwickelt worden und erstmals in der He 219 serienmäßig eingebaut. So konnte die Besatzung bis zu einer Geschwindigkeit von 500 km/h sicher aussteigen. Intensiv erprobt und zur Einsatzreife gebracht wurde der lebensrettende Sitz zwischen Oktober 1943 und Sommer 1944, wobei zunächst der Abschuss einer Puppe mit dem hinteren Sitz einer He 219 getestet und aufgezeichnet wurde. Im späteren scharfen Einsatz an der Front sollen bis Kriegsende etwa 60 Besatzungsmitglieder die Maschine erfolgreich per Schleudersitz verlassen haben. ◀

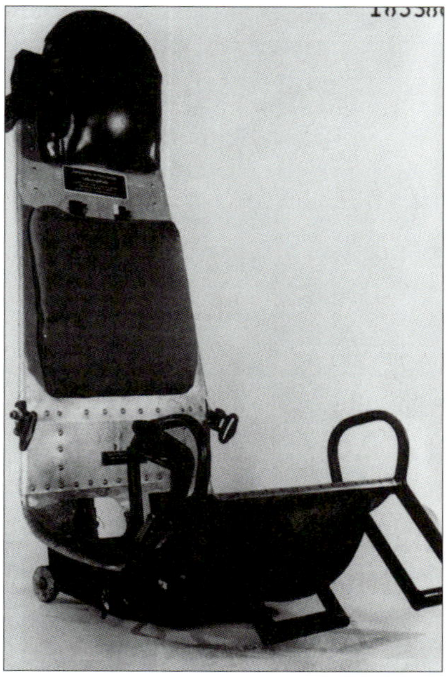

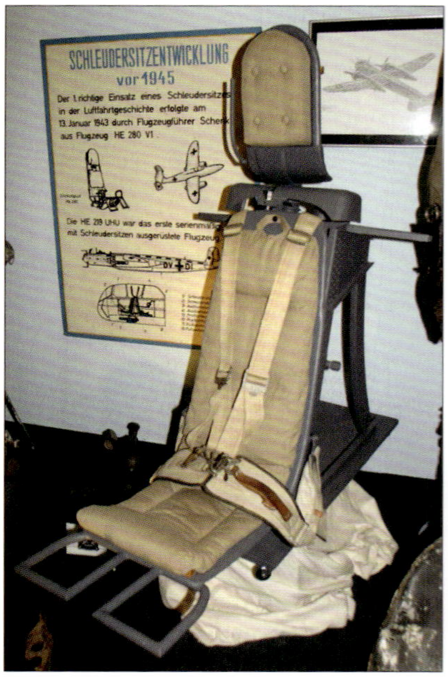

Weltweit der erste seiner Art: rechts der von Heinkel entwickelte Katapultsitz, ganz rechts der He-219-Schleudersitz

Foto ganz rechts G. Naumann

He 219 A mit funkmesstechnischer Ausrüstung, bestehend aus FuG 220 und FuG 212

Die He 219 im Einsatz – Teil 2

Heinkel He 219

Zwar gelangten nur relativ wenige He 219 zum Einsatz, doch zeigten deren Erfolge umso mehr das große Potenzial des Heinkel-Nachtjägers

Nach dem Versuchsmuster V4 entnahm man der im Frühjahr 1943 anlaufenden A-0-Serie immer wieder Maschinen für die Erprobung. So entstanden mit der V5 bis zur V41 wahrscheinlich weitere 37 V-Muster, die den unterschiedlichsten Testzwecken dienten. So wurde die V11 unter anderem für Bahnneigungsflüge herangezogen, und an der V18 erprobte man den Wannenanbau mit sechs Maschinenkanonen MK 103. Dem Mustereinbau einer Druckkabine dienten die Flugzeuge V19 und 20. Das Versuchsflugzeug V34 kam als Erprobungsträger für eine neue Dreimann-Kanzel samt rückwärtiger Defensivbewaffnung mittels 13-mm-MG 131 sowie Schrägbewaffnung im Rumpf zum Einsatz.

Hauptmann Förster, von Februar 1944 an Kommandeur der I./NJG 1, vor einer Einsatzmaschine der I. Gruppe. Förster stürzte am 1. Oktober 1944 nach 65 Luftsiegen während eines Instrumenten-Erprobungsfluges tödlich ab

Endlich in Serie

1943 lief die Produktion der A-0-Serie an, wobei die ersten Maschinen im Juni 1943 ausgeliefert wurden. Gegenüber dem Konkurrenzmuster Junkers Ju 188 sollte der Fertigungsaufwand um zwei Drittel geringer ausfallen. Da die A-1 aufgrund mangelnder DB-603-E-Motoren entfiel, ging die He 219 A-2 als nächste Serienausführung wieder mit DB 603 A in Produktion. Sie glich weitgehend der A-0, jedoch wurde bei der A-2 eine Schrägbewaffnung, die sogenannte »schräge Musik«, eingebaut, die aus zwei nach vorne oben feuernden 30-mm-Maschinenkanonen MK 108 mit je 100 Schuss bestand.

Überdies konnten durch Waffenrüstsätze verschiedene Kombinationen in

Zum Beutestück wurde die He 219 A-7/R2, W.Nr. 310 189, erbeutet und »umdekoriert« von britischen Streitkräften in Schleswig

Die He 219 A-0, RL+AB, W.Nr. 190068, wurde zur Motorenerprobung mit Jumo 222 herangezogen

He 219 A-0, W.Nr. 190 176, mit FuG 220 »Lichtenstein« SN2 und mit RLM 76 nachträglich aufgehellten Oberseiten

der Rumpfwanne mitgeführt werden. Sämtliche Varianten verfügten über eine funkmesstechnische Ausrüstung in Form des FuG 220 Lichtenstein SN2. Etliche Maschinen hatten zudem das FuG 212 Lichtenstein C 1 eingebaut.

Während die Höhenjäger A-3, A-4 und A-6 bis auf wenige erleichterte Mosquito-Jäger A-4 und A-6 mit GM 1-Anlage (siehe Tabele) entfielen, ging mit der A-5 die erste dreisitzige He 219 in Produktion. Die schon seit geraumer Zeit vorgesehenen und in großen Höhen leistungsstärkeren DB 603 E wurden erst in der He 219 A-7 serienmäßig eingebaut. Die Maschine konnte in den Motorgondeln zusätzlich Sprit aufnehmen, also insgesamt bis zu 3380 Liter.

Insgesamt verließen etwa 270 He 219 die Werkshallen, die meisten davon A-0. Möglicherweise wurden sogar mehr als 300 He 219 in den Werken Rostock, Mielec (Rumpfproduktion in Polen) und Wien produziert. Erhebliche Produktionseinbrüche ergaben sich schon allein durch den Wegfall der östlichen Werke (Rostock und Mielec) durch den schnellen Vormarsch der sowjetischen Truppen.

He 219 B und C

Der Mustereinbau von Junkers Jumo 222-Reihensternmotoren wurde in der V16 realisiert und im Sommer 1944 geflogen. Entstehen sollte daraus die Variante B mit auf 50 Quadratmeter vergrößerter Fläche, verstärktem Fahrwerk und erhöhter Treibstoffkapazität. Zudem zog man die V23, V27 sowie V37 bis

Werknummern und Rüstsätze

Werknummernblöcke der He-219-Produktion:	
V-Flugzeuge/A-0-Serie	190 000
V-Flugzeuge/A-0-Serie	190 100
V-Flugzeuge/A-0-Serie	190 200
A-2-Serie	290 000
A-2-Serie	290 100
A-2-Serie	290 200
A-2-Serie	310 300
A-7-Serie	310 000
A-7-Serie	310 100
He-219-Waffenrüstsätze	
M1	2 x MG 151 4 x MK 108
M2	4 x MK 103
M3	2 x MG 151 4 x MK 103

41 zur Erprobung der neuen Version heran. In der Ausführung B-2 sollte die Maschine eine dreiköpfige Besatzung aufnehmen und über einen rückwärtigen Abwehrstand mit einem MG 131 verfügen. Als Bewaffnung waren sechs MK 108 vorgesehen: zwei in den Flügelwurzeln, zwei seitlich im Rumpf und zwei als Schrägbewaffnung hinter der Kabine.

Als weitere He-219-Ausführung war die C-Version geplant, die im Grunde der He 219 B entsprach, jedoch einen veränderten Rumpf mit Heckstand hatte, der mit vier MG 131 in einer Drehlafette ausgerüstet war. Die Bezeichnung He 219 D erhielt eine mit zusätzlichem Strahltriebwerk unter dem Rumpf ausgerüstete Ausführung. In die Serienproduktion kam keine der Varianten mehr.

Bewährungsprobe bestanden

Als erster Einsatzverband erhielt im Mai 1943 das im niederländischen Venlo sta-

OBEN **Detailaufnahme der Antennenanlage der W.Nr. 310 189 in Schleswig**

RECHTS **In der Nähe von Bayreuth wurde diese He 219 A aufgefunden**

Foto: USAF

RECHTS UND LINKS **Erfolgreicher Einsatz, missglückte Landung: Major Streibs He-219-A-0-Unfallmaschine (G9+FB), mit der er in der Nacht zum 12. Juni 1943 fünf viermotorige britische Bomber abgeschossen hatte**

Die He 219 A-2 erhielt die Nummer FE-612 und wurde neben zwei weiteren He 219 in die USA verschifft, wo diese Aufnahme entstand
Foto: USAF

LINKS **Aufwendig getarnte He 219 A bei Kriegsende**

UNTEN **Für diese He 219 A ist der Krieg vorbei und dient nun als willkommener Hintergrund für ein Erinnerungsfoto**

tionierte Nachtjagdgeschwader 1 die He 219. Die Versuchsmaschinen 7, 8 und 9 sollten dort auf ihre tatsächliche Tauglichkeit im scharfen Einsatz erprobt werden.

Major Werner Streib gelang schon während seines ersten Feindfluges mit der He 219 in der Nacht von 11. auf den 12. Juni 1943 der Abschuss von fünf britischen Bombern. Der Einsatz endete jedoch aufgrund einer fehlerhaften Landeklappen-Arretierung, beschlagener Scheiben sowie schadhafter Instrumente mit einer Bruchlandung. Während Streib den Unfall relativ unverletzt überstand, brach sich Funker Fischer die Beine. Abgesehen von der missglückten Landung berichtete Streib äußerst positiv über die »219«, in der er ein großes Potenzial sah. Generalluftzeugmeister und Gegner der He 219 Erhard Milch sah sich eher darin bestätigt, weiterhin auf bewährte Einsatzmuster zu setzen.

Den V-Mustern folgten Flugzeuge aus der A-0-Serie, die sämtlich der I. Gruppe des NJG 1 zugeführt wurden. Auch in der Folge erhielt vor allem die I./NJG 1 den neuen Heinkel-Jäger, den die Besatzungen gerne flogen. Später wurde auch die Stabsstaffel des NJG 1 mit der He 219 ausgerüstet. Zudem kamen einige He 219 zur Nachtjagdgruppe 10 und zur I./NJG 2.

Von 12. Juni bis 3. November 1944 gelangen den Besatzungen der I./NJG 1 133 Luftsiege. Hauptsächlich fielen den Heinkel-Nachtjägern viermotorige britische Bomber zum Opfer, doch konnte auch der Abschuss von elf der über 600 km/h schnellen zweimotorigen

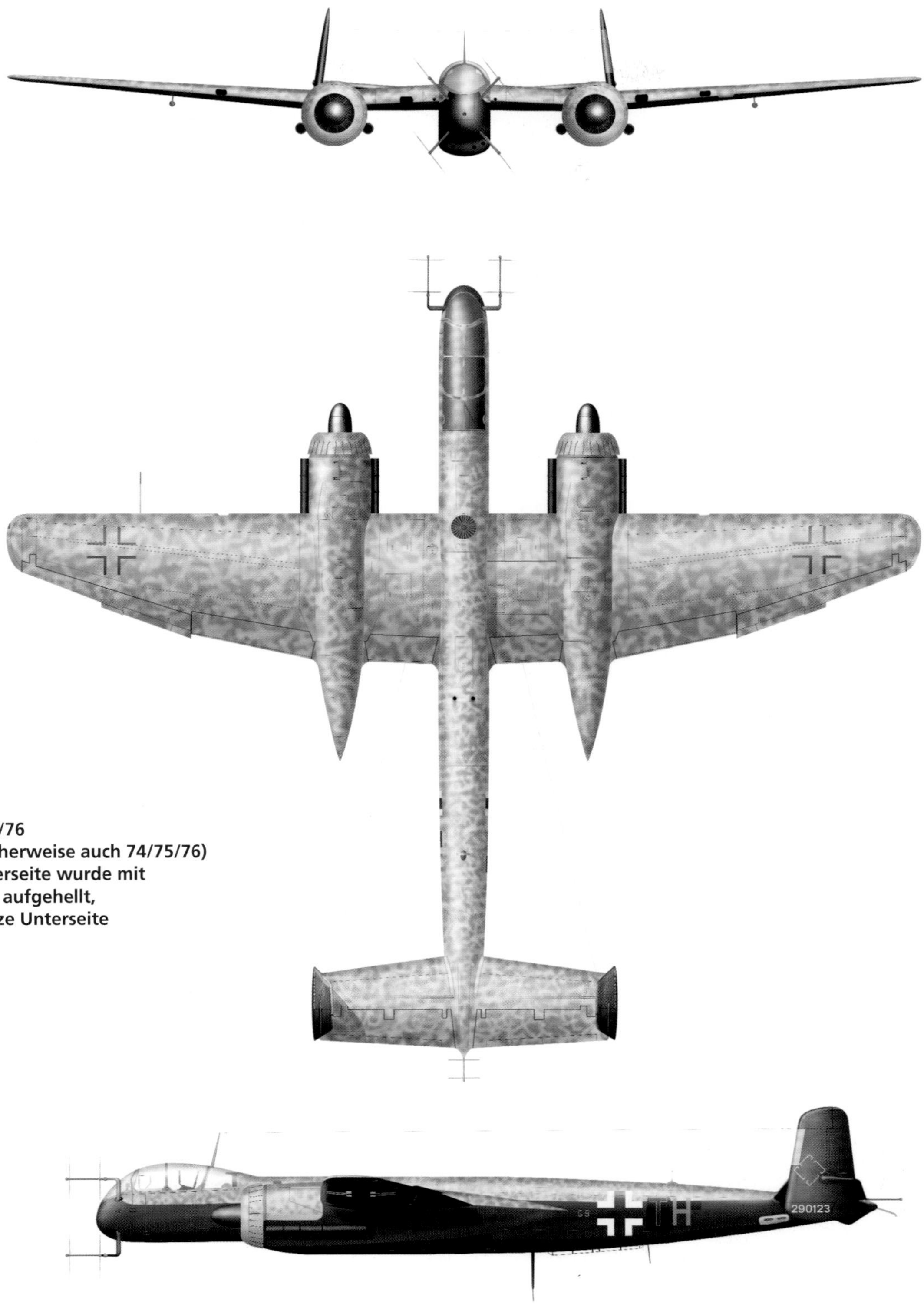

RLM 75/76
(möglicherweise auch 74/75/76)
Die Oberseite wurde mit
RLM 76 aufgehellt,
schwarze Unterseite

He 219 A, W.Nr. 290123, im Sommer 1945 bei Westerland auf Sylt. Die 290123 galt nach offiziellen deutschen Unterlagen – wohl versehentlich – als Verlust. Im Hintergrund sind weitere He 219 zu sehen. Die Luftschrauben wurden von britischen Technikern abmontiert

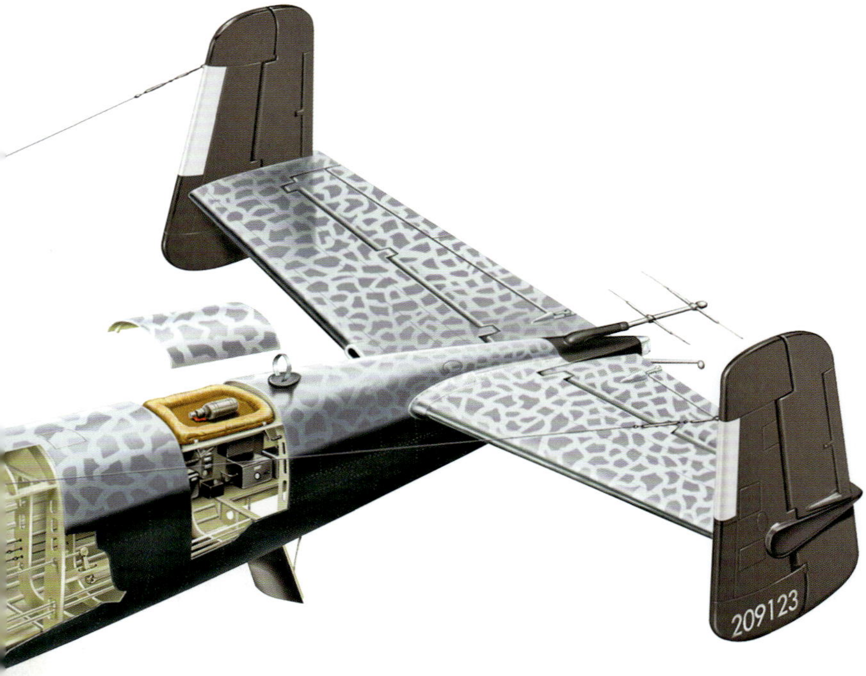

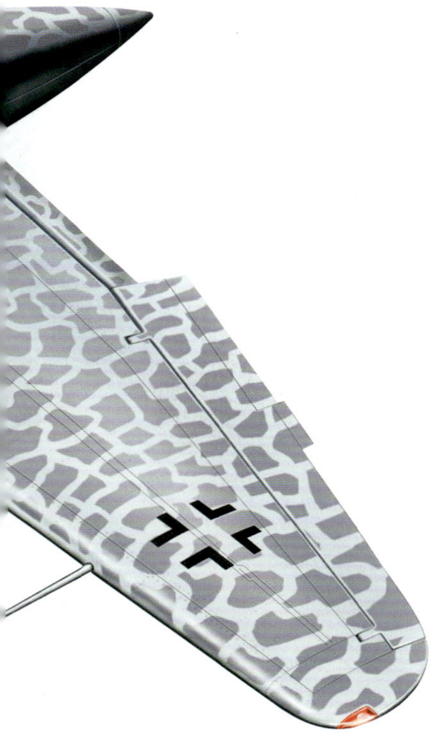

Schnittzeichnung einer Heinkel He 219: Hinter der Kabine sind die Treibstofftanks zu erkennen, dahinter ist die »Schräge Musik«-Bewaffnung. Für die authentischere Lackierung siehe Seite 137

Illustration: Jochen Schmidt

He 219-Versionen

Typ	Ausführung	Bewaffnung	Funkmesstechnik
A-0	Vorserie, 2-Mann-Kabine, DB 603 A/B	2 x MG 151/20 in Flügelwurzeln 2 x MK 108 in Rumpfwanne Waffenrüstsätze M1, M2, M3	FuG 212 C-1
A-1	Wie A-0, Großserie geplant – nicht gebaut	–	–
A-2	Großserie, DB 603 A – verbesserte A-0	Wie A-0 zus. Schrägbewaffnung 2 x MK 108	FuG 220 teilw. zus. FuG 212
A-3	Höhenjäger, DB 603 E/F- nicht gebaut	–	–
A-4	Moquito-Jäger u. Aufklärer, DB 603 A/B mit Turboladern, GM 1-Anlage, geringe Panzerung, wenige Exemplare	2 x MG 151/20 in Flügelwurzeln 2 x MK 108 (od. 103) in Rumpfwanne	FuG 220
A-5	Weiterentwickelte A-3, A-5/R4 mit 3-Mann-Kabine, rückwärtiger Abwehrstand, 900-l-Zusatztank unter dem Rumpf	2 x MG 151/20 in Flügelwurzeln 2 x MK 108 in Rumpfwanne 2 x MK 108 als Schrägbewaffnung	FuG 220 teilw. zus. FuG 212
A-6	Wie A-4 mit DB 603 E oder L, 615 km/h in 10.000 m Höhe, wenige gebaut	2 x MG 151/20 in Flügelwurzeln 2 x MG 151/20 in Rumpfwanne	FuG 220
A-7	DB 603 E, Jumo 222 geplant, A-7/R5 mit Jumo 213, sehr geringe Stückzahl	2 x MG 151/20 in Flügelwurzeln 2 (4) x MG 151/20 in Rumpfwanne 2 x MK 108 als Schrägbewaffnung Unterschiede je nach Einsatzzweck	FuG 220
B-1	Nachtjäger mit 3-Mann-Kanzel und Jumo 222 A/B (E/F), vergrößerte Flächen und Reichweite, verstärktes Fahrwerk, 1 Exempla	2 x MG 151/20 in Flügelwurzeln 2 x MG 151/20 od MK 108 in Rumpfwanne 2 x MK 108 als Schrägbewaffnungr	FuG 220 od. besser
B-2	Wie B-1 mit Jumo E/F, als Höhenjäger auch mit 2-Mann-Kabine, wenige Exemplare erprobt	2 x MK 108 in Flügelwurzeln 2 x MK 108 in Rumpfwanne 2 x MK 108 als Schrägbewaffnung	FuG 220 od. besser
C-1	Um 1 m verlängerter Rumpf mit verbesserter 3-Mann-Kabine, Heckstand mit 4 MG 131 und 4. Mann, Projekt	Wie B-2 plus 4 x MG 131 (13 mm)	FuG 220 od. besser
C-2	Jagdbomber mit 1500 kg Bombenlast, Projekt	2 x MK 108 in Flügelwurzeln 2 x MK 103 in Kabine 4 x MG 131 in Heckstand	–
D	Geplanter Nachtjäger mit Jumo 213	–	FuG 220 od. besser

Heinkel He 219		
He 219	A-2	A-7
Einsatzzweck	Nachtjäger	Höhen-Nachtjäger
Besatzung	2	2
Antrieb	2 x DB 603 A hängender, flüssigkeitsgekühlter V-12-Zylinder-Reihenmotor	2 x DB 603 E
Startleistung	je 1750 PS bei 2750 U/min.	je 1800 PS bei 2700 U/min.
Kampfleistung kurzzeitig	je 1540 PS in 5700 m	je 1380 PS in 7400 m
Luftschraubendurchmesser	3,60 m	3,90 m
Spannweite	18,53 m	18,53 m
Länge	16,34 m	16,34 m
Höhe auf Sporn	4,40 m	4,40 m
Flügelfläche	44,50 m²	44,50 m²
Flächenbelastung	281 kg/m²	340 kg/m²
Spurweite	5,00 m	5,00 m
Leergewicht	8120 kg	8345 kg
Rüstgewicht	9840 kg	9205 kg
Startgewicht	12 500 kg	15 100 kg max.
Höchstgeschwindigkeit (mit Antennen und Flammenvernichter)	560 km/h in 6300 m 490 km/h in Bodennähe	585 km/h in 6000 m 470 km/h in Bodennähe
Marschgeschwindigkeit	455 km/h in 6000 m	510 km/h in 6000 m
Startstrecke	680 m	1050 m über 15 m Höhe
Landestrecke	–	820 m über 15 m Höhe
Landegeschwindigkeit	150 km/h	150 km/h
Anfangssteigleistung	–	10 m/sec
Steigleistung	8000 m in 15 min.	–
Reichweite	2150 km	2000 km 2520 km max.
Dienstgipfelhöhe	9800 m nach Start	9800 m nach Start 12 200 m mit halbem Treibstoff
Starrbewaffnung	2 x MG 151/20–20 mm mit je 300 Schuss in Rumpfwanne 2 x MG 151/20 mit je 300 Schuss in Flachenwurzeln 2 x MK 108–30 mm mit je 100 Schuss als Schrägbewaffnung	2 x MG 151/20–20 mm mit je 500 Schuss in Rumpfwanne 2 x MG 151/20 mit je 400 Schuss in Flachenwurzeln 2 x MK 108–30 mm mit je 100 Schuss als Schrägbewaffnung
Funkausrüstung	FuG 220, sonst ähnlich A-7	FuG ZY, FuG 101 A FuG 10 P, FuG 220, FuG 25 A, Fu Bl. 2 F

Jagdbomber und Nachjäger de Havilland Mosquito gemeldet werden. Allein Hauptmann Strüning, Staffelkapitän der 3./NJG 1, schoss neben zwölf Viermot-Bombern auch zwei Mosquitos mit der He 219 ab. Grundsätzlich aber waren die eingesetzten He 219 A nicht schnell genug, um wirklich Mosquitos zu jagen.

Die zunehmend prekärer werdende Kriegslage ließ den Bestand von einsatzklaren He 219 zunehmend schrumpfen, sodass die verbliebenen Maschinen der drei Staffeln auf eine zusammengezogen wurden. Waren es bei der I. Gruppe des NJG 1 im Januar 1945 noch 45 Maschinen, konnten im April meist weniger als 15 Maschinen startklar gemeldet werden.

Nach mehrmaligem Rückzug fanden sich die letzten Einsatzplätze des NJG 1 in Husum, Schleswig und auf Sylt.

Alliierte Beute

Bei Kriegsende fielen annähern 60 He 219 in alliierte Hände. Vier Maschinen fanden den Weg nach Großbritannien, zwei in die UdSSR und drei in die USA.

Der britische Testpilot Eric Brown nutzte die Gelegenheit, eine der Beute-He-219-A-2 zu fliegen. Sein Urteil über den deutschen Hochleistungs-Nachtjäger fiel gemischt aus, wenngleich er den deutschen Nachtjäger insgesamt durchaus als gelungenes Einsatzflugzeug bezeichnete. Besonders beeindruckt war er vom Führerraum der He 219. Letztlich landeten fast alle He 219 auf dem Schrottplatz. Nach Jahrzehnten der Einlagerung im National Air and Space Museum sah die einzig verbliebene He 219 A endlich die Restaurationshallen. Inzwischen können Rumpf samt Leitwerk sowie eine Motorgondel

Inzwischen sind Teile der einzigen erhalten gebliebenen He 219, die A-2 mit der W.Nr. 290 202, ausstellungswürdig restauriert und im Udvar-Hazy Center bei Washington neben weiteren deutschen Beutemaschinen zu besichtigen Foto: Kogo

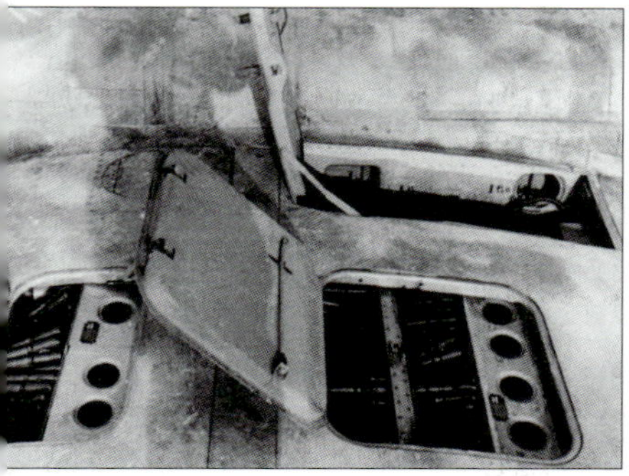

20-mm-Munition und MG 151/20 in der linken Flügelwurzel einer He 219

Blick auf die MK 108 in der Waffenwanne einer He 219, die Bestandteil des Waffenrüstsatzes M1 waren

im hervorragend gestalteten Udvar-Hazy Center bei Washington bestaunt werden.

Keine Spur von »Uhu«

Umstritten ist die Namensgebung des Heinkel-Nachtjägers. In offiziellen Unterlagen findet sich nichts, das auf »Uhu« hinweist. Nachweislich vorgeschlagen wurden dagegen die Bezeichnungen »Hermes« und »Marder« sowie »Maskottchen« für einen Mosquito-Jäger. ◀

He 219 A-0, G9+FB, geflogen von Major Werner Streib. Die Maschine wurde am 12. Juni 1943 bei einem Landeunfall zerstört. Lackierung: RLM 76

He 219 A-2 der 2./NJG 1 1944. Lackierung RLM 75/76 (wie hier) oder 74/75/76

Die unbewaffnete Ta 154 V1

Das hölzerne Wunder deutscher Art

Focke-Wulf Ta 154

Mit Focke-Wulfs Ta 154 flog Mitte 1943 ein nahezu gänzlich aus Holz gefertigtes Hochleistungsflugzeug, das im Grunde in der Lage war, allen geforderten Ansprüchen gerecht zu werden. Doch das deutsche Gegenstück zur britischen Mosquito kam über die Startphase nie hinaus

Focke-Wulf-Chefkonstrukteur Professor Kurt Tank während der Präsentation der Ta 154 V1

Mit dem ersten 1000-Bomberangriff der Royal Air Force im Mai 1942 nahm der Luftkrieg neue, ungeahnte Dimensionen an. Ein leistungsfähiger Nachtjäger, der die eingesetzten Junkers Ju 88 und Messerschmitt Bf 110 ersetzen sollte, war dringend erforderlich.

Aufgrund einer Reihe von Entwürfen vom September 1942 gab das Technische Amt im RLM an Focke-Wulf den Entwicklungsauftrag für ein schnelles zweimotoriges Kampfflugzeug, das zunächst als Schnellbomber, dann aber aufgrund der Kriegslage vordringlich als Nachtjäger zu entwickeln war. Kriegswichtiges Leichtmetall sollte dabei so wenig wie

OBEN/RECHTS/MITTE Die Ta 154 V1 während der Erprobung. Im Vergleich zu ihren Nachfolgern hatte die V1 eine kleinere Seitenflosse

möglich benutzt und Holz als alternativer Baustoff untersucht werden. Als Antrieb sah man zwei Junkers Jumo 211-Motoren vor, die ausreichend erprobt und in großer Stückzahl zur Verfügung gestellt werden könnten. Durch das Einbinden der holzverarbeitenden Industrie in die Kriegsproduktion bräuchte die auf Hochtouren laufende Flugzeug-Produktion kaum beschnitten zu werden. Als zeitliche Vorgabe bis zum Erstflug des neuen Flugzeugs waren zwölf Monate angesetzt.

Ob der ab 1942 über Deutschland in zunehmendem Maße eingesetzte zweimotorige Jagdbomber, Aufklärer und Nachtjäger de Havilland Mosquito entscheidenden Einfluss auf den Entwicklungsauftrag eines hölzernen Hochleistungsflugzeugs hatte, ist bis heute umstritten. Die Leistungsfähigkeit, besonders ihre hohe Geschwindigkeit in großer Höhe, vermochte auf alle Fälle zu beeindrucken.

Mit der Fw 187 C, einer weiterentwickelten Version eines 1937 erstmals geflogenen, ebenfalls zweimotorigen Zerstörers wollte sich das RLM nicht anfreunden, wenngleich hier das Entwicklungsrisiko sehr gering eingestuft werden konnte und das Flugzeug in sehr kurzer Zeit zu realisieren gewesen wäre.

Problematische Holzkonstruktion

Unter Leitung von Professor Kurt Tank entstanden bei Focke-Wulf weitere Entwürfe eines nahezu ganz aus Holz gefertigten Hochleistungs-Kampfflugzeuges, dessen Konstruktion die Entwickler vor völlig neue Probleme stellte, da auf keinerlei Erfahrungswerte zurückgegriffen werden konnte. Während Oberingenieur Ernst Nipp für die Konstruktion des von Oberingenieur Ludwig Mittelhuber entworfenen Flugzeugs zuständig war, zeichnete Oberingenieur Gotthold Mathias für die Flugeigenschaften verantwortlich.

Ta 154 V3 – das Bugrad vereinfachte zwar die Handhabung der Maschine am Boden sowie bei Start und Landung, brachte aber auch mehr Gewicht, Fertigungsaufwand und Beschädigungsrisiko mit sich. Die Antennen und Flammenvernichter verschlangen etwa 30 km/h

Ta 154 V2 mit FuG 212. Die Windschutzscheibe der 154 bestand aus 50 mm und die seitlichen Scheiben aus 30 mm starkem Panzerglas. Die Kabinenwände waren innen mit Panzerblechen versehen

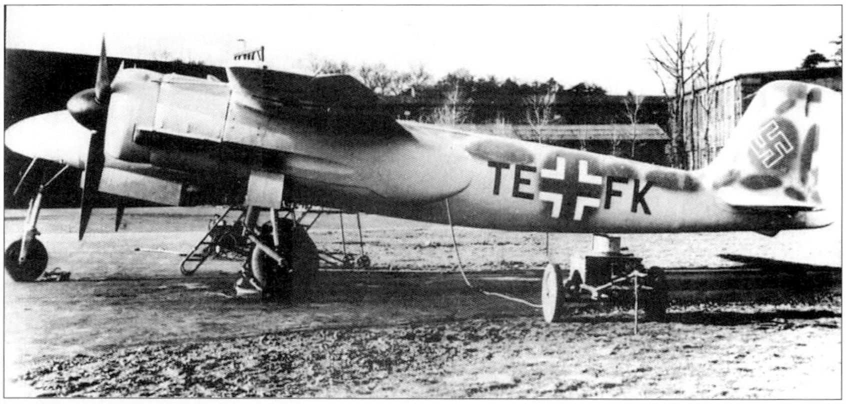

Ta 154 V7, WNr. 100 007

Das kritischste Bauteil bei der Konstruktion des Ta 154 genannten neuen Typs bildete das Tragwerk. Die zweiholmige Holzfläche des Schulterdeckers wurde für eine möglichst hohe Festigkeit durchgehend konstruiert und mit vier Bolzen mit dem Rumpf verbunden. Im Vergleich zu einer gleich beanspruchbaren Metallfläche fiel das Gewicht der Holzkonstruktion um etwa 25 Prozent höher aus.

Der recht schlanke Rumpf hatte einen ovalen Querschnitt und war, wie auch der Rest des Flugzeugs, komplett mit lamelliertem Sperrholz beplankt. Aus Metall gefertigt wurden außer Fahrwerk und Motorträger lediglich sämtliche Ruderflächen sowie die Motorverkleidungen.

Um Start und Landung, gerade auch beim nächtlichen Einsatz, möglichst einfach zu gestalten, bekam die Ta 154 ein hydraulisch betätigtes Bugrad, das um 90 Grad gedreht in den Vorderrumpf eingezogen wurde. Das Hauptfahrwerk fand in eingezogenem Zustand in den beiden Motorgondeln Platz.

Den Antrieb übernahmen zwei Jumo 211 F-Triebwerke mit einer Startleistung von je 1340 PS, die Dreiblatt-Holzluftschrauben drehten. Die Leistung sollte später mit Verfügbarkeit des noch in der Erprobung befindlichen Jumo 213 erheblich gesteigert werden. Bis dahin zog man den Einbau einer GM-1-Anlage zur

Nachtjäger Ta 154 V3 mit FuG 212 »Lichtenstein« C-1 und Flammenvernichter an den Auspuffrohren der Jumo 211-Motoren. Mit den stärkeren, später vorgesehenen Jumo 213 sollten Spitzengeschwindigkeiten von über 700 km realisierbar werden Foto: Hermann (2)

Ta 154 V3, lackiert in RLM 74/75/76

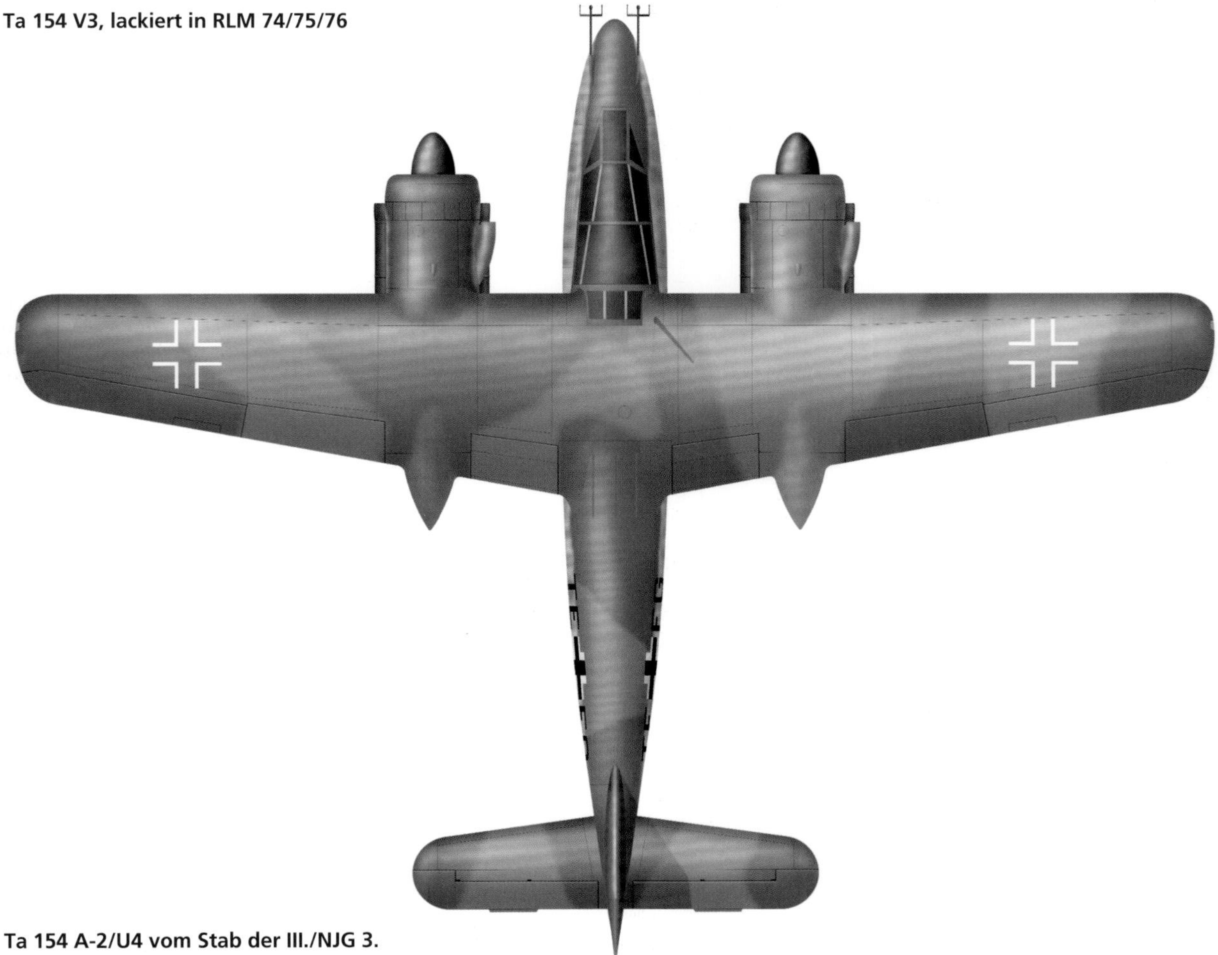

Ta 154 A-2/U4 vom Stab der III./NJG 3. Das Flugzeug wurde – wohl bei einer Bruchlandung – stark beschädigt

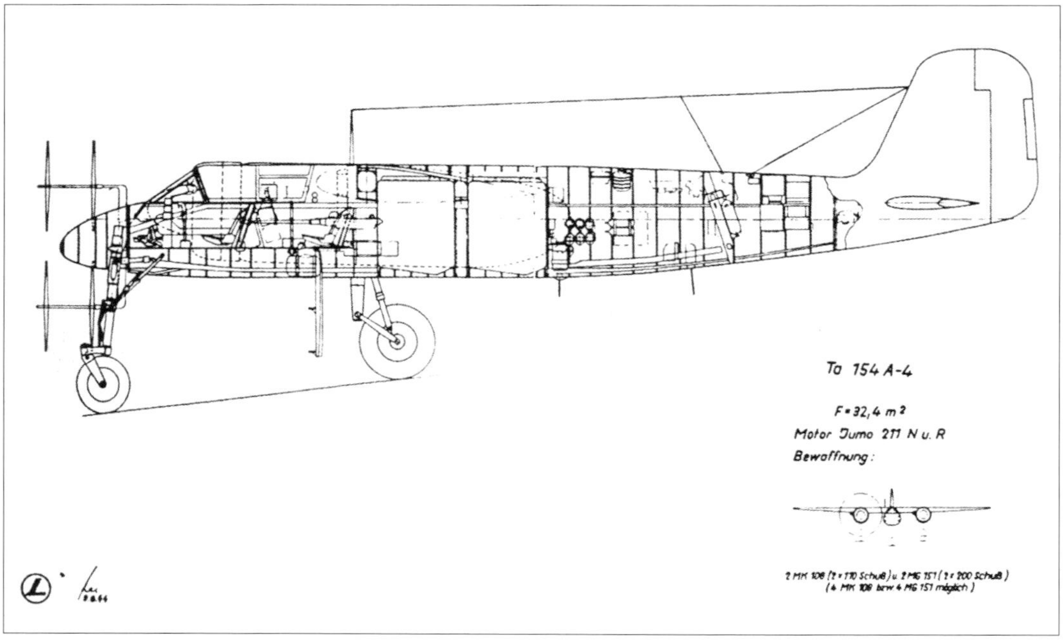

OBEN **Der Blick auf die Fläche der Ta 154 V7 lässt die geteilten Landeklappen sowie relativ kurzen Querruder erkennen**

LINKS **Nachtjäger-Ausführung Ta 154 A-4**

kurzzeitigen Leistungssteigerung in Betracht, da die Flugleistungen nicht befriedigen konnten und – spätestens nach Anbau von Flammenvernichtern und Antennen – hinter den Erwartungen zurückstanden. Der Kraftstoff wurde in zwei zusammen 1944 Liter fassenden, selbstdichtenden Behältern im Rumpf mitgeführt. An Trägern unter den Flügeln war die Mitnahme von abwerfbaren Zusatztanks vorgesehen.

Als Bewaffnung sah man vier 20-Millimeter-MG 151/20 oder sogar vier Maschinenkanonen MK 108, Kaliber 20 Millimeter, vor, die seitlich in den Rumpfwänden untergebracht wurden, was für die Konstrukteure keine leichte Aufgabe darstellte. Zusätzlich sollte der Einbau einer Schrägbewaffnung, sogenannter »Schräger Musik«, in der Nachtjäger-Ausführung möglich sein.

Die Besatzung, in der ursprünglichen Schnellbomber-Variante noch aus einem Mann bestehend, erhöhte sich beim

Ta 154-Nachtjäger auf zwei Mann, die hintereinander saßen.

Gute Flugeigenschaften

Am 1. Juli 1943, und damit noch zwei Wochen vor dem geplanten Erstflugtermin, konnte die unbewaffnete Ta 154 V1, WNr. 0 001, TE+FE, in Hannover-Langenhagen zum 30-minütigen Erstflug aufsteigen. Am Steuer saß Chefeinflieger Hans Sander. Das Flugzeug zeigte insgesamt gute Flugeigenschaften, allerdings machte sich schnell eine ungenügende Richtungsstabilität bemerkbar, was zu einer Vergrößerung der Seitenflosse führte.

Die 154 beschleunigte gut, war wendig, und auch der Kurvenflug mit nur einem Motor stellte kein Problem dar – genauso wie Start und Landung.

Die Sichtverhältnisse für den Piloten waren bedingt durch die Bauart relativ eingeschränkt und gerade zu den Seiten im Vergleich zu anderen zweimotorigen Maschinen eher als schlecht einzuordnen. Enge Verbandsflüge würden wohl kaum möglich sein. Der hinter dem Flugzeugführer sitzende Funker hatte eine

GANZ OBEN/OBEN **Ta 154-Kabine mit versuchsweisem Einbau eines rückwärtigen Abwehrstandes mit einem Zwillings-Maschinengewehr MG 81 Z. Bei Unfällen erwies sich die Holzbauweise als wesentlich gefährlicher für die Besatzung, weshalb künftige Serienmuster Vorderrümpfe aus Metall erhalten sollten**

Ta 154 V7 mit geflecktem Tarnanstrich in RLM 74/75/76. Als Bewaffnung für die Ta 154 waren verschiedene Variationen möglich, wie 4 x MK 103, 4 x MK 108 oder 2 x MG 151 plus 2 x MK 108. Als Nachtjäger war auch ein Schrägwaffeneinbau im Rumpf vorgesehen. Lackiert war sie in RLM 74/75/76 oder 75/76

Focke-Wulf Ta 154	
Focke-Wulf	**Ta 154 V3**
Erstflug	25. November 1943
Einsatzzweck	Nachtjäger
Besatzung	2
Antrieb	2 x Junkers Jumo 211 F flüssigkeitsgekühlter V-12-Reihenmotor
Startleistung	2 x 1340 PS – ges. 3680 PS
Länge	12,57 m
Spannweite	16,00 m
Flügelfläche	32,4 m²
Höhe	3,65 m
Höchstgeschwindigk.	574 km/h in 6300 m (Kampfleistung)
Steigrate	11 m/s am Boden
Rüstgewicht	6910 kg
Fluggewicht	8490 kg
Dienstgipfelhöhe	9250 m
Reichweite ohne Zusatztanks	1600 km
Bewaffnung	4 x MG 151/20 – 20 mm mit je 200 Schuss
Funktechnische Ausrüstung	FuG 212, später FuG 220 FuG 16 ZE, FuG 25, FuG 101, Peil G6, FuBl 2

noch schlechtere Sicht, wenngleich dieser zumindest im Nachtjäger ohnehin mit der Anzeige seiner Suchgeräte beschäftigt sein würde.

Am 17. September 1943 folgte die Ta 154 V2, deren Jumo 211 über Flammenvernichter-Anlagen verfügten. Zudem war sie mit einer Antennenanlage für das Lichtenstein-Funkmessgerät ausgerüstet. Das Bugrad rollte mit größerem Nachlauf, wodurch die Tendenz zum Querstehen verringert werden sollte.

In voller Nachtjäger-Ausrüstung präsentierte sich die am 25. November 1943 zum Jungfernflug gestartete Ta 154 V3, WNr. 0 003, die sowohl über das Funkmessgerät FuG 212 als auch über eine Bewaffnung mit vier MG 151/20 verfügte. Am 26. November 43 führte Focke-Wulf-Testpilot Werner Bartsch in Insterburg den neuen Nachtjäger während eines 50-minütigen Fluges in Form der V3 Adolf Hitler sowie etlichen Luftwaffengrößen vor.

Zurück vom Vorführungsflug, bei dem die 154 großen Anklang fand, standen für die momentan wichtigste Serienausführung eine ganze Reihe von Erprobungen an:

1. Dauererprobung der Kühlstoffkühler bei elastischer Aufhängung und vorderen elastischen Motorlagern
2. Funktionserprobung der FT-Anlagen:
   a) Bake Fu.Bl. 2
   b) Zielflug Peil G 6
   c) FuG 16 ZE Reichweite
3. Beurteilung der Trimmwirkung bei Verwendung des Seitenruders mit verdicktem Hornausgleich
4. Flugeigenschaften mit großer Lichtenstein-Antenne. Beobachtungen über das Schwingungsverhalten der Antenne
5. Steig- und Horizontalgeschwindigkeiten mit vollem Fluggewicht
6. Luftbeschuss (Funktionsschießen) auf Erdziele
7. Ermittlung der Grenzgeschwindigkeit für das Notausfahren des Bugrades mittels Kraftspeicher
8. Allgemeine Beobachtungen und Beanstandungen

Am 28. Februar 1944 wurde die Ta 154 V3 bei einem Landeunfall auf schneebedeckter Piste beschädigt. Bis dahin hatte sie 69 Flüge mit 56 Stunden und 27 Minuten Flugzeit absolviert.

Mit den Versuchsflugzeugen V4 bis V13 wurde die weitere Entwicklung vorangetrieben, wobei es immer wieder zu Unfällen, besonders wegen des Bugrades, kam. Am 18. April 1944 machte Einflieger Bartsch mit der Ta 154 V9 schon nach dem Erstflug Bruch, wobei sein Begleiter Hans Meyer getötet wurde.

Leimdebakel

Nachdem der Auftrag zum Bau von 250 Ta 154 A-1 erteilt worden war, stellten sich kurz nach Serienanlauf schwere Mängel in der Verleimung heraus, was zum Produktionsabbruch führte. Der zu Beginn verwendete Leim hatte durch den Ausfall des Herstellers nicht mehr zur Verfügung gestanden, weshalb man auf einen anderen Leim ausweichen musste, der sich, wie sich zeigte, mit der Zeit in das Holz fraß. Zusätzlich zur Leim-Misere kam die mangelnde Erfahrung der Herstellerfirmen.

Ein Luftangriff auf Langenhagen am 5. August 1944, bei dem die Mehrzahl der Versuchsflugzeuge zerstört oder stark beschädigt wurde, versetzte der Ta 154 praktisch den Todesstoß.

Zum Wiederanlaufen der Serienfertigung kam es nicht mehr, und die Ta 154 wurde im August 1944 aus dem Beschaffungsprogramm der Luftwaffe gestrichen. Die noch vorhandenen Maschinen wurden zu Nachtjägern gerüstet und erhielten stärkere Jumo-213-A-Motoren. Ausgewiesene Nachtjagdexperten wie Helmut Lent oder Werner Streib bescheinigten der Ta 154 das Zeug zum erfolgreich einsetzbaren Nachtjäger. Gewünscht wurde unter anderem die Möglichkeit zur Aufnahme eines dritten Besatzungsmitgliedes sowie eine stärkere Bewaffnung mit MK 108.

Gebaut wurden letztlich wahrscheinlich nur 30 dieses vielversprechenden Flugzeuges, darunter 13 Ta 154-Versuchsmuster, sieben A-0-Vorserienflugzeuge sowie etliche A-Serienmaschinen. Von den wenigen noch an das NJG 3 in Stade gelieferten Maschinen wurden bei Kriegsende die meisten durch eigene Hand zerstört. Tatsächlich eingesetzt wurden die Maschinen wohl kaum.

Als eines der Glanzlichter in der Ausstellung des Luftfahrttechnischen Museums Rechlin kann sicherlich der teilweise Nachbau der Ta 154 V3 bezeichnet werden.

Mit der Do 335 gelang Dornier ein Hochleistungs-Kampfflugzeug mit überragenden Flugleistungen. Hier die Do 335 V9, CP+UI, das Musterflugzeug zur Vorserie A-0
Foto: Dornier-Archiv

Die Außerordentliche

Dornier Do 335 Pfeil

Die Do 335 zählt zu den ungewöhnlichsten und zugleich leistungsstärksten Flugzeug-Konstruktionen mit Kolbenmotor-Antrieb. Ihre vielfältigen Einsatzmöglichkeiten sahen auch die Rolle als Nachtjäger vor

Seit langer Zeit schon hatte man bei Dornier Erfahrungen mit zweimotorigen Flugzeugen gesammelt, deren Triebwerke in Tandemanordnung mit Zug- und Druckluftschraube oberhalb des Rumpfes in den Flächen eingebaut waren. Der Entwurf eines neuen Kampfflugzeugs sah vor, die Motoren strömungsgünstig in den Rumpf zu integrieren. Neben der geringen Stirnfläche sollte auch der Einmotorenflug wesentlich unproblematischer sein.

Doch das Interesse des Reichsluftfahrtministeriums (RLM) blieb aus. Dornier verfolgte die Idee, die er 1937 zum Patent angemeldet hatte, weiter und beauftragte die Firma Schempp-Hirth mit dem Bau des Erprobungsflugzeugs Göppingen Gö 9, einer verkleinerten (1:2,5) Do 17 aus Holz, das 1941 die einwandfreie Funktionsweise des Konzeptes aufzeigte. Das RLM zeigte sich jedoch weiterhin uninteressiert.

Projekt 231

Die zunehmend schlechter werdende Kriegslage verlangte 1942 dringend nach einem neuen, leistungsstarken Schnellbomber. Bei Dornier hatte man den früheren Entwurf weiter verfolgt und wartete mit dem Projekt P.231 auf.

Dornier bekam den Auftrag zum Bau von zunächst zehn Versuchsflugzeugen, von denen das erste, die Do 335 V1, am 26. Oktober 1943, angetrieben von zwei Daimler-Benz DB 603-V-12-Reihenmotoren, mit Flugkapitän Hans Dieterle am Steuer zum Erstflug abhob. Etwa 770 km/h Höchstgeschwindigkeit sprachen stark für den extravaganten Dornier-Entwurf. Selbst mit nur einem Motor konnten noch 560 km/h eingeflogen werden.

Die Sichtverhältnisse für den Flugzeugführer waren ausgezeichnet, und das Flugverhalten konnte insgesamt zufrieden stellen, wenngleich noch etliche Änderungen anstanden. Start und Landung waren durch die gegenläufigen Luftschrauben und das Bugradfahrwerk einfach, allerdings war durch die untere Seitenflosse der Anstellwinkel gewöhnungsbedürftig begrenzt. Im Notfall konnte diese samt Luftschraube für eine Bauchlandung abgesprengt werden.

Schwierigkeiten bereitete insbesondere die Kühlung des hinteren Motors, Probleme, die sich bis Kriegsende nicht mehr ganz beheben ließen.

Trotz der verheißungsvollen Strahlflugzeuge Me 262 und Ar 234 konnte die Do 335 die RLM-Verantwortlichen überzeugen; so wurden weitere Maschinen, V-, A-0-Vorserien- und A-1-Serienflugzeuge in Auftrag gegeben.

Novum Schleudersitz

Der mit Pressluft betriebene Schleudersitz, damals noch ein seltenes Ausrüstungsmerkmal, trug der hohen Ge-

Die äußerst imposante zweisitzige Schulversion Do 335 V11. Auch die V10, das Versuchsflugzeug für den Behelfs-Nachtjäger A-6, war mit der erhöhten Kabine ausgestattet

Im Vergleich zur A-Serie erhielt die B-Reihe (hier die M17/B-6) eine geänderte Kanzelverglasung. In der Nachtjäger-Ausführung saß der Messfunker in einer Kabine auf Höhe des Piloten

Etliche Instrumente in der M17 wurden durch französische ersetzt, darunter auch das Reflexvisier

Die Do 335 M17 mit der khakigrünen Lackierung der französischen Luftwaffe

Die M17 startete am 2. April 1947 in Mengen zum Erstflug und wurde danach in Frankreich erprobt

schwindigkeit Rechnung. Um dem Flugzeugführer einen möglichst unbeschadeten Ausstieg zu ermöglichen, konnten Kabinenhaube, Heckpropeller und obere Seitenflosse vor Auslösen des Schleudersitzes abgesprengt werden. Erprobungspilot Werner Altrogge nutzte jedoch der Schleudersitz am 15. April 1944 nichts mehr: Als er nach Schwierigkeiten in der V2 aussteigen wollte, wurde er von der abgesprengten Kabinenhaube am Kopf getroffen und stürzte tödlich ab.

Für den Jagdbombereinsatz konnte im Rumpf und unter den Flächen eine Bombenlast von bis zu 1000 Kilogramm aufgenommen werden. Zur Reichweitenverlängerung sah man abwerfbare Zusatztanks unter den Flügeln sowie im Bombenschacht vor.

Dringliche Serienproduktion

Nach zehn Exemplaren der Vorserie A-0 begann im November 1944 die eigentliche Serienfertigung der Do 335 als A-1 mit zwei DB-603-E-1-Motoren. Das eigenwillige Flugzeug, wegen seines Aussehens auch scherzhaft Ameisenbär genannt, erregte Aufsehen. Hitler selbst hatte inzwischen angeordnet, die Produktion mit oberster Dringlichkeit voranzutreiben.

Im Oktober 1944 erhielt das Erprobungskommando 335 in Mengen die ersten Do 335 A-0.

Die Do 335 V10 (WNr. 230 010, CP+UK, später M10 für Musterflugzeug 10) war das Basismodell zur geplanten A-6, einer doppelsitzigen Nachtjagdvariante mit leistungssteigernder MW-50-Einspritzung und Funkmessanlage.

Für den Messfunker wurde eine Kabine in erhöhter Position hinter dem Piloten in den Rumpf integriert, so wie dies auch bei der Schulversion geschah. Das Volumen des 1830 Liter fassenden Treibstoffbehälters im Rumpf reduzierte sich auf etwa die Hälfte. Zusatztanks im Bombenschacht und unter den Flächen sollten dies ausgleichen.

Wenngleich die Funkerkabine, Antennen und Flammenvernichter an den Auspuffrohren die Geschwindigkeit um etwa 80 km/h verringerten, war der Behelfs-Nachtjäger immer noch schnell genug, um auf die britischen Mosquitos angesetzt werden zu können.

Zwar soll noch mit dem Bau einiger A-6 begonnen worden sein, auch nahm die M10 Ende Januar 1945 noch die Flugerprobung auf, fertiggestellt wurde jedoch keiner der A-6-Nachtjäger mehr.

Verbesserte Baureihe B

Neben Zerstörer- und Aufklärerausführungen beinhaltete die B-Reihe auch die verbesserte Nachtjägerversion Do 335 B-6 mit verstärkter Zelle und DB 603 E-1, die mit der V17 (später M17 genannt) erarbeitet wurde. Der zweite Mann saß nicht mehr überhöht, sondern in einer Kabine direkt hinter dem Piloten. Die Pilotenkanzel-Verglasung bekam begradigte Scheiben. Das Bugrad wurde jetzt beim Einziehen um 45 Grad geschwenkt. Als Funkmessausrüstung war ein FuG 218 G/R Neptun geplant, das auch vor Angriffen von hinten warnte. Die Bewaffnung bestand aus zwei 20-mm-MG-151/20 mit je 200 Schuss oberhalb des Frontmotors sowie einer durch die hohle Luftschraubenwelle feuernden 30-mm-MK-103 mit 70 Schuss Munition.

Fertiggestellt wurde das Flugzeug erst nach Kriegsende unter französischer Leitung in Mengen, wo es am 2. April 1947 vom französischen Testpiloten Roger Receveau erstmals geflogen wurde.

Mit vergrößerter Spannweite, Laminarprofil und DB-603-LA-Motoren war die B-7 (V20) geplant, während die B-8 ein nochmals vergrößertes Tragwerk mit 18,40 Meter Spannweite erhalten sollte. Bis Kriegsende wurden nur noch 29 Do 335 fertiggestellt, drei weitere außerdem danach.
Die Alliierten erbeuteten einige intakte Do 335 sowie in der Endmontage befindliche Do 335 verschiedener Varianten.

Für den Einsatz kam die eindrucksvolle Zweimot zu spät, und wirklich ausgereift genug, um im harten Fronteinsatz bestehen zu können, dürfte sie wohl noch nicht gewesen sein. Wie sich die »335« geschlagen hätte, bleibt eine Vermutung. Fest steht, dass die Do 335 schneller war als jedes 1945 über Deutschland im Einsatz befindliche alliierte Flugzeug.

Im Udvar-Hazy Center bei Washington kann eines der Do 335-Beutestücke in hervorragend restauriertem Zustand besichtigt werden.

Dornier Do 335-Nachtjäger

Dornier Do 335	A-6	*M17 (B-6)
Typ	Nachtjäger	Nachtjäger
Besatzung	2	2
Antrieb	2 x DB 603 E-1 hängender, flüssigkeitsgekühlter V-12-Zylinder-Reihenmotor	2 x DB 603 E-1
Startleistung	2 x 1750 PS bei 2750 U/min	2 x 1800 PS bei 2750 U/min
Kampfleistung kurzzeitig	2 x 1540 PS in 5700 m	2 x 1550 PS in 6400 m
Dauerleistung	2 x 1450 PS in 5500 m	2 x 1300 PS in 6400 m
Spannweite	13,80 m	13,80 m
Länge	13,85 m	13,85 m
Höhe auf Sporn	5,00 m	5,00 m
Flügelfläche	38,50 m^2	38,50 m^2
Spurweite	5,58 m	5,58 m
Rüstgewicht	–	7730 kg
Startgewicht	10 090 kg	10 100 kg
Höchstgeschwindigkeit	690 km/h	763 km/h
Normalgeschwindigkeit	605 km/h	685 km/h
Landegeschwindigkeit	180 km/h	180 km/h
Reichweite	2065 km	2000 km
Dienstgipfelhöhe	10 200 m	11 000 m
Starrbewaffnung	1 x 30-mm-MK 103 2 x 20-mm-MG151/20	1 x 30-mm-MK 103 2 x 20-mm-MG 151/20
Funkmess-Ausrüstung	FuG 217/218 Neptun	FuG 218 Neptun vorgesehen

*Werte ohne Antennenanlage und Flammenvernichter

Nicht mehr zum Einsatz gelangt: So hätte ein Nachtjäger Do 335 B-6 der Luftwaffe aussehen können

Am 25. November (od. 3. Dezember) 1948 knickte nach geglückter Landung das rechte Fahrwerksbein der M17 ein. Die Maschine wurde nicht wieder instand gesetzt und später verschrottet

Der Strahljäger Me 262 setzte neue Maßstäbe im Flugzeugbau – Strahlantrieb, schlanke, gepfeilte Tragflächen und aerodynamische Güte machten die 262 zu einer zukunftsweisenden Konstruktion, die von den Alliierten ausgiebig untersucht wurde. Dieser Nachtjäger Me 262 B-1a/U1 (ehem. Rote 6) gehörte zur 10./NJG 11 und fand den Weg in die USA

Der nachtaktive Strahljäger

Messerschmitt Me 262-Nachtjäger

Das erste einsatzfähige Strahlflugzeug der Welt, die Me 262, zeigte sich sämtlichen alliierten Maschinen als überlegen. So ließ auch die nächtliche Einsatzerprobung in der Nachtjagd nicht lange auf sich warten, wo man dringend nach einem »Mosquito-Jäger« suchte

Ab Ende 1938 arbeitete man bei Messerschmitt unter strengster Geheimhaltung an einem Strahljäger-Projekt, dem Projekt P 1065, dem »Schnellen Jagdflugzeug«. Für den Antrieb sollten zwei BMW-Luftstrahltriebwerke sorgen. Bei Fertigstellung des Prototyps 1941 sah man sich bei BMW aber noch nicht imstande, die Strahlturbinen P-3302 zu liefern; und so erfolgte am 18. April 1941 der Erstflug der Me 262 V1 mit einem im Rumpfbug eingebauten Jumo-210-G-Kolbenmotor. Das Flugzeug zeigte besonders im Langsamflug unzureichende Flugeigenschaften, und die Entwicklung wurde mit der Notmotorisierung fortgesetzt. Etwa ein halbes Jahr später kamen endlich die 450 Kilopond Schub leistenden BMW-Triebwerke. Sicherheitshalber blieb jedoch weiterhin der Jumo-Motor eingebaut, was sich als absolut richtig erweisen sollte, da beide BMW-Turbinen während des ersten Erprobungsfluges am 25. März 1942 ausfielen. Parallel zu BMW hatte man auch bei Junkers ein Strahltriebwerk in der Entwicklung Dieses war zwar schwerer, dafür aber leistungsstärker als das von BMW. So erfolgte die Umrüs-

Me 262 A-1a, WNr. 170 095, KD+EA, mit der 262-Typbegleiter Major Behrens die Nachtjagd-Tauglichkeit des Düsenjägers erprobte

Fotos, soweit nicht anders angegeben, H. Ringlstetter

tung auf Jumo-004-A-Turbinen. Am 18. Juli 1942 hob Fritz Wendel in der nur mit Strahltriebwerken ausgerüsteten Me 262 V3 in Leipheim erfolgreich zum Erstflug ab und zeigte sich begeistert. So meinte er nach der Landung unter anderem: »Es war ein reines Vergnügen, diese neue Maschine zu fliegen.«

Neben ein paar kleineren Änderungen wurde das Tragflügelmittelstück in einer Linie mit der äußeren Fläche zum Rumpf hin gezogen, zudem bekam die 262 ab der V5 ein Bugrad, das den Umgang mit der Maschine beträchtlich erleichterte.

Das hochmoderne Strahlflugzeug, das mit einer Höchstgeschwindigkeit von 870 km/h beeindruckte, sollte nun so schnell wie möglich in Serie gehen. Doch war auch ein gewisses Misstrauen der Luftwaffenführung gegenüber dem neuartigen Vogel vorhanden.

Der damalige General der Jagdflieger, Adolf Galland, war von der Me 262, die er am 22. Mai 1943 erstmals flog, von Anfang an begeistert. »Es ist, als wenn ein Engel schiebt«, beschrieb er nach der Landung sein Flugerlebnis mit dem revolutionären Strahljäger und empfahl den schnellstmöglichen Einsatz des überlegenen Flugzeuges.

Zukunftsweisende Technik

Die Ganzmetallkonstruktion war besonders strömungsgünstig entworfen. Der nach hinten und vorne gepanzerte Führerraum war als Druckkabine ausgelegt und hatte einen nur in der Höhe verstellbaren Sitz. Der Flugzeugführer fand ausgezeichnete Sichtverhältnisse vor. Zum Ein- und Aussteigen ließ sich das Mittelteil der Kabinenhaube nach rechts aufklappen.

Hinter der Windschutzscheibe aus 90 Millimeter starkem Panzerglas diente dem Piloten ein Revi-16-B-Reflexvisier zum genauen Anpeilen des Ziels.

Die V056 (WNr. 170 056), die Anfang 1945 in Lechfeld mit der günstigsten Antennenanlage des Bordfunkmessgeräts FuG 218 V2 von Siemens erprobt wurde

In der Rumpfnase des Jägers waren vier Maschinenkanonen vom Typ Rheinmetall-Borsing MK 108, Kaliber 30 Millimeter, untergebracht. Je 100 Schuss standen für das obere Waffenpaar und je 80 für das untere zur Verfügung. Der Treibstoffvorrat von 2570 Litern (A-1a) war in vier selbstdichtenden Behältern im Rumpf untergebracht. Zudem konnten zwei je 300 Liter fassende Zusatztanks unterhalb des Vorderrumpfes mitgeführt werden.

Im hinteren Teil des Rumpfes fanden der Mutterkompass sowie das FuG 16

Die Nachtjagd-Testflüge mit der Me 262 A-1a, KD+EA, verliefen positiv. Bevorzugte Beute der nachtaktiven »262« sollten die schnellen britischen Mosquitos sein. Die Farbgebung ist spekulativ, möglich wäre auch eine 74/75/76-Lackierung

Die WNr. 111 930, Rote 12, trägt unter dem Rumpf zwei 300-Liter-Kraftstoff-Zusatzbehälter

Die in Schleswig-Jagel von Briten in Beschlag genommenen 262 der 10./NJG 11 in Reih und Glied. Vorne sind die Zweisitzer B-1a/U1, hinten die Einsitzer A-1a zu sehen

ZY und FuG 25 A Platz. Ein besonderes Merkmal war das mit durchgehendem, mittig verschraubtem Hauptholm ausgeführte gepfeilte Tragwerk. Entlang der Flügelnase verliefen automatische Vorflügel, die das Langsamflugverhalten verbesserten und selbsttätig ausfuhren, bevor die Strömung abriss. Links und rechts der Triebwerksgondeln waren an den Tragflächenhinterkanten Landeklappen installiert. Daran anschließend verliefen bis zu den Flügelspitzen hin mit Trimmflächen ausgestattete zweiteilige Querruder. Die Flügelenden bildeten aufgesetzte Randkappen mit Positionslichtern, zudem war links das Staurohr zur Geschwindigkeitsmessung eingebaut.

Unter den Außenflächen konnten strömungsgünstig gestaltete hölzerne Träger zum Abfeuern von je zwölf ungesteuerten 55-Millimeter-R 4M-Raketen installiert werden.

Das Leitwerk war in herkömmlicher Metallbauweise ausgeführt. Die aerodynamisch ausgeglichenen Ruderflächen waren ebenfalls mit Metall beplankt und besaßen je ein Trimmruder.

Das 2,32 Meter breit stehende Hauptfahrwerk wurde nach innen in den Rumpf eingezogen und war vollends verkleidet, das ebenfalls einziehbare Bugrad war zu jener Zeit noch kaum verbreitet und sorgte für eine gute Handhabung der 262 am Boden. Fast alle Me 262 wurden von zwei Junkers Jumo 004-B-Strahltriebwerken angetrieben, die eine Schubleistung von je 900 Kilopond abgaben. Über den großen Lufteinlass wurde das Triebwerk mit Frischluft versorgt, unter der runden Verkleidung im Einlass war der Riedel-Startermotor untergebracht, ein Zweizylinder-Zweitaktmotor. Die Turbinen reagierten sehr empfindlich auf Gaswechsel und waren auch bei Anlauf der Serienproduktion noch sehr unzuverlässig. Die durchschnittliche Lebensdauer lag bei nur zehn bis 20 Stunden.

Für den Start konnten am hinteren Tankdeckel unter dem Rumpf zwei jeweils 500 Kilopond Schub erzeugende R-I-502-Startraketen installiert werden.

Jäger, »Blitzbomber« und Doppelsitzer

Als Ende 1943 Adolf Hitler die Me 262 vorgeführt wurde, verlangte dieser das Strahlflugzeug als Schnellbomber einzusetzen, was einen weiteren Entwicklungsaufwand erforderte und die Frontreife der Me 262 zusätzlich verzögerte. Doch die größte Schwierigkeit lag schlichtweg in der Unzuverlässigkeit der überaus empfindlichen Düsentriebwerke.

Neben der Schnellbomber-Version, dem »Blitzbomber«, wurde an einer Aufklärer-Variante (A-5a) sowie Schul- und

Führer- und Bordfunkerraum eines Behelfsnachtjägers Me 262 B-1a/U1

Me 262 B-1a/U1, WNr. 110 635, der 10. Staffel/Nachtjagdgeschwader 11 im Mai 1945. Lackierung: RLM 76 mit Flecken in 81/82, Unterseite RLM 22 Schwarz

Nachtjäger-Versionen (B-Muster) gearbeitet.

Ende April 1944 begannen bei Blohm & Voss die Umbauarbeiten zur zweisitzigen Me 262 B-1a, einer Schulmaschine mit Doppelsteuerung, mit der es endlich möglich werden sollte, effektive Einweisungen auf den Strahljäger durchzuführen. Um Platz für den zweiten Mann zu schaffen, reduzierte man das Fassungsvermögen des hinter dem Führersitz gelegenen 900-Liter-Tanks auf 400 und des hintersten von 600 auf 250 Liter. Zwei 300-Liter-Zusatztanks verhalfen zu mehr Treibstoff, während die Bewaffnung auf zwei MK 108 reduziert wurde. 67 Maschinen sollen derart umgebaut worden sein.

Die Serienreife der Me 262 B-2 genannten Nachtjäger-Ausführung mit etwas verlängertem Rumpf für mehr Tankvolumen lag jedoch noch weit entfernt. Um die Zeit bis zur Einsatzfähigkeit der B-2 zu überbrücken, bekam die Lufthansa-Werft in Berlin-Staaken den Auftrag, zweisitzige Schulversionen Me 262 B-1a zu Behelfsnachtjägern umzurüsten.

Der so entstandene Behelfs-Nachtjäger Me 262 B-1a/U1 war mit einem Bordfunkmessgerät FuG 218 Neptun ausgestattet, das eine Reichweite von 5000 Metern bei einem Suchwinkelbereich von 1200 Metern aufwies und vom hinten sitzenden Bordfunker bedient wurde.

Zur Erprobung der dazugehörenden Antennenanlage rüstete man Anfang 1945 die einsitzige Versuchsmaschine V056 entsprechend aus. Diese startete am 26. Januar 1945 zu ihrem Erstflug. Zusätzlich erhielt die 056 das FuG 226 Neuling.

Weiterführende Projekte – wie eine dreisitzige Nachtjäger-Version mit am Rumpf anliegenden Heinkel He S 011-Strahltriebwerken, Horizontal- und Schrägbewaffnung sowie stärker gepfeilten Flächen – wurden nicht mehr realisiert.

Der Me 262 B-1a/U1 sollte ab Mitte 1945 der serienmäßige Nachtjäger B-2 folgen

Die »Rote 8«, heute eine Museumsmaschine, auf einem RAF-Flugplatz friedlich neben einstigen Gegnern

Vom Tag- zum Nachtjäger

Ab Ende 1943 wurde die Einsatztauglichkeit der Me 262 als Jäger und Jagdbomber erprobt. Schlecht ausgebildete Flugzeugführer und technische Unzulänglichkeiten der an vielen Kinderkrankheiten, allen voran die unzuverlässigen Triebwerke, leidenden 262 machten deren Einsatz äußerst schwierig und zeitraubend – Zeit, die aufgrund der Kriegslage jedoch nicht mehr vorhanden war. Luftangriffe auf Werksanlagen und Einsatzflugplätze taten ein Übriges.

Im Herbst 1944 begannen Oberst Hajo Herrmann, der Begründer der »Wilde Sau«-Nachtjagdtaktik, und Major Otto Behrens, Typenbegleiter der »262«, in Rechlin mit der Me 262 A-1, WNr. 170 095, das Muster auf seine Nachtjagd-Tauglichkeit zu untersuchen – mit positivem Ergebnis.

Im November 1944 wurde Leutnant Kurt Welter versuchsweise die Nachtjagd mit nur wenig modifizierten Me 262

Die »Rote 8«, eine der im Mai 1945 in alliierte Hände gefallenen Me 262 B-1a/U1, hat überlebt und steht heute im Nationalmuseum für Militärgeschichte in Johannesburg Foto NJR ZA

Messerschmitt Me 262-Nachtjäger		
Messerschmitt Me 262	**A-1a**	**B-1a/U1**
Antrieb	2 x Strahlturbine Junkers Jumo 004 B	
Einsatzzweck	Jagdflugzeug	Behelfs-Nachtjäger
Besatzung	1	2
Baujahr	1944	1945
Schubleistung	2 x 900 kp	2 x 900 kp
Spannweite	12,65 m	12,65 m
Länge	10,60 m	10,60 m
Höhe	3,83 m	3,83 m
Flügelfläche	21,70 m^2	21,70 m^2
Leergewicht	3800 kg	–
Startgewicht	6775 kg	7600 kg
Höchstgeschwindigkeit	800 km/h in 0 m 870 km/h in 6000 m 845 km/h in 9000 m	– 795 km/h in 6000 m –
Marschgeschwindigkeit	825 km/h in 6000 m	–
Höchst zul. Geschwindigkeit	950 km/h in 8000 m 1000 km/h im Sturzflug	– –
Landegeschwindigkeit	175 km/h	175 km/h
Steigleistung	ca. 20 m/sec Anfangsrate ca. 10 m/sec in 6000 m 6000 m in 7 min	– – –
Startrollstrecke	ca. 920 m	–
Reichweite normal maximal	ca. 520 km in 6000 m ca. 700 km in 9000 m	– ca. 900 km
Dienstgipfelhöhe	11 800 m	11 000 m
Bewaffnung	4 x MK 108 – 30 mm mit 2 x 80 u. 2 x 100 Schuss	4 x MK 108 – 30 mm mit 2 x 80 u. 2 x 100 Schuss
Außenlasten	24 R4M-Raketen 500 kg Bomben (Rüsts.) od. 2 x 300-l-Zusatztank	– – 2 x 300-l-Zusatztank
Funkmess-Ausrüstung	keine	FuG 218

A-1a genehmigt. Geflogen wurde in Zusammenarbeit mit dem Flakführer Berlin nach dem Verfahren »Wilde Sau«, das auf Sichtkontakt beruhte (siehe auch unter »Wilde Sau«).

Am 12. Dezember 1944 erzielte Welter mit dem Abschuss einer Mosquito den ersten Luftsieg mit einem Strahljäger bei Nacht. Ergänzt durch weitere Piloten, wurde das Kommando Welter Ende Januar 1945 als 10. Staffel dem Nachtjagdgeschwader 11 zugeordnet. Weiterhin galt das besondere Interesse der »262«-Nachtjäger den schnellen britischen Mosquitos, die als Pfadfinder für die Bomber fungierten und als Nachtjäger den deutschen Kontrahenten in ihren Bf 110 und Ju 88 das Leben schwer machten. Der zum Oberleutnant beförderte Kurt Welter soll inoffiziell 35 Luftsiege mit der Me 262 erzielt haben, mindestens 20 wurden ihm zuerkannt – immer noch weit mehr als jeder andere »262«er-Pilot.

Im März 1945 wurden die ersten Behelfsnachtjäger Me 262 B-1a/U1 zugeteilt, die dem Kommando neben einsitzigen Me 262 A-1a bis Kriegsende zur Verfügung standen. Die Staffel blieb die einzige mit Düsenjägern ausgestattete Nachtjagdeinheit.

Die katastrophale Kriegslage war 1944/45 in allen Bereichen spürbar – fehlender Kraftstoff und der Mangel an Einsatzmaschinen und fähigen Flugzeugführern brachten den Flugbetrieb nach und nach zum Erliegen, so auch bei der 10./NJG 11. Zu den Me 262, die von den Alliierten erbeutet wurden, gehörten auch die verbliebenen Maschinen der 10./NJG 11. Darunter befanden sich vier Doppelsitzer B-1a/U1. Die »Rote 8« ist erhalten geblieben und steht heute im South African National Museum of Military History in Johannesburg in Südafrika.

1433 Me 262 sollen gebaut worden sein, von denen wahrscheinlich nicht einmal ein Fünftel noch zum Einsatz kam, die wenigsten davon als Nachtjäger. Umso bemerkenswerter scheinen deshalb die mit der »262« erzielten Nachtjagd-Erfolge.

Ansehnliche Front: die von den Amerikanern in Obhut genommene »Rote 6« mit »Hirschgeweih« (siehe auch Seite 152)

Propaganda-Aufnahme von zur Nachtjagd eingesetzten Bf 109 F-Jägern

Als wäre es Tag

Nachtjagdtaktik »Wilde Sau«

Zwar verlief die Entwicklung der deutschen Nachtjagd kontinuierlich unter der Verwendung von ständig verbesserter Funkmesstechnik, dennoch kam es im Sommer 1943 mit der Taktik der »Wilden Sau« zu einer außergewöhnlichen Wiederkehr der Nachtjagd auf Sicht

Allwetterjäger Fw 190 A-6/R11 mit Funkmessgerät »Neptun«

Die Luftwaffe verfügte 1939/40 über nur wenige zur Nachtjagd bereitgestellte Staffeln, die einmotorige leichte Jagdflugzeuge vom Typ Messerschmitt Bf 109 flogen. In der Nacht vom 25. auf den 26. April 1940 gelang Oberfeldwebel Hermann Förster mit dem Abschuss eines RAF-Bombers der erste Nachtjagd-Luftsieg. Die in der IV.(N)JG 2 zusammengefassten Staffeln wurden beim Aufbau der Nachtjagd in das NJG 1 eingegliedert.

Die »Wilde Sau« wird geboren

Eingeleitet mit dem Angriff auf Hamburg am 24. Juli 1943, bei dem die Briten durch den Abwurf von Aluminium-

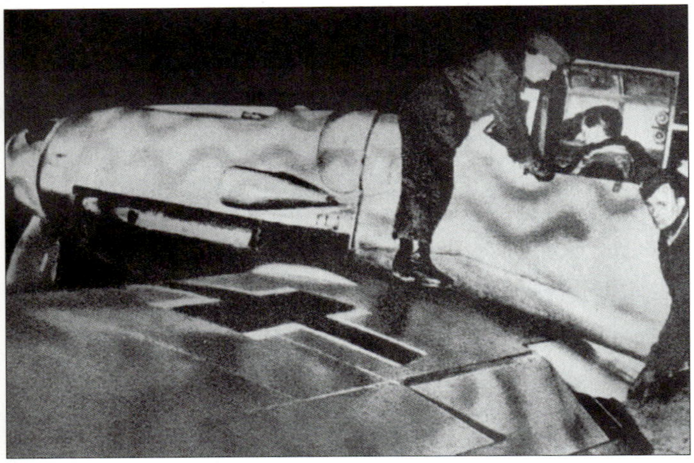

Bf 109 G des JG 300 mit angepasstem Tarnanstrich und Flammenvernichter über den Auspuffrohren

Hajo Herrmann, der Initiator der »Wilde Sau«-Taktik, flog zu Kriegsbeginn sehr erfolgreich als Bomberpilot und galt als Vertrauter des Luftwaffenoberbefehlshabers Hermann Göring

Oberleutnant Fritz Krause von der 1./NJGr.10 an seiner Fw 190 A-6, die versuchsweise mit dem Suchgerät FuG 217 (216?) »Neptun« ausgerüstet war

streifen (Düppel genannt) das deutsche Funkmessgeräte massivst störten, war die Zeit reif für die von Major Hajo Herrmann seit Ende 1942 verfolgte Nachtjagdtaktik »Wilde Sau«, einer im Grunde gesteigerten Form der hellen Nachtjagd.

Sein Plan sah den Einsatz von einmotorigen schnellen Tagjägern über größeren Städten sowie industriellen Ballungsräumen in der Nacht vor. Die Gelegenheit zum Abschuss sollte den wendigen Jagdmaschinen durch das Licht von Flakscheinwerfern und in den Städten lodernden Bränden gegeben werden. Zudem sollten von der Flak verschossene Leuchtgranaten sowie die von britischen Pfadfinder-Flugzeugen abgeworfenen Leuchtkaskaden, umgangssprachlich auch Christbäume genannt, die Silhouetten der Bomber selbst bei relativ bewölktem Himmel sichtbar werden lassen. Die Flak sollte eine vorgegebene Schusshöhe einhalten, über der die eigenen Jäger operieren könnten. Da außer im Zielgebiet Dunkelheit herrschen würde, kamen als Flugzeugführer vornehmlich Männer mit Blindflugausbildung in Frage, wie sie beispielsweise Kampfflugzeug-Piloten aufwiesen. Gewöhnliche Jagdflieger kamen daher kaum in die engere Auswahl.

Herrmann, ehemaliger Kampfflieger, war seit April 1942 beim Stab der Luftwaffe und erprobte das Verfahren erstmals über Berlin mit einer Bf 109, indem er auf eine den Feind darstellende zweimotorige Heinkel He 111 Angriffe flog. Im bald darauf folgenden Ernstfall verfehlte Major Herrmann eine in 9000 Meter Höhe über Berlin fliegende britische Mosquito.

Bemerkenswert erfolgreich

Im Juni 1943 stellte Hajo Herrmann das Versuchskommando Herrmann auf, woraus im Juli das Jagdgeschwader Herrmann und im August 1943 das JG 300 entstand. Entsprechend der forschen Einsatztaktik bekam das Kommando beziehungsweise das Geschwader den Beinahmen »Wilde Sau«. Geflogen wurden Jagdflugzeuge der Typen Messerschmitt

1939/40 waren nur wenige Jagdflugzeuge zur Nachtjagd abgestellt. Die Aufnahme zeigt Bf 109 D der IV.(N)JG 2 während des Norwegenfeldzuges im Mai 1940. Das N auf den Rümpfen weist die Maschinen als Nachtjäger aus

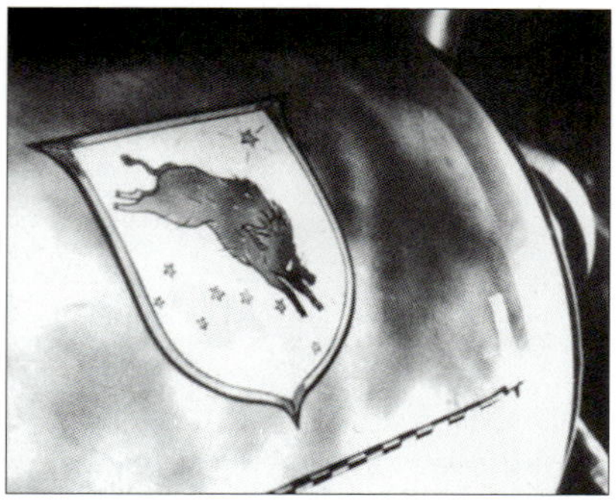

BILDER LINKS **Die »Wilde Sau«, das Emblem des JG 300, zierte die Motorhauben der Einsatzflugzeuge des JG 300**

RECHTS **Klar zeichnet sich ein viermotoriger britischer Bomber über dem hell erleuchteten Zielgebiet ab**

Bf 109 G und Focke-Wulf Fw 190 A (II. Gruppe).

Am 3./4. Juli 1943 erfolgte der erste Einsatz nach der »Wilde Sau«-Taktik, wobei im Großraum Köln während des Angriffs von 653 Feindflugzeugen zwölf britische Bomber abgeschossen werden konnten. Herrmann selbst schoss seine erste Lancaster ab.

Bemerkenswert erfolgreich zeigte sich diese Einsatzart in der Nacht vom 23. auf den 24. August 1943, als britische Bomber Berlin angriffen. Dabei gelangen den Piloten des Jagdgeschwader »Wilde Sau« unter Führung von (inzwischen) Oberstleutnant Hajo Herrmann 57 Abschüsse. Bereits am 1. September konnten weitere 47 Luftsiege gemeldet werden. Aufgrund der »Wilde Sau«-Erfolge wurden teilweise auch reguläre Nachtjäger auf diese Taktik geschult.

Mit dem weiterentwickelten Funkmessgerät FuG 220 SN 2, das die Störung durch Düppel weitestgehend ausblenden konnte, war die »Dunkle Nachtjagd« wieder mit Erfolg möglich.

Ab Ende 1943 flog das JG 300 sowie die nachfolgend aufgestellten JG 301 und 302 (30. Jagd-Division) auch wegen oftmals schlechter Wetterverhältnisse und daraus resultierenden Unfällen nur noch vereinzelt Nachteinsätze. In der Folge kamen die drei Jagdgeschwader überwiegend in der Reichsverteidigung bei Tag zum Einsatz.

Nachtjagdgruppe 10 und 10./NJG 11

Eine weitere Einheit, die das Verfahren der »Wilde Sau« anwendete, war die aus der I./JG 300 entstandene 1. Staffel der Anfang 1944 aufgestellten NJGr. 10, die Bf 109 G und Fw 190 A flog. Die Maschinen wurden im Frühjahr 1944 versuchsweise mit unterschiedlichen Funkmessgeräten des Typs »Neptun« ausgerüstet.

Versuchsweise wurde Leutnant Kurt Welter im November 1944 die Nachtjagd mit nur wenig modifizierten Me 262 A-1a genehmigt. Die Einsätze erfolgten in Zusammenarbeit mit dem Flakführer Berlin nach der »Wilde Sau«-Taktik.

Mit dem Abschuss einer Mosquito am 12. Dezember 1944 erzielte Welter den ersten Luftsieg mit einem Strahljäger bei Nacht. Durch weitere Piloten ergänzt, wurde das Kommando Welter Ende Januar 1945 als 10. Staffel dem Nachtjagdgeschwader 11 untergeordnet. ◀

UNTEN **Die von Major Hajo Herrmann als Kommodore des JG 300 1943 geflogene Focke-Wulf Fw 190 A-6**

Erlebte nur noch das Projektstadium: Nachtjäger Arado Ar 234 P-5 mit weit hinten angeordnetem Funkmessraum, Anfang 1945

Nicht oder kaum mehr geflogene Nachtjäger

Nachtjäger-Projekte

Ab 1940 wurde die Nachtjagd zu einer festen Größe in der deutschen Luftwaffe. In der Folgezeit wurden zahlreiche für diesen Einsatzzweck infrage kommende Flugzeugtypen als Nachtjäger geplant, einige gingen den Weg bis zur Frontreife, viele blieben jedoch aus unterschiedlichen Gründen Einzelstücke oder im Projektstadium stecken

Gerade die deutsche Flugzeugindustrie in Verbindung mit dem Reichsluftfahrtministerium als tonangebendem Auftraggeber brachte bis 1945 eine Unmenge von Entwürfen und Projekten heraus. Darunter auch solche, die den Einsatzzweck Nachtjagd zum Ziel hatten. Die vielleicht wichtigsten darunter werden nachfolgend kurz beschrieben – allesamt kamen als Nachtjäger nicht in die Serienfertigung und gelangten entsprechend auch nicht oder kaum zum Einsatz.

Als weiterentwickelte Me 210 kam die stark verbesserte Me 410, hier in der Version A-1, zwar als Nachtjäger infrage, umgesetzt wurde dies jedoch nicht

Messerschmitt Me 210/410

Wie vom Vorgängermodell Bf 110 sollte auch von der Me 210 eine Nachtjagd-Variante entstehen, wozu es jedoch aufgrund der ruinösen Entwicklungsgeschichte dieses Typs deutscherseits nicht kam. Eine eigenständige Nachtjägerversion der Me 210 war mit ungarischer Funkmesstechnik ausgerüstet. Die Maschinen boten einem dritten Besatzungsmitglied Platz und wurden von ungarischen Piloten geflogen. Auch die stark verbesserte Me 410 projektierte man als Nachtjäger. So sollte die Version C-2 mit verbessertem Tragwerk, Daimler-Benz DB 603 V-12-Reihenmotoren sowie FuG 202 oder 212 ausgestattet werden. Alternativ waren BMW 801-Doppelsternmotoren oder Jumo 213-Aggregate vorgesehen. Die Angriffsbewaffnung sollte aus sechs schweren Maschi-

Mit der Ar 240/440 entwickelte Arado ein vielversprechendes Mehrzweck-Kampfflugzeug, von dem auch eine Nachtjäger-Variante vorgesehen war – im Bild die Ar 240 V3, die noch 1940 erstmals flog

nengewehren beziehungsweise Kanonen bestehen.

Arado Ar 240/440

Schon am 25. Juni 1940 startete die Arado Ar 240 V1 zu ihrem Erstflug. Als Nachfolgemodell der Bf 110 und Konkurrenz-Entwicklung zur Me 210 zeigte das Flugzeug nach diversen Umbauten gute Leistungen. Der schwere Jäger stellte eine äußerst moderne und innovative Konstruktion dar.

So verfügte die Ar 240 über eine Druckkabine mit beheizbaren Scheiben, die hervorragende Sichtverhältnisse bot. Zudem wartete sie dank des Arado-Landeflügels (Fowlerklappenprinzip) mit guten Langsamflugeigenschaften auf. Die beiden rückwärtigen Abwehrstände wurden ferngesteuert über ein Periskop vom Funker betätigt.

Neben den Varianten als Aufklärer, Schnellkämpfer (schneller Bomber), Höhenjäger sowie schwerer Jäger war als Ar 240 C-2 auch eine Nachtjäger-Version beabsichtigt.

Die Beurteilung bei der Truppe, wo die 240 ab Herbst 1942 als Aufklärer flog, fiel insgesamt recht gut aus. Nicht wenige Zerstörer-Piloten, die die Me 210 und 410 flogen, wünschten sich die Ar 240 als Einsatzflugzeug.

Im November 1942 kam zu Chefkonstrukteur Walter Blumes großer Enttäuschung erneut das Aus für Arados Zerstörer und die Streichung aller Fertigungsvorhaben.

Letztlich blieb es bei nur wenigen gebauten Exemplaren dieses Hochleistungs-Kampfflugzeuges, dessen Entwicklung in der bis zu 740 km/h (Notleistung) schnellen und den Konkurrenz-Mustern Ju 88 und He 219 überlegenen Ar 440 mit DB 603 G-Motoren gipfelte. Eine Nachtjagdausführung blieb Projekt und kam nicht zur Ausführung.

Junkers Ju 188 und 388

Im Sommer 1944 wurden drei mit BMW 801-Motoren ausgestattete Ju 188 E zu Nachtjägern Ju 188 R modifiziert, die jedoch nicht überzeugen konnten und sich zudem der Konkurrenz He 219 als unterlegen zeigten.

Auf Basis der nochmals modifizierten Ju 188 J führte die Entwicklung zur Ju 388 J, die als Allwetter- und Nachtjäger insbesondere für die Höhenjagd gegen modernste US-Bomber sowie die schnellen britischen Mosquitos ausgelegt wurde.

Wie die Ju-88-Nachtjäger erhielt auch die Ju 388 J einen gepanzerten Metallbug. Die Windschutzscheiben bestanden aus beheizbarem Panzerglas.

Die erste Ausführung J-1 verfügte über zwei 20-Millimeter-MG 151/20 und zwei 30-Millimeter-MK 108 sowie zwei weitere KM 108 in nach vorne oben feuernder Position als Schrägbewaffnung (70 Grad). Als Funkmess-Ausrüstung

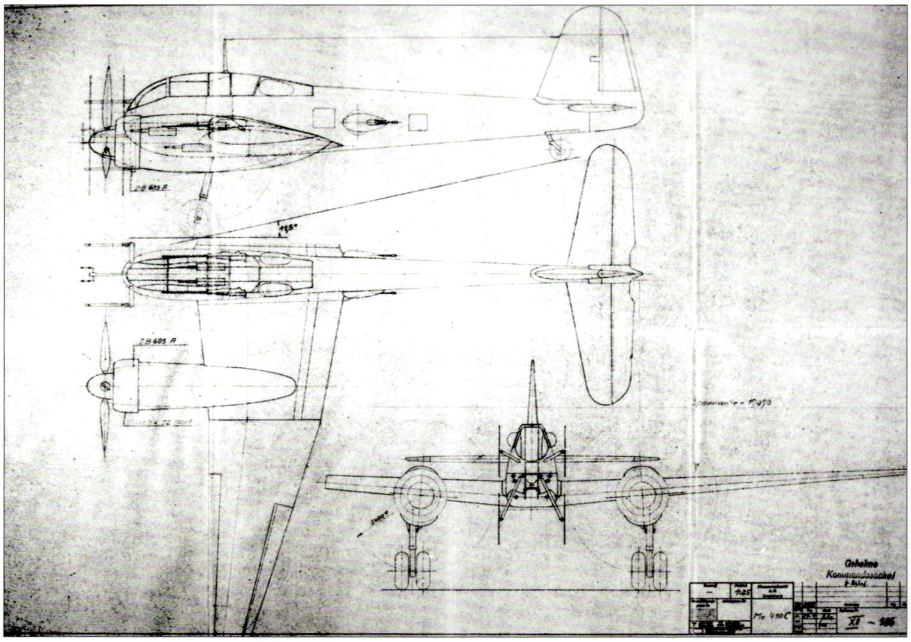

Nachtjäger-Projekt Me 410 C mit neuen Flächen, stärkeren Motoren und Funkmesstechnik

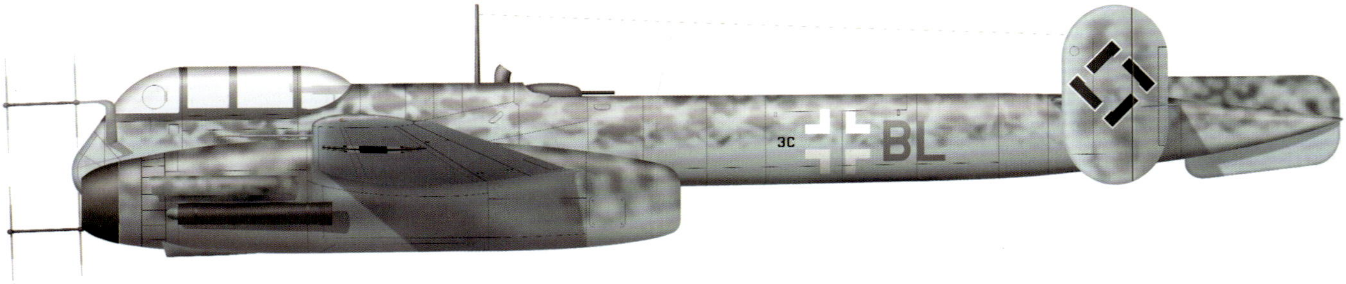

So hätte die Ar 240 als Nachtjäger aussehen können

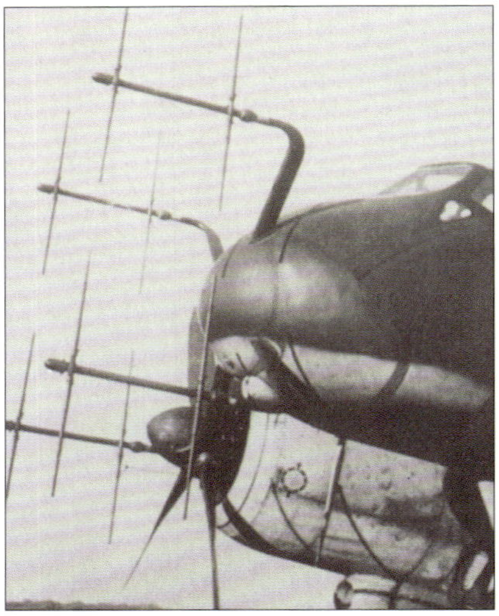

war das FuG 220 SN 2 installiert. Den Antrieb des ersten Versuchsflugzeuges übernahmen zwei Doppelsternmotoren BMW 801 G mit je 1730 PS.

Die Ju 388 J-2 unterschied sich durch den Einbau von Jumo 222 V-12-Reihenmotoren von der J-1. Die Höchstgeschwindigkeit stieg gegenüber der J-1 um rund 35 km/h auf etwa 625 km/h. Die Reichweite betrug je nach Ausführung zwischen 1850 und 2570 Kilometer, das Rüstgewicht stieg auf bis zu 11 565 Kilogramm bei einer Startmasse von maximal 14 690 Kilogramm.

Die J-3 verfügte über Jumo 213-Aggregate mit je 1870 PS und die verbesserte Funkmessanlage FuG 228 SN 3, die innerhalb einer hölzernen Bugnase untergebracht war.

Eine Serienproduktion der Ju 388 J erfolgte nicht mehr, es wurden nur noch einzelne Exemplare gefertigt.

Arado Ar 234

Erste Versuche bei Arado, den zweistrahligen Bomber und Aufklärer Ar 234 B-2 auch als Nachtjäger zu nutzen, liefen 1944/45 mit ein paar als Ar 234 B-2/N Nachtigall bezeichneten Behelfsnachtjägern, die mit zwei MG 151/20 unter dem Rumpf bewaffnet und funkmesstechnisch mit FuG 218 Neptun ausgerüstet

LINKS **Die Antennenanlage des FuG 220 SN 2 am gepanzerten Bug der Ju 388 V2**

UNTEN **Versuchsflugzeug (V2) für die geplante Nachtjäger-Serie Junkers Ju 388 J**

Der Bug einer mit Funkmesstechnik ausgestatteten Ar 234 B, die im Einsatz erprobt wurde

Nachtjäger-Projekte

Typ	Ju 388 J-1	Ar 234 P-5
Einsatzzweck	Nachtjäger	Nachtjäger
Besatzung	4	2
Antrieb	2 x BMW-801-G-14-Zylinder-Doppelsternmotor	4 x Heinkel-HeS-011A-Strahltriebwerk
Maximalleistung	2 x 1730 PS	4 x 1300 kg Standschub Starthilferaketen möglich
Länge	14,87 m ohne Funkmess-Ausrüstung	–
Spannweite	22,00 m	–
Höhe	4,35 m	–
Flügelfläche	56 m²	—
Rüstgewicht	10 230 kg	–
Startgewicht	13 270 kg	10 400 kg 10 700 kg mit Starthilfe
Höchstgeschwindigkeit	590 km/h in 11 500 m	–
Marschgeschwindigkeit	540 km/h	–
Steigleistung	380 m/min Anfangssteigleistung 8000 m in 21 min 11 000 m in 34,5 min	–
Dienstgipfelhöhe	12 850 m	–
Reichweite	2200 km in 11 000 m	–
Flugdauer ca.	3,0 h bei max. Dauerleistung 4,45 h bei max. Sparleistung	–
Bewaffnung	2 x MG 151/20 (20 mm) mit je 180 Schuss 2 x MK 108 (30 mm) mit je 110 Schuss 2 x MG 151/20 mit je 200 Schuss als Schrägbewaffnung 2 x MG 131 (13 mm) im Heckstand	1 x MG 151/20 (20 mm) mit 250 Schuss 2 x MK 108 (30 mm) mit je 100 Schuss 2 x MK 108 als Schrägbewaffnung möglich
Funkmess-Ausrüstung	FuG 220 SN 2 FuG 350 Naxos	FuG 245 Bremen

waren. Der Funker saß in einer kleinen Kabine hinter dem zweiten Tank entgegen der Flugrichtung.

Im Rahmen des im Dezember 1944 in Oranienburg aufgestellten Sonderkommandos Bisping (Erprobungskommando 234 bei der 3./Versuchsverband OKL) wurden im Raum Berlin Nachtjagd-Einsätze geflogen.

In der Nacht vom 13. auf den 14. Februar 1945 stürzten Hauptmann Joseph Bisping und sein Bordfunker Hauptmann Vogel mit der Ar 234 B-2/N, WNr. 140 145, tödlich ab – wahrscheinlich während des Landevorgangs, als plötzlich die Landebahnbeleuchtung ausfiel. Das Kommando wurde anschließend von Major Kurt Bonow geführt und im April 1945 aufgelöst. Ob es dabei zu Abschüssen kam, ist unklar. Ein großes Manko der Ar 234 lag in den durch die runde Kabinenverglasung hervorgerufenen, teils extrem verwirrenden Spiegelungen.

Auch aus der von vier BMW 003A-1-Düsentriebwerken angetriebenen C-Reihe sollten Nachtjäger-Ausführungen entstehen. Geplant war, die doppelsitzige C-3/N mit zwei MG 151/20 und zwei MK 108 sowie einem FuG 218 Neptun auszurüsten. Für die Version C-7 war das FuG 245 Bremen (30 GHz) angedacht.

Die Einsatzerfahrungen mit den Behelfsnachtjägern B-2/N schlugen sich beim Entwurf des für die Serienfertigung vorgesehenen Nachtjägers Ar 234 P-5 mit vier Heinkel-HeS-011A-Strahlturbinen nieder. Die P-5 bekam einen geschlossenen Bug, und der Funker/Navigator wurde wieder im hinteren Teil des Rumpfes untergebracht. Neben zwei nach vorne schießenden MG 151/20 waren zwei MK 108 als schräg nach oben feuernde Bewaffnung (sogenannte »Schräge Musik«) geplant. Außerdem sollte die Ar 234 P-5 mit modernster Funkmesstechnik ausgestattet werden. Zur Vergrößerung der Reichweite sah man einen 600 Liter fassenden Zusatztank unter dem Rumpf vor.

Abgesehen von der Me 163 mit Raketenantrieb war die vierstrahlige Arado Ar 234 C das damals schnellste Serienflugzeug der Welt und eines der fortschrittlichsten jener Zeit. Mit den Strahlflugzeugen Ar 234 und Me 262 hatte auch in der Nachtjagd eine neue Ära begonnen.

Die am 27. November 1944 erstmals geflogene Ar 234 V21 mit stark überarbeiteter Kabine für zwei nebeneinander sitzende Besatzungsmitglieder war das Musterflugzeug für die C-3-Serie, aus der auch eine Nachtjäger-Variante abgeleitet werden sollte. Dies hätte jedoch die Umgestaltung der Kabinenverglasung nötig gemacht, da diese im Inneren zu extremen Spiegelungen neigte

Schwarz lackierte Bf 110 C-Nachtjäger der III./NJG 4 im Frühjahr 1942

Kurzchroniken

Nachtjagdgeschwader

Mit der Gründung der 1. Nachtjagddivision im Juli 1940 begann auch die Aufstellung des ersten deutschen Nachtjagdgeschwaders und der Aufbau einer effektiven Abwehr gegen im Schutze der Nacht angreifende Feindflugzeuge. Eine Entwicklung, die der Oberbefehlshaber der Luftwaffe, Hermann Göring, 1939 noch ganz anders prophezeite: »Nachtjagd, es wird nie dazu kommen!«

Nachtjagdgeschwader 1

Ursprünglich das Emblem der 1./ZG 1, wurde der herabstürzende Adler zum Zeichen der Nachtjagdgeschwader

Das NJG 1 wurde am 26. Juni 1940 als erstes Nachtjagdgeschwader der Luftwaffe aufgestellt. Der Geschwaderstab lag in Deelen, nordnordwestlich von Arnheim in den besetzten Niederlanden. Das NJG 1 erzielte am 20. Juli 1940 den ersten Abschuss der geführten, sowie den ersten Abschuss in der hellen Nachtjagd. Fast alle berühmten Nachtjagdflieger gingen aus dem NJG 1 hervor.

Als besonderer Einsatz ist die Teilnahme am Unternehmen Cerberus zu bemerken, bei welcher das Geschwader Luftunterstützung flog. Die deutschen Schlachtschiffe Scharnhorst und Gneisenau sowie der schwere Kreuzer Prinz Eugen durchbrachen vom 11. bis 13. Februar 1942 den Ärmelkanal und kehrten von Brest nach Deutschland zurück. Es war dies der erste gelungene Durchbruch einer feindlichen Flotte seit Jahrhunderten. Die Luftwaffe, und somit auch das NJG 1, hatte daran einen nicht zu unterschätzenden Anteil.

Im ersten Halbjahr 1943 erlitt das Geschwader in Tageseinsätzen gegen die US Air Force große Verluste. Gegen Ende des Krieges wurden die Nachtjäger zunehmend zu Nachtschlachteinsätzen herangezogen, um die schwer ringenden Bodentruppen zu entlasten. Zudem wurden Nachtangriffe auf die Nachschublinien des Gegners geflogen.

Hauptsächlich geflogene Flugzeugtypen: *Bf 109 D und E, Do 17 Z, Do 215 B-5, Do 217 J und N, verschiedene Bf 110, Ju 88 sowie einige He 219.*

Nachtjagdgeschwader 2

Das Nachtjagdgeschwader 2 wurde am 1. September 1940 in Gilze Rijen, in den besetzten Niederlanden, für die Fernnachtjagd aufgestellt. Zunächst bestand nur eine Gruppe, die I./NJG 2, ohne Geschwaderstab. Das Geschwader flog Fernnachtjagdeinsätze über dem Kanal und der Nordsee, sowie auch an der englischen Küste und konnte außergewöhnliche Erfolge erzielen, bis im Oktober 1941 auf Befehl Hitlers die Fernnachtjagd eingestellt wurde.

Ende 1940 wurde eine 4. Staffel aufgestellt und der I. Gruppe angegliedert. Erst im November 1941 wurden ein Geschwaderstab und eine II. Gruppe errichtet. Letztere flog Nachtjagd im Himmelbett-Verfahren und wurde zu einer der erfolgreichsten Nachtjagdgruppen der Luftwaffe. Die I. Gruppe war von November 1941 bis August 1942 vom Geschwader getrennt und im Mittelmeerraum über Malta und in der Geleitsicherung eingesetzt. Teile wurden auch in Kreta und Nordafrika eingesetzt. Im März 1942 wurde in Gilze Rijen eine III. Gruppe aufgestellt, die im Sommer 1942, nach Abgabe der II. Gruppe an das NJG 1, in II./NJG 2 umbenannt wurde.

Im November 1942 verlegten der Geschwaderstab und die I. Gruppe nach Sizilien. Die II. Gruppe folgte im Februar 1943. Von Sizilien, und ab Juni von Mittelitalien aus, flog das Geschwader Nachtjagd, Geleitsicherung und U-Boot-Jagd über dem Mittelmeer. Nach der Rückkehr nach Deutschland Ende Juli 1943, wurde das Geschwader in Neubrandenburg und Parchim personell und materiell aufgefrischt und neu ausgerüstet. Auch wurde eine neue III. Gruppe formiert (ehem. V./NJG 6), die Ende 1944 mit der IV./NJG 3 getauscht wird. Kurz nach Beginn der Invasion in der Normandie verlegten der Geschwaderstab und die I. und II. Gruppe auf Plätze in Frankreich und kehrten erst im September zurück nach Deutschland. Im Oktober erhielt das Geschwader eine IV. Gruppe (ehem. I./NJG 7), außerdem wurde die III. Gruppe mit der IV./NJG 3 getauscht. Die IV. Gruppe wurde im Februar 1945 wieder abgegeben (zur Bildung der Nachtschlachtgruppe 30 verwendet). Gegen Kriegsende lösten sich der Geschwaderstab, die I. und III. Gruppe in Schleswig auf. Die II. Gruppe flog von Pocking aus noch bis Kriegsende Einsätze und kapitulierte am 10. Mai im bayerisch-böhmischen Grenzgebiet vor US-Truppen.

Bei der Umgliederung der Nachtjagdgeschwader im März 1945 blieb das NJG 2 als einziges Nachtjagdgeschwader mit drei Einsatzgruppen bestehen. Es war zudem dasjenige mit dem breitesten Einsatzspektrum – von der Fernnachtjagd über Nachtjagd, Geleitzugsicherung, U-Bootjagd und Nachtschlachteinsätzen wieder zur Fernnachtjagd.

Emblem der 1./NJG 3

Besonders seien hier, neben dem Einsatz beim Kanaldurchbruch deutscher Schlachtschiffe im Februar 1942 (s. a. NJG 1), die Fernnachtjagdeinsätze über England im März 1945 erwähnt (Unternehmen »Gisela«), bei welchem das Geschwader noch einmal einen großen Erfolg erzielte.

Hauptsächlich geflogene Flugzeugtypen:
Bf 110 in verschiedenen Versionen, einige Do 215 B-5, Ju 88 verschiedener Ausführungen

Nachtjagdgeschwader 3

Aufgestellt im Oktober 1940 mit zunächst nur einer Gruppe (I./NJG 3) durch Umbenennung der V. Gruppe (Zerstörer) Lehrgeschwader 1. Die 1. Staffel verlegte im Februar 1941 in den Mittelmeerraum, wo sie bis Oktober 1941 eingesetzt blieb. Erst im September 1941 wurden der Geschwaderstab und die II. Gruppe gebildet. Letztere durch Umbenennung der Zerstörer-Ergänzungsgruppe und der 4./ZG 2. Der neuaufgestellte Geschwaderstab wurde im November an das NJG 4 abgegeben, dafür wurde der Stab des Zerstörer-Geschwaders 26 zugeführt und umbenannt. Im selben Monat wurde dem Geschwader auch die II./ZG 76 zugeteilt, die in III./NJG 3 umbenannt wurde. Im Februar und März 1942 war die 2. Staffel an der Ostfront im Einsatz. Die IV. Gruppe wurde im November 1942 aufgestellt. Im Herbst wurde dem Geschwader die Luftbeobachterstaffel 2 unterstellt, die im Sommer 1944 in der IV. Gruppe aufging und aufgelöst wurde. Ende 1944 wurde die IV. Gruppe mit der III./NJG 2 getauscht. Die II. Gruppe schied am 25.02.1945 aus dem Geschwaderverband aus (wurde zur Bildung der NSGr. 30 verwendet). Ende März 1945 wurde das Geschwader auf einen Gruppenstab (II.) und drei Einsatz-Staffeln reduziert (1., 7. u. 10.). Zudem bestand die Stabsstaffel. Die Reste kapitulieren im Raum Schleswig-Holstein/Dänemark.

Hauptsächlich geflogene Flugzeugtypen:
Bf 110 in diversen Ausführungen, Do 217 J und N sowie verschiedene Ju 88.

Josef Kammhuber, der Kommandeur der 1. Nachtjagddivision, organisierte die Nachtjagd in Form der »Kammhuber-Linie«, einer Kette von Radarstationen mit sich überschneidenden Überwachungszonen von Dänemark bis nach Frankreich hinein

Nachtjagdgeschwader 4

Die für Ende 1941 geplante Aufstellung des Geschwaders aus Stab sowie Teilen der I. und II. Gruppe des von der Ostfront abgezogenen Zerstörergeschwaders 26 wurde nicht im ursprünglich vorgesehenen Zeitrahmen realisiert. Zudem wurde der Geschwaderstab des ZG 26 im November 1941 an das in Aufstellung befindliche NJG 3 abgegeben. Dafür kam im selben Monat der Geschwaderstab des NJG 3 (eine Neuaufstellung) zum NJG 4. Die drei Gruppen wurden im Laufe des Jahres 1942 aus Einzelstaffeln bestehender Geschwader und Neuaufstellungen formiert, die IV. Gruppe um die Jahreswende 1942/43 aus Abgaben des Geschwaders und Neuaufstellungen. Im August 1944 wurde die IV. Gruppe an das NJG 6 abgegeben (wurde I./NJG 6) und nicht wieder aufgestellt. Am 30. März 1945 wurde das Geschwader auf einen Stab und drei Staffeln reduziert (1., 4., 7. Staffel).

Besonders hervorzuheben sind die Allwetter-Nachtschlachteinsätze gegen den sich abzeichnenden Durchbruch der Westalliierten bei Avranches im Sommer 1944 an der Invasionsfront sowie später auf Nimwegen (Niederlande), die Fernnachtjagdeinsätze gegen England sowie die Zerstörung der feindlichen Pontonbrücken bei Wesel im Frühjahr 1945.

Hauptsächlich geflogene Flugzeugtypen: *Bf 110 in diversen Ausführungen, Do 217 J und N sowie verschiedene Ju 88.*

Die ehemaligen Zerstörer-Piloten Hauptmann Werner Streib (links), der am 20. Juli 1940 den ersten Abschuss in der hellen Nachtjagd erzielte, und Major Wolfgang Falck, der erste Kommodore des NJG 1

Nachtjagdgeschwader 5

Aufgestellt ab September 1942 in Döberitz (Stab) mit drei Gruppen (I. im September 1942 in Stendal, II. im Dezember 1942 in Parchim und IV.(Eis.) im Dezember 1942 in Leipheim und Lechfeld). Die IV. Gruppe war für Sondereinsätze gegen Eisenbahnziele ausgebildet. Erst im April 1943 wurde in Neuruppin die III. Gruppe errichtet. Anfang August 1943 wurden der Gruppenstab der IV. Gruppe und die 10. Staffel zur Aufstellung der I./NJG 100 abgegeben (wurden Stab I. und 1./NJG 100) und durch Neuaufstellungen sofort ersetzt. Für Einsätze an der Ostfront wurde Mitte August 1943 in Insterburg eine V. Gruppe formiert (Neuaufstellung). Im Herbst 1943 wurde in Neuruppin die Luftbeobachterstaffel 1 dem Geschwader angegliedert. Die II. Gruppe schied am 10. Mai 1944 aus dem Geschwaderverband aus (wurde III./NJG 6) und wurde durch die V. Gruppe ersetzt. Im Sommer 1944 bildete das Geschwader ein Sonderkommando, welches von Stubendorf O/S aus Versorgungsflüge der Westalliierten zu den Partisanen im Generalgouvernement und der Ukraine bekämpfte. Am 30. März wurde das Geschwader auf den Stab und vier Staffeln reduziert (1., 4., 7., 10. Staffel). Besonders erwähnenswert sind die Einsätze des Geschwaders an der Westfront im Sommer 1944 (Invasion) und im Dezember 1944 (Ardennenoffensive), die Schlachtfliegereinsätze am Tage an der Ostfront Anfang des Jahres 1945 (Generalgouvernement, Schlesien und Ostpreußen) sowie die Nachtschlachteinsätze im Raum Berlin im März/April 1945.

Hauptsächlich geflogene Flugzeugtypen: *Beim Stab wurden bis Herbst 1943 Bf 110 und Ju 88 in verschiedenen Versionen geflogen, bis Herbst 1944 nur Bf 110 G-4 und bis Kriegsende Ju 88 in den bekannten Nachtjägerversionen.*

Nachtjagdgeschwader 6

Das Geschwader wurde im Sommer 1943 aufgestellt. Die I. Gruppe entstand in Mainz-Finthen durch Umbenennung der IV./Nachtjagdgeschwader 4, die II. (Neuburg/Donau), IV. (Otopeni und Zilistea/Rumänien) und V. Gruppe (Stuttgart-Nellingen) waren Neuaufstellungen, wobei die V. Gruppe bereits im Juli 1943 in III./NJG 2 umbenannt wurde. Erst am 15.09.1943 wurde in Schleißheim der Geschwaderstab formiert. Eine III. Gruppe entstand erst im Mai 1944 durch Umbenennung der II./NJG 5.

Ende 1943 stellte das Geschwader einen Nachtaufklärer-Schwarm auf. Dieser wurde im Februar 1944 zu einer Nacht- und Tagaufklärerstaffel erweitert und erhielt die Bezeichnung Luftbeobachterstaffel 7. Diese wurde im Juli 1944 aber wieder aufgelöst und in einzelne Führungsschwärme aufgeteilt, die den Gruppen zugeteilt wurden.

Die Verluste an erfahrenen Besatzungen in den Tag-Einsätzen gegen die US-Bomber im Januar 1944 waren so hoch, dass Besatzungen mit mehr als zehn bestätigten Nachtabschüssen für solche Einsätze gesperrt werden mussten, damit die Gruppen nicht ganz ausbluteten.

Im März und April 1944 erzielten die beiden in der Reichsverteidigung eingesetzten Gruppen mit 16 (30.03.) und 14 (27.04.) Abschüssen bemerkenswerte Erfolge. Im Mai verlegte die II. Gruppe nach Italien (Ghedi), kehrte aber bereits im Juni 1944 nach Echterdingen zurück, weil die III. Gruppe zur 8. Jagd-Division nach Ungarn detachiert wurde. Letztgenannte wurde dort bis Oktober hauptsächlich zur Abwehr anglo-amerikanischer Agenten- und Versorgungsflugzeuge eingesetzt.

Mit dem Verlust Rumäniens wurde auch die IV. Gruppe zurück ins Reich beordert. Unter teilweise abenteuerlichen Umständen und durch verlustreiche Aktionen dezimiert – das Nachtkommando wurde infanteristisch eingesetzt und hatte viele Tote und Vermisste zu beklagen – sammelten sich die Reste in Leipheim. Auch die III. Gruppe wurde im Oktober von der Ostfront abgezogen und ins Reich verlegt.

Das Geschwader, nun mit all seinen vier Gruppen in der Reichverteidigung eingesetzt, erzielte bis zur Reduzierung auf einen Gruppenstab und vier Staffeln am 30. März noch einmal herausragende Erfolge: 14. Abschüsse am 23. Februar, 16. Abschüsse am 14. März und zwei Tage später sogar 20 Abschüsse.

Besonders erwähnenswert sind der Tageinsatz beim Angriff auf Schweinfurt am 14. Oktober 1943, die aufreibenden Einsätze bei der Abwehr der britischen Nachtangriffe auf Berlin 1943 sowie Ende des Jahres 1944 die Nachtschlachteinsätze an der Westfront.

Hauptsächlich geflogene Flugzeugtypen: *Bf 110 und Ju 88 in verschiedenen Nachtjagdversionen.*

Nachtjagdgeschwader 7

Aufgestellt im Februar 1944 in Münster-Handorf durch Umbenennung der III. Gruppe/Kampfgeschwader 3 (Stab III./KG 3 wurde der Stab I./NJG 7, 7. – 9./KG 3 wurden 1. – 3./NJG 7). Das Geschwader bestand nur aus der I. Gruppe. Ein Geschwaderstab wurde nicht errichtet. Im Oktober 1944 wurde die Nachtjagdgruppe 7, wie das Geschwader auch genannt wurde, umbenannt in IV./NJG 2 und damit aufgelöst (nach einer anderen Quelle erfolgte die Umbenennung bereits im August).

Die Anfang Juni 1944 in Brieg O/S aus der 12./KG 51 aufgestellte 4. (Ergänzungsstaffel)/NJG 7 ging im November in der Schulstaffel des NJG 3 auf.

Hauptsächlich geflogene Flugzeugtypen: *Ausschließlich Ju 88. Zunächst Ju 88 A-4, dann, nach Umschulung im Mai/Juni, Ju 88 G-1.*

Dem Haifischmaul nach ehemals der II. Gruppe des ZG 76 zugehörig, flog diese Bf 110 E nun bei der III./NJG 3

Nachtjagdgeschwader 11

Aufgestellt im August 1944 in Lippstadt beziehungsweise Bonn-Hangelar, zunächst als Gruppe (I.) mit zwei Staffeln (1. und 2.). Im Oktober wurde eine 3. Staffel formiert, im Dezember in Jüterbog-Waldlager eine II. Gruppe aus einer Staffel des NJG 300 als Stamm gebildet. Mitte Januar wurde aus Abgaben der I. Gruppe sowie der Ergänzungs-Nachtjagdgruppe die III. Gruppe aufgestellt. Anfang Februar 1945 wurde schließlich in Burg bei Magdeburg aus dem Sonderkommando Welter eine 10. Staffel formiert, die mit Messerschmitt Me 262 ausgestattet war. Diese war truppendienstlich der II. Gruppe unterstellt. Ein Geschwaderstab existierte nicht, die Gruppen waren als selbstständige Nachtjagdgruppen der 1., 2., 3. und 7. Jagd-Division unterstellt und von diesen geführt. Nach Reduzierung der Gruppen auf Staffeln am 31. März 1945 wurden diese (2., 4., 7.) den Nachtjagdgeschwadern 3 und 5 zugewiesen und unterstellt (nach einer anderen Quelle die 2. Staffel dem NJG 6, die 7. Staffel dem NJG 2). In den letzten Wochen des Krieges flogen die Staffeln meist Schlachtfliegereinsätze bei Schlechtwetter sowie nachts.

10. Staffel

Aufgestellt Ende Januar 1945 in Burg bei Magdeburg aus dem Sonderkommando Welter (auch Einsatzkommando Welter genannt). Die Staffel war mit Messerschmitt Me 262 A-1a Düsenjägern ausgestattet und unterstand truppendienstlich der II. Gruppe. Sie wurde speziell zur Bekämpfung der schnellen britischen Mosquito eingesetzt.

Hauptsächlich geflogene Flugzeugtypen: *Bf 109 G- und K-Typen, die I. Gruppe auch Fw 190 A-Typen, die 10. Staffel flog Me 262 A-1a und B-1a*

LINKS **Eine frühe Bf 110 während der Nachtjägerschulung im August 1943**
Foto: Scherzers Militaer-Verlag

UNTEN **Ju 88 G wird zum nächsten Einsatz vorbereitet.** Foto: Scherzers Militaer-Verlag

Nachtjagdgeschwader 200

Mitte August 1943 wurden die an der Ostfront selbstständig operierenden Nachtjagdschwärme der Luftflotten zum Nachtjagdgeschwader 200 zusammengefasst. Ursprünglich waren wohl drei Gruppen geplant, von welchen jedoch nur die 1., 4., 5., 7. und 8. Staffel aufgestellt wurden. Gruppenstäbe schienen ebenso wenig aufgestellt worden zu sein wie ein Geschwaderstab.

Die 4. Staffel wurde in Neuburg an der Donau formiert und meist für Versuche der Erprobungsstelle der Luftwaffe in Rechlin verwendet. Geübt und getestet wurde das sogenannte Y-Verfahren. Die 7. und 8. Staffel wurden bereits im Dezember 1943 wieder aufgelöst.

Hauptsächlich geflogene Flugzeugtypen:
Zunächst werden ausschließlich Bf 110 in diversen Versionen, Anfang 1944 auch einige Ju 88 C-6. Im April 1944 umgeschult und komplett neu ausgestattet mit Do 217.

Eine Ju 88-Besatzung mit einem der unermüdlich an der Einsatzbereitschaft der Maschinen arbeitenden Mechaniker 1944

Foto: Scherzers Militaer-Verlag

Nachtjagdgeschwader 100

Das NJG 100 bestand zunächst nur aus einer selbstständigen Gruppe (I.). Ein Geschwaderstab wurde vorerst nicht errichtet. Die Gruppe wurde im August 1943 in Brjansk (Sowjetunion) aus Teilen der IV. Gruppe/Nachtjagdgeschwader 5 und Abgaben des Zerstörergeschwaders 1 formiert. Im Dezember kam eine 4. Staffel hinzu. Erst im Mai 1944 wurden die 5. und 6. Staffel aufgestellt. Im Juni trat in Nisch (Serbien) der Stab zusammen, gebildet aus Abgaben des NJG 200.

Hauptsächlich geflogene Flugzeugtypen:
Ju 88 in verschiedenen Versionen, bis Mai 1944 einige Bf 110 sowie Do 217 N und J, danach vereinzelt Fw 189 A.

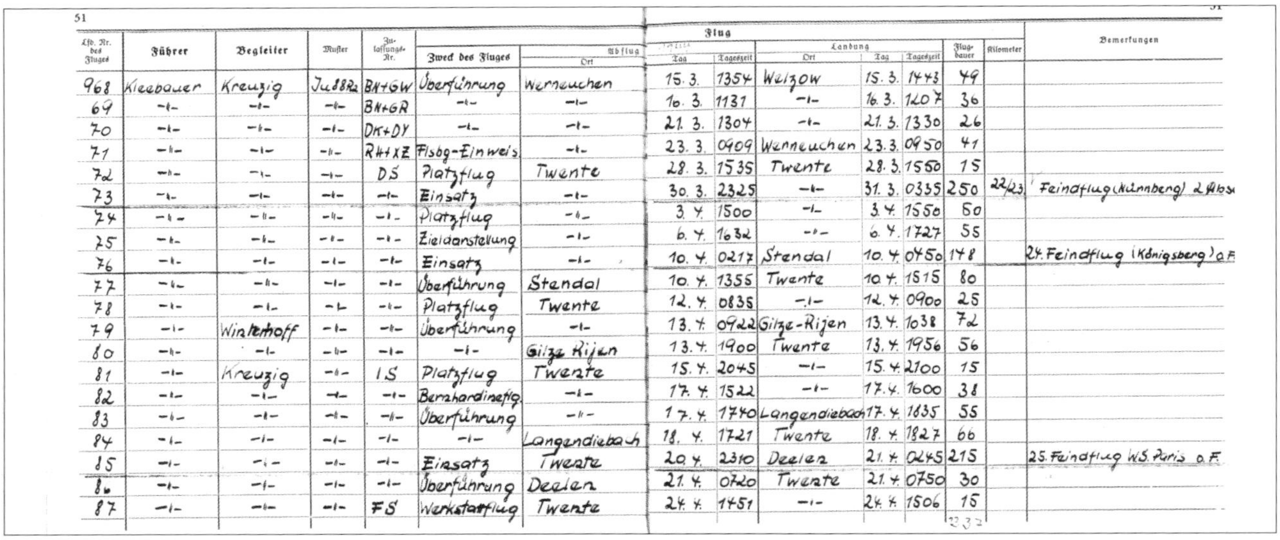

51

Lfd. Nr. des Fluges	Führer	Begleiter	Muster	Zulassungs-Nr.	Zweck des Fluges	Abflug Ort	Abflug Tag	Abflug Tageszeit	Landung Ort	Landung Tag	Landung Tageszeit	Flugdauer	Kilometer	Bemerkungen
968	Kleebauer	Kreuzig	Ju 88 R2	BN+GW	Überführung	Werneuchen	15. 3.	1354	Welzow	15. 3.	1443	49		
69	-"-	-"-	-"-	BN+GR	-"-	-"-	16. 3.	1131	-"-	16. 3.	1207	36		
70	-"-	-"-	-"-	DK+DY	-"-	-"-	21. 3.	1304	-"-	21. 3.	1330	26		
71	-"-	-"-	-"-	RH+XZ	Flsbg-Einweis	-"-	23. 3.	0909	Werneuchen	23. 3.	0950	41		
72	-"-	-"-	-"-	DS	Platzflug	Twente	28. 3.	1535	Twente	28. 3.	1550	15		
73	-"-	-"-	-"-	-"-	Einsatz	-"-	30. 3.	2325	-"-	31. 3.	0335	250	22/23	Feindflug (Nürnberg) 2 Abs
74	-"-	-"-	-"-	-"-	Platzflug	-"-	3. 4.	1500	-"-	3. 4.	1550	50		
75	-"-	-"-	-"-	-"-	Zieldarstellung	-"-	6. 4.	1632	-"-	6. 4.	1727	55		
76	-"-	-"-	-"-	-"-	Einsatz	-"-	10. 4.	0217	Stendal	10. 4.	0450	148		24. Feindflug (Königsberg) o.F.
77	-"-	-"-	-"-	-"-	Überführung	Stendal	10. 4.	1355	Twente	10. 4.	1515	80		
78	-"-	-"-	-"-	-"-	Platzflug	Twente	12. 4.	0835	-"-	12. 4.	0900	25		
79	-"-	Winterhoff	-"-	-"-	Überführung	-"-	13. 4.	0922	Gilze-Rijen	13. 4.	1038	72		
80	-"-	-"-	-"-	-"-	-"-	Gilze Rijen	13. 4.	1900	Twente	13. 4.	1956	56		
81	-"-	Kreuzig	-"-	IS	Platzflug	Twente	15. 4.	2045	-"-	15. 4.	2100	15		
82	-"-	-"-	-"-	-"-	Bernhardineflg.	-"-	17. 4.	1522	-"-	17. 4.	1600	38		
83	-"-	-"-	-"-	-"-	Überführung	-"-	17. 4.	1740	Langendiebach	17. 4.	1835	55		
84	-"-	-"-	-"-	-"-	-"-	Langendiebach	18. 4.	1721	Twente	18. 4.	1827	66		
85	-"-	-"-	-"-	-"-	Einsatz	Twente	20. 4.	2310	Deelen	21. 4.	0245	215		25. Feindflug W.S. Paris o.F.
86	-"-	-"-	-"-	-"-	Überführung	Deelen	21. 4.	0720	Twente	21. 4.	0750	30		
87	-"-	-"-	-"-	FS	Werkstattflug	Twente	24. 4.	1451	-"-	24. 4.	1506	15		

Auszug aus dem Flugbuch von Willi Kleebauer, der als Pilot einer Ju 88 R-1 der 8./NJG 2 während des schweren Angriffs auf Nürnberg in der Nacht von 30. auf 31. März 1944 erfolgreich war

Foto: Scherzers Militärverlag

Nachtjagdgruppe 10

Die Nachtjagdgruppe 10 war ein Erprobungsverband der Luftwaffe zum Testen neuer Radargeräte im Truppenversuch. Die Gruppe arbeitete eng mit der Erprobungsstelle für Funkmessgeräte der Luftwaffe zusammen. Aufgestellt wurde sie Anfang Januar 1944 in Werneuchen. Die 1. Staffel wurde aus Abgaben der I. Gruppe/Jagdgeschwader 300 formiert und mit Bf 109 und Fw 190 ausgestattet, die 2. Staffel mit Bf 110 und Ju 88 in Nachtjagdversionen, die 3. Staffel mit He 219 und einigen Ta 154. Die 1. Staffel flog 1944 »Wilde-Sau«-Einsätze. (Nach einer anderen Quelle bestand noch eine nicht näher beschriebene 4. Staffel).

Im August 1944 wurden Teile der 1. Staffel zur Aufstellung eines Nachtjagdeinsatzkommandos Bonn (später 2./NJG 11) abgegeben und notdürftig ersetzt. Ende Oktober 1944 wurde die 1. Staffel an das NJG 11 abgegeben (wurde 3./NJG 11) und sofort ersetzt. Mitte März 1945 wurde die Gruppe taktisch dem NJG 5 unterstellt, in welchem sie dann im Laufe des April aufging.

Hauptsächlich geflogene Flugzeugtypen: *Bf 109 F-, G- und K-Typen, Fw 190 A-Typen, Bf 110 G-4, Ju 88 C-, G- und R-Typen, He 219 A-0 und gegen Ende einige Ta 154.*

QUELLE: DIE PERSONELLEN VERLUSTE DER DEUTSCHEN NACHTJAGDGESCHWADER 1940–1945, SCHERZERS MILITAER-VERLAG

LINKS Angespannt sehen deutsche Nachtjagd-Besatzungen des NJG 2 dem nächsten Einsatz entgegen Foto: Scherzers Militaer-Verlag

UNTEN Zu spät, um noch Wirkung zu erzielen: Me 262 B-1a der 10./NJG 11 nach Kriegsende mit britischen Kokarden. Die Maschine ist mit unterschiedlichen Grüntönen RLM 82 und 83 sowie Grau 75 über RLM 76 lackiert. Die Unterseite und Teile der Motorgondeln sind in Schwarz gehalten

■ Spezialisten in der Dunkelheit

Experten der deutschen Nachtjagd

Mit dem Ausbau, der stetig steigenden Einsatzzahl und der damit wachsenden Erfahrung in der Nachtjagd dauerte es nicht lange, bis sich die ersten Spezialisten, bei der Luftwaffe Experten genannt, auf diesem Gebiet hervortaten

Bis Kriegsende erzielten die deutschen Nachtjäger mehr als 2200 Abschüsse, 21 Piloten errangen jeweils mehr als 50 Luftsiege, zwei von ihnen sogar mehr als 100. Rekrutiert wurden die ersten Nachtjagdpiloten überwiegend aus Zerstörer-Einheiten, die schlichtweg zur Nachtjagd verdonnert wurden – oftmals nicht zu deren Freude. Die Jagd in der Finsternis hatte jedoch auch ihren ganz besonderen Reiz, einen Reiz, den gerade die Experten der Nachtjagd für sich entdeckten.

Alfons Köster

Geboren 1919 im westfälischen Hüingsen, flog Alfons Köster bei der I./NJG 2 1940 zunächst Fernnachtjagd über England. Am 9./10. April 1941 erzielte er seinen ersten von elf Luftsiegen während dieser Einsatzperiode. Damit gehörte er zu den erfolgreichsten Fernnachtjägern.

Mitte November 1941 verlegte die I. Gruppe des NJG 2 nach Catania auf Sizilien, die 2. und 3. Staffel anschließend nach Libyen. Im Mittelmeerraum konnte Köster neben vier Abschüssen bei Nacht auch einen bei Tag erzielen, bis er in der Nacht vom 21. auf den 22. Juli 1942 nach einem Luftkampf in der libyschen Wüste seine Ju 88 notlanden musste. Köster und seine Besatzung Oberfeldwebel Biehne und Unteroffizier Handl schafften es jedoch, sich innerhalb von eineinhalb Tagen zu den eigenen Linien durchzuschlagen. Nach 16 Luftsiegen wurde Oberfeldwebel Köster am 29. Oktober 1942 das Ritterkreuz verliehen.

Alfons Köster (Mitte) mit seiner Besatzung vor ihrer Einsatzmaschine, einer Ju 88 C. Köster gehörte zu den erfolgreichsten Fernnachtjägern Foto: Scherzers Militaer-Verlag

Im Frühjahr 1943 wurde Köster zur I./NJG 1 versetzt. Im Juli 1943 musste er wegen Motorproblemen während eines Einsatzes gegen britische Bomber aus seiner Bf 110 G-2, G6+BH, über den Niederlanden aussteigen, wobei er verletzt wurde, sein Bordfunker Biehne jedoch unbeschadet blieb.

Im September kam Köster, inzwischen zum Offizier befördert, zur III./NJG 2, wo er ab 1. Juli 1944 die 9. Staffel (wurde am 30.10.1944 zur 12./NJG 3) führte.

In der Nacht vom 6. auf den 7. Januar 1945 streifte seine Ju 88 C-6 (W.Nr. 621 499, D5 + PX) während des Landeanfluges auf den Platz bei Varel-Obenstrohe im Nebel das Dach eines Bauernhauses und stürze ab. Oberleutnant Köster, Leutnant Bodusch und Unteroffizier Lingen kamen dabei ums Leben. Posthum wurde Alfons Köster, der auf mehr als 200 Feindflügen 26 Luftsiege errungen hatte, zum Hauptmann befördert.

Die von Feldwebel Köster im Herbst 1941 geflogene Ju 88 C

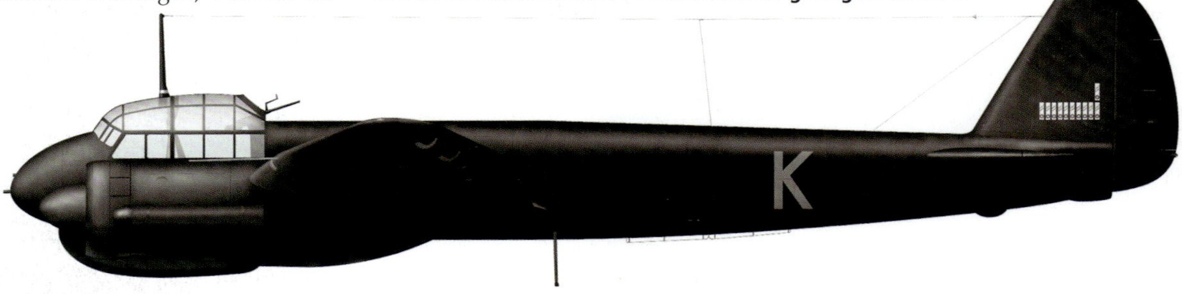

Heinrich Prinz zu Sayn-Wittgenstein

Prinz zu Sayn-Wittgenstein fiel in der Nacht des 21. Januars 1944 nach 84 Luftsiegen bei Nacht und stand damit an der Spitze der deutschen Nachtjäger

Der Prinz galt als äußerst pflichtbewusst und ehrgeizig, war aber bei seinen Untergebenen nicht sonderlich beliebt

Foto: Helbig (2)

Heinrich Prinz zu Sayn-Wittgensteins Luftwaffen-Karriere begann Mitte 1938. Bis November 1941 flog er als Navigator und Bombenschütze über 150 Einsätze. Da ihm die mit den Bombereinsätzen einhergehenden Opfer unter der Zivilbevölkerung – besonders während seiner Einsatzzeit an der Ostfront – mehr und mehr missfielen und er zudem gegen einen klar definierten und sichtbaren Gegner kämpfen wollte, meldete sich Wittgenstein zur Nachtjagd. Anfang 1942 wurde Wittgenstein zum in den Niederlanden stationierten NJG 2 versetzt. Seinen ersten Luftsieg errang er in der Nacht vom 8. auf den 9. Mai 1942 – eine britische Bristol Blenheim.

Schnell stellten sich weitere Erfolge ein und Sayn-Wittgenstein erhielt das Kommando über die 9. Staffel. Bereits am 2. Oktober 1942 bekam der ehrgeizige Prinz für 22 bestätigte Luftsiege auf nur 49 Feindflügen das Ritterkreuz des Eisernen Kreuzes verliehen.

Von Dezember 1942 an befehligte Wittgenstein die an der Osrfront eingesetzte IV./NJG 5.

Gut ein halbes Jahr später wies Sayn-Wittgensteins Abschusskonto bereits 47 Luftsiege bei Nacht aus, wofür er am 31. August 1943 mit dem Eichenlaub ausgezeichnet wurde. Allerdings verbrachte er 1943 wegen eines Magenleidens ein paar Monate im Lazarett. Als Hauptmann führte er ab August 1943 die II. Gruppe des NJG 3, anschließend die II./NJG 2. Am 1. Januar 1944 stieg der 27-jährige Major Prinz zu Sayn-Wittgenstein zum Kommodore des in Deelen/Niederlande stationierten NJG 2 auf. Von 1. bis 20. Januar 1944 gelangen ihm weitere 15 Luftsiege.

Sayn-Wittgenstein bevorzugte den Angriff von unten mittels »Schräger Musik«, mit der er in den Rumpf oder eine Tragfläche des Bombers schoss. Schon an der Ostfront hatte er sich nach oben feuernde Waffen einbauen lassen. Bei seinen Untergebenen war Wittgenstein vielfach unbeliebt. Seine Einsatzpraxis, so lange am Boden zu bleiben, bis klar wurde, wo das Groß der Bomber anzutreffen sein würde, um dann die dort eingesetzten Jäger des eigenen Verbandes zurückzubefehlen und selbst aufzusteigen, missbilligten nicht Wenige. Wolfgang Falck darüber später: »Ich bedauere noch heute, dass er dafür nicht disziplinarisch zur Rechenschaft gezogen werden konnte.«

Auch soll der deutschnational, aber nicht nationalsozialistisch eingestellte Wittgenstein Überlegungen angestellt haben, Adolf Hitler beim nächsten Treffen zu erschießen oder sich mit ihm in die Luft zu sprengen. Doch dazu blieb Prinz zu Sayn-Wittgenstein keine Gelegenheit mehr. In der Nacht des 21. Januars 1944 war er ein letztes Mal erfolgreich. Kurz bevor Wittgenstein auf sein fünftes Opfer in dieser Nacht einen weiteres Feuerstoß abgeben konnte, wurde seine Maschine vom Heckschützen der Lancaster getroffen, woraufhin die linke Fläche brannte. Sowohl der Funker als auch der Beobachter konnten aus der Ju 88 C-6 aussteigen. Major zu Sayn-Wittgenstein wurde in der Nähe von Stendal mit kaum geöffnetem Fallschirm in einem Waldgebiet gefunden. Tags darauf wurde Wittgenstein posthum mit den Schwertern zum Ritterkreuz ausgezeichnet.

Friedrich-Karl Müller

Friedrich-Karl Müller, auch »Nasen-Müller« genannt, kam nach einer vielschichtigen fliegerischen Laufbahn über Hajo Herrmann zum in der Entstehung befindlichen JG 300, wo er aufgrund seiner Erfahrungen als Blindfluglehrer als Technischer Offizier einmotorige Messerschmitt Bf 109-Jäger fliegen sollte. Der fliegerisch sehr erfahrene Müller stellte sich als überaus talentiert heraus und mauserte sich zum führenden Experten der auf Sicht fliegenden Nachtjagd. Ab 1 Januar 1944 befehligte Müller die 1. Staffel/NJGr. 10, deren einmotorige Fw 190-Jagdflugzeuge probeweise mit dem Funkmessgerät Neptun ausgestattet waren.

Hauptmann Müller erhielt am 27. Juli 1944 das Ritterkreuz für 23 Abschusserfolge und bekam am 25. August das Kommando über die I. Gruppe des NJG 11. Den Krieg beendete Müller mit 30 Luftsiegen bei Nacht, die er auf 52 Frontflügen erzielte

Friedrich-Karl Müller, Jahrgang 1912, war der erfolgreichste unter den einmotorigen Nachtjägern. Er starb 1987

Günther Bahr

Geboren 1921 in Neu-Leegden/Ostpreußen, diente Günther Bahr zunächst als Fluglehrer in der Zerstörerschule 1. Ende Dezember 1941 wurde er zur 6./SKG 210 (später 6./ZG 1) an die Ostfront versetzt und kam am 4. März 1942 zu seinem ersten Luftsieg. Danach wechselte Bahr zur Nachtjagd, wo er bei der 3. Staffel des NJG 6 am 23./24. August 1943 durch den Abschuss einer viermotorigen Short Stirling der RAF erstmals auch in der Nacht erfolgreich war. Bis Ende 1943 wies sein Konto zehn Luftsiege aus, darunter auch zwei Boeing B-17 der US Air Force, die er am 14. Oktober bei Tag abgeschossen hatte. Etliche Male konnte Oberfeldwebel Bahr, der nach 37 Siegen am 28. März 1945 das Ritterkreuz erhalten hatte, Mehrfachabschüsse in einer Nacht melden.

Oberfeldwebel Bahr und sein Funker/Bordschütze auf ihrem Bf 110-Nachtjäger

Hans-Joachim Jabs

OBEN Die von Major Jabs nach einem Kampfeinsatz notgelandete Bf 110 G mit der Kennung G9+AA. Davor trägt die Maschine eher unübliche Kommodore-Winkel

LINKS Hans-Joachim Jabs, Flugzeugführer bei der II./ZG 76, gehörte Ende 1940 mit 16 Luftsiegen zu den erfolgreichsten Zerstörer-Piloten. Im Herbst 1941 wurde aus der II./ZG 76 die III./NJG 3, womit Jabs' Nachtjäger-Karriere begann. Hans-Joachim Jabs führte ab März 1944 das NJG 1 und erzielte 50 Abschüsse, 28 davon in der Nacht

Helmut Lent

Helmut Lent flog anfangs Bf 110-Zerstörer und kam im August 1940 zur Nachtjagd. Er konnte sich zunächst keineswegs dafür begeistern und wollte lieber wieder zurück zu einer Zerstörer-Einheit. Dies legte sich jedoch bald und Lent erreichte als erster Nachtjäger Anfang 1943 50 Luftsiege. Auch wurde Lent im Juli 1944 als erster Nachtjagd-Pilot mit den Brillanten (Nr. 15) ausgezeichnet. Am 1. August 1943 übernahm Major Lent als Kommodore die Führung des NJG 3 in Stade und stand Ende 1943 mit 73 Abschüssen an der Spitze der deutschen Nachtjäger. Am 5. Oktober 1944 erlitt Oberstleutnant Lents Ju 88 G-6 (W.Nr. 751 081, D5 + AA) im Landeanflug auf Paderborn einen Motorausfall. Nach dem Streifen eines Stromkabels stürzte die Maschine ab, wobei die Besatzung ums Leben kam. Lent erlag seinen schweren Verletzungen am 7. Oktober 1944.

Einer der führenden deutschen Nachtjäger: Helmut Lent war 103 mal nachts erfolgreich, er verunglückte am 5. Oktober 1944 und starb zwei Tage darauf

Heinz-Wolfgang Schnaufer

Zur Lichtgestalt der deutschen Nachtjagd bei Freund und Feind wurde der bei Kriegsende 23-jährige Wolfgang Schnaufer. Seine letzte Einsatzmaschine, eine Bf 110 G, konnte im Sommer 1945 im Londoner Hydepark besichtigt werden – am Seitenleitwerk zeugten 121 Abschussbalken von der Erfolgsbilanz des Deutschen, den die Briten »Ghost of St. Trond« nannten.

Er begann seine Nachtjäger-Laufbahn beim NJG 1 und erzielte seinen ersten Abschuss am 2. Juni 1942, was ihm obligatorisch das Eiserne Kreuz II. Klasse einbrachte.

Er entwickelte sich rasch zum Nachtjagd-Experten. Schon am 31. Dezember 1943 wurde er nach 42 Abschüssen mit dem Ritterkreuz ausgezeichnet.

Am 1. März 1944 wurde Schnaufer zum Gruppenkommandeur der IV./NJG 1, stationiert in Leeuwarden/Niederlande, ernannt. Im Mai 1944 folgte die Beförderung zum Hauptmann und am 24. Juni 1944, nach seinem 84. Abschuss, die Auszeichnung mit dem Eichenlaub. Bereits am 30. Juli 1944 wurden Schnaufer die Schwerter verliehen. Nach dem 100. Abschuss erhielt er am 16. Oktober 1944 als 21. Träger die damals höchste Tapferkeits-Auszeichnung, die Brillanten zum Ritterkreuz verliehen.

Mit gerade einmal 22 Jahren führte Schnaufer ab November 1944 das in Gütersloh gelegene Nachtjagdgeschwader 4. Sein Abschusskonto wies Ende 1944 106 Luftsiege aus. Schnaufers Talent war auch dem Gegner nicht verborgen geblieben. So spielte am 16. Februar 1945, Schnaufers 23. Geburtstag, ein Londoner Orchester »Das Nachtgespenst«, übertragen von der BBC.

Im März 1945 erprobte Schnaufer die neue Dornier Do 335 auf ihre Nachtjagd-Tauglichkeit.

Seine letzten Abschüsse, drei Lancaster-Bomber, erzielte Schnaufer am 3. März 1945, seinen letzten Einsatz flog der junge Kommodore am 9. April.

Das gesamte Nachtjagdgeschwader 4 errang bis zum Kriegsende 579 Luftsiege und verlor selbst 102 Besatzungen.

Ende April 1945 ergab sich das Nachtjagdgeschwader 4 und ging in britische Kriegsgefangenschaft

Mit 121 Luftsiegen bei Nacht auf 164 Feindflügen ist Heinz-Wolfgang Schnaufer der erfolgreichste Nachtjagd-Pilot weltweit. Er absolvierte 1133 Flugstunden mit 2300 Starts und Landungen.

Im November 1945 wurde Schnaufer entlassen. Am 13. Juli 1950 verunglückte Heinz-Wolfgang Schnaufer schuldlos bei einem Verkehrsunfall in Frankreich und erlag zwei Tage später seinen Verletzungen.

LINKS Nachtjagd-Besatzung (v. links) Rumpelhardt, Schnaufer und Gänsler am 16. Oktober 1944 bei Schnaufers Brillanten-Verleihung. Bordfunker Fritz Rumpelhardt war an 100 Abschüssen bei Nacht beteiligt und damit der erfolgreichste Bordfunker. Am 8. August 1944 erhielt er nach 68 Luftsiegen das Ritterkreuz verliehen. Gänsler brachte es auf 115 Beteiligungen, die höchste Zahl aller Bordschützen, und erhielt das begehrte Ritterkreuz am 27. Juli 1944

Bf 110 G-4 der IV./NJG 1 in St. Trond, Herbst 1944, geflogen von Gruppenkommandeur Major Schnaufer. Seine letzte Einsatzmaschine, die Bf 110 G-4, G9+BA, wurde im Londoner Hydepark ausgestellt. Auf einem Schild stand zu lesen: »Diese Messerschmitt-Maschine flog der erfolgreichste Nachtjäger der Welt, der 23-jährige Major Heinz Wolfgang Schnaufer.« Die Seitenleitwerksflossen mit den Abschussmarkierungen sind heute noch im Imperial War Museum in London ausgestellt

Wilhelm »Wim« Johnen

Wilhelm »Wim« Johnen beendete den Krieg mit 34 nächtlichen Abschüssen und flog bei den NJG 1, 5 und 6

In der Nacht des 27. auf den 28. April 1944 erhielt Oberleutnant Johnen auf der Jagd nach einer in Richtung Schweiz fliegenden Lancaster Motortreffer und musste bei den Eidgenossen notlanden. Die von Johnen geflogene Bf 110 G-4/R7 war mit neuester Funkmesstechnik ausgestattet, sehr zum Leidwesen des Luftwaffenoberbefehlshabers Göring, der den Schweizern zwölf Bf 109 G für die von Deutschen beaufsichtigte Sprengung des geheimen 110-Nachtjägers liefern ließ. Johnen und die anderen Besatzungsmitglieder kamen frei

Martin »Tino« Becker

Die höchste Abschussserie in einer Nacht erreichte der Kommandeur der IV. Gruppe des NJG 6 Hauptmann Martin »Tino« Becker (rechts), als er am 15. März 1945 neun viermotorige Bomber vom Himmel holte. Becker flog 83 Nachtjagdeinsätze, wobei er 58 Feindflugzeuge abschoss

Luftsiegserie der Besatzung Hauptmann Becker, Obergefreiter Weizenbach, Oberfeldwebel Johanssen vom Stab IV./NJG 6 am 15. März 1945

Nr.	Zeit	Flugzeugtyp	Ort
49	21:53	Lancaster	Südöstlich Erfurt
50	21:59	Lancaster	Weimar-Naumburg
51	22:03	Lancaster	Naumburg
52	22:05	Lancaster	Naumburg
53	22:06	Lancaster	Naumburg
54	22:15	Lancaster	Jena
55	23:00	Lancaster	Bei Schwabisch Hall
56	23:15	Lancaster	Bei Unterschlauersbach
57	23:37	B-17 (?)	Bei Crailsheim

Die von Becker geflogene Bf 110 G mit Schrägbewaffnung Mitte 1944

Anton Heinemann

Ausschlaggebend für den Erfolg der Nachtjägerpiloten war auch eine gute eingespielte Besatzung. Sechs Augen sehen mehr als zwei, zudem kam der Arbeit des Bordfunkers große Bedeutung zu. Anton Heinemann, Jahrgang 1921, wurde im Oktober 1940 zum Wehrdienst eingezogen und meldete sich aufgrund seines technischen Interesses zur Luftwaffe, wo er zum Bordfunker ausgebildet wurde. Mit dem im März 1942 erhaltenen Bordfunkerschein in der Tasche absolvierte er nachfolgend die Blindflugschule in Wesendorf und die Nachtjagdschule in Schleißheim. Im September 1942 flog Heinemann erstmals als Bordfunker beim NJG 2 im scharfen Einsatz. Bis Kriegsende sollten es 124 Einsatzflüge werden, auf denen Heinemann an 55 Abschüssen von viermotorigen Bombern beteiligt war, wofür er Mitte April 1945 mit dem Ritterkreuz ausgezeichnet und zum Leutnant befördert wurde.

Bf 110 G mit Funkmesstechnik sowie Flammendämpfern an den Kanonen- und Auspuffrohren. Bei Tageseinsätzen, zu denen die Nachtjäger immer wieder herangezogen wurden, waren sie den alliierten Begleitjägern hoffnungslos unterlegen.

Anton Heinemann flog als Bordfunker mit Flugzeugführer Gerhard Raht (58 Luftsiege) beim NJG 2. Im April 1945 wurde ihm das Ritterkreuz verliehen

Experten der deutschen Nachtjagd mit mindestens 25 Luftsiegen

Rang	Dienstgrad/Name	Einheit	Luftsiege Nacht	Luftsiege Tag
1.	Maj. Heinz-Wolfgang Schnaufer	NJG 1, 4	121	
2.	Oberst Helmut Lent † 7.10.44	ZG 76, NJG1, 2, 3	102	8 (7)
3.	Maj. Heinrich Prinz zu Sayn-Wittgenstein † 21.1.44	NJG 2, 3, 5	83	
4.	Hptm. Manfred Meuer † 21.1.44	NJG 1, 5	65	
5.	Oberst Werner Streib	ZG 1, NJG1	65	1
6.	Oberst Günther Radusch	ZG 1, NJG 1, 2, 3, 5	64	
7.	Hptm. Heinz Rökker	NJG 2	64	
8.	Maj. Rudolf Schoenert	NJG 1, 2, 5, 100	64	
9.	Maj. Paul Zorner	NJG 2, 3, 5, 100	59	
10.	Hptm. Martin Becker	NJG 3, 4, 6	58	
11.	Hpt. Gerhard Rath	NJG 2, 3	58	
12.	Maj. Wilhelm Herget	ZG 76, NJG 3, 4	57	12
13.	Maj. Gustav Fransci	NJG 100	56	
14.	Hptm. Josef Kraft	NJG 1, 4, 5, 6	56	
15.	Hptm. Heinz Strüning † 25.11.44	NJG 1, 2	56	
16.	Maj. Kurt Welter	JG 300, NJG 11	56	
17.	Hptm. Hans-Dieter Frank † 27.9.43	ZG 1, NJG1	55	
18.	Ofw. Heinz Vinke † 26.2.44	NJG1	54	
19.	Hptm. August Geiger † 29.9.43	NJG1	53	
20.	Maj. Werner Hoffmann	ZG 2, 52, NJG 3, 5	51	
21.	Maj. Egmont Prinz zu Lippe-Weissenfeld † 22.3.44	ZG 76, NJG 1, 5	51	
22.	Hptm. Hermann Greiner	NJG1	50	
23.	Otl. Herbert Lütje	NJG 1, 6	50	
24.	StOfw. Reinhard Kollak	NJG 1, 4	49	
25.	Otl. Walter Borchers † 6.3.45	NJG 3, 5	48	11
26.	Hptm. Johannes Hager	NJG1	48	
27.	Maj. Martin Drewes	ZG 76, NJG1	47 (43?)	2 (6?)
28.	Hptm. Ernst Drünkler	ZG 1, NJG 1, 5	47	
29.	Hptm. Hans-Heinz Augenstein † 6.12.44	NJG1	46	
30.	Maj. Paul Semrau † 8.2.45	NJG 2	46	
31.	Lt. Rudolf Frank	NJG 3	45	
32.	Maj. Alois Lechner 23.2.44 vermisst	NJG 2, 5, 100	45	
33.	Hptm. Ludwig Becker † 26.2.43	NJG1	44	
34.	Oblt. Paul Gildner † 24.2.43	ZG 1, NJG1	44	2
35.	Hptm. Reinhold Knacke † 3.2.43	ZG 2, NJG1	44	
36.	Hptm. Leopold Fellerer	NJG 1, 5, 6	41	
37.	Hptm. Werner Baake	NJG1	41	
38.	Hptm. Dietrich Schmidt	NJG1	40	
39.	Maj. Eckart-Wilhelm von Bonin	NJG1	39	
40.	Hptm. Ludwig Meister	NJG 1, 4	39	
41.	Ofw. Gunther Bahr	SKG 210, NJG 1, 4, 6	37	
42.	Oblt. Wilhelm Beier	NJG 1, 2	36	
43.	Hptm. Helmut Bergmann	NJG 4	36	
44.	Oblt. Günther Bertram	NJG 100	35	
45.	Maj. Walter Ehle	ZG 1, NJG1	35	3
46.	Hptm. Heinz-Horst Hissbach	NJG 2	34	
47.	Hptm. Wilhelm Johnen	NJG 1, 5, 6	34	
48.	Hptm. Karl Hadeball	NJG 1, 4, 6	33	
49.	Hptm. Ernst Modrow	NJG1	33	
50.	Ofw. Karl-Heinz Scherfling † 21.7.44	NJG1	33	
51.	Hptm. Werner Husemann	NJG 1, 3	32	
52.	Otl. Hans Joachim Jabs	ZG 1, 76, NJG1	31	19
53.	Maj. Hubert Rauh	NJG 1, 4	31	
54.	Maj. Gerhard Friedrich † 16.3.45	NJG 4, 6	30	
55.	Hptm. Heinz Ferger	NJG 2, 3	30	
56.	Maj. Hans Leickhardt † 5.3.45	NJG 1, 5	30	
57.	Maj. Karl-Friedrich Müller	JG 300, NJGr 10, NJG	11	30
58.	Hptm. Otto-Karl Klemenz	NJG 1, 5	29	
59.	Maj. Heinrich Wohlers	NJG 1, 4, 6	29	
60.	Hptm. Paul Szameitat † 2.1.45	NJG3	29	
61.	Oblt. Erich Jung	NJG2	28	
62.	Hptm. Hans Krause	NJG 3, 4, 100	28	
63.	Hptm. Fritz Lau	NJG1	28	
64.	Hptm. Rudolf Sigmund	NJG 1, 3	28	
65.	Lt. Heinz Grimm † 13.10.43	NJG1	27	
66.	Ofw. Hans Maisch	NJG 100	26 (28?)	
67.	Oblt. Josef Putzkuhl	NJG 5, 100	26	
68.	Hptm. Rudolf Altendorff	NJG 3, 4, 5	25	4
69.	Oblt. Walter Briegleb	NJG 2, 3	25	
70.	Hptm. Franz Brinkhaus	NJG 2, 3	25	
71.	Lt. Alfons Köster	NJG 2, 3	25	1
72.	Oblt. Lothar Linke	NJG1	25	2
73.	Hptm. Helmut Schulte	NJG 5, 6	25	

Zu manchen Piloten existieren unterschiedliche Daten

Von den deutschen Nachtjägern gefürchtet: Der britische Nachtjäger de Havilland Mosquito, hier in der mit Radar ausgerüsteten Ausführung NF Mk II

■ Zusammentreffen am nächtlichen Himmel

Gegner der deutschen Nachtjagd

Die deutschen Nachtjäger trafen auf ihren nächtlichen Missionen im Laufe ihrer Einsatzzeit auf eine Vielzahl an Gegnern – zumeist auf Bomber der Royal Air Force, doch sahen sie sich zunehmend auch mit der Rolle des Gejagten konfrontiert

Wellington und Co.

Zu Beginn des Krieges hatten drei Bombertypen die Hauptlast in der britischen Bomberflotte zu tragen: Wellington, Hampden und Whitley. Wobei sich die im Oktober 1938 in Dienst gestellte Vickers Wellington als die leistungfähigste der zweimotorigen RAF-Bomber erwies. Eine Besonderheit war ihr konstruktiver Aufbau, der aus einer bespannten Gitterstruktur bestand, wodurch die Wellington auch extreme Beschädigungen verkraften konnte. Der Angriff von 24 Wellington-Bombern auf den Marinestützpunkt in Wilhelmshafen 1939 endete jedoch desaströs mit dem Abschuss von zehn Maschinen. Von 1936 bis 1945 wurden fast 11 500 Wellington produziert, womit sie der mit Abstand meistgebaute britische Bomber ist. Letzte Wellington-Bomber blieben bis Ende 1943 in den vordersten Frontverbänden. Whitley-Maschinen waren die ersten britischen Bomber, die über Berlin flogen und Bomben auf deutsches Gebiet warfen. Der Typ war jedoch schon zu Kriegsbeginn veraltet und im Frühjahr 1942 aus den Fronteinheiten verschwunden. Auch die sehr schlanke Hampden konnte nicht überzeugen, blieb aber bis Sommer 1942 beim Bomber Command der RAF.

Eine frühe Version Mk I der Wellington (links). Durch die bespannte Leichtmetallgitter-Konstruktion konnte die Wellington enorme Beschussschäden verkraften.

Gegner der deutschen Nachtjagd

LINKS **Die ersten RAF-Bomber über Berlin: Armstrong Whitworth Whitley, aus denen Flugblätter abgeworfen wurden. Seitlich am Rumpf sind die geflogenen Kampfeinsätze mit einzelnen Bomben aufgemalt**

RECHTS **Hampden-Bomber waren am ersten Luftangriff auf Berlin beteiligt und gehörten zu den drei bei Kriegsbeginn am häufigsten eingesetzten RAF-Bombern**

Der gefürchtete Heckstand einer Lancaster mit vier 7,7-mm-MG, darüber ist der MG-Stand auf dem Rumpfrücken zu sehen

Lancaster – Halifax – Stirling

Der bekannteste, am häufigsten eingesetzte und auch mit 7377 Maschinen am meisten produzierte schwere viermotorige Bomber der Royal Air Force (RAF) war die aus der zweimotorigen Manchester entwickelte Avro Lancaster, gefolgt von der Handley Page Halifax mit 6178 Exemplaren und der Short Stirling, die 2375 mal gebaut wurde.

Alle drei verfügten über eine Defensivbewaffnung in drei Abwehrständen, die mit jeweils zwei, teilweise sogar vier Browning-MG, Kaliber 7,7 mm, bestückt waren.

Zweimotorige RAF-Bomber

Muster	Vickers Wellington Mk III	Handley Page Hampden Mk I	Armstrong Whitworth Whitley Mk V
Einsatzzweck	Mittlerer Bomber		
Besatzung	5	4	5
Antrieb	2 x Bristol Hercules X1	2 x Bristol Pegasus XVIII	2 x Rolls-Royce Merlin X
Startleistung	2 x 1500 PS	2 x 980 PS	2 x 1075 PS
Spannweite	26,26 m	21,08 m	25,60 m
Länge	18,54 m	16,33 m	22,18 m
Höhe	5,31 m	4,37 m	4,58 m
Flügelfläche	–	120,8 m²	–
Leergewicht	8417 kg	5344 kg	8750 kg
Startgewicht	13 180 kg	8508 kg	12 800 kg
Marschgeschwindigkeit	–	270 km/h	300 km/h
Höchstgeschwindigkeit	410 km/h in 3800 m	410 km/h in 4700 m	365 km/h in 5400 m
Reichweite	2500 km	1760 km	2400 km
Dienstgipfelhöhe	7800 m	5800 m	5360 m
Bewaffnung	8 x Brownig-MG – 7,7 mm	4 – 6 x Brownig-MG	5 x Brownig-MG
Bombenlast max.	2041 kg	1814 kg	3180 kg

Viermotorige RAF-Bomber

Muster	Avro Lancaster Mk I	Handley Page Halifax Mk III	Short Brothers Stirling Mk I
Einsatzzweck	Schwerer Bomber		
Besatzung	7	7	8
Antrieb	4 x Rolls-Royce Merlin XX	4 x Bristol Hercules XV1	4 x Bristol Hercules X1
Startleistung	4 x 1280 PS	4 x 1650 PS	4 x 1500 PS
Spannweite	31,09 m	31,75 m	30,22 m
Länge	21,18 m	21,37 m	26,59 m
Höhe	5,97 m	6,32 m	6,93 m
Flügelfläche	120,8 m²	–	–
Leergewicht	16 705 kg	17 400 kg	21 246 kg
Startgewicht normal max.	30 800 kg 31 750 kg	24 700 kg 27 000 kg	31 710 kg –
Marschgeschwindigkeit	338 km/h	–	–
Höchstgeschwindigkeit	448 km/h in 5600 m	435 km/h in 4100 m	410 km/h in 3200 m
Steigleistung (voll beladen)	41 min auf 6100 m	–	–
Reichweite	2675 km (6350 kg Last)	1650 km	3090 km
Dienstgipfelhöhe	7500 m	7320 m	5000 m
Bewaffnung	8 x Brownig-MG – 7,7 mm	9 x Brownig-MG – 7,7 mm	8 x Brownig-MG – 7,7 mm
Bombenlast max.	6350 kg	5900 kg	7700 kg

Die Lancaster war ab 1942 im Einsatz. Bis Kriegsende wurden mit dem kurz Lanc genannten Bombertyp 156 000 Einsätze geflogen, wobei 608 612 Tonnen Bomben geworfen wurden.

19 Lancaster, später »Dam Buster« genannt, wurden für die Zerstörung der Staudämme von Möhne und Eder 1943 speziell zur Aufnahme von Rollbomben umgerüstet.

Die erste Halifax flog im September 1939, hier eine Mk III mit vergrößerten Seitenleitwerken, die ab der Mk II für mehr Stabilität sorgten

Die Short Stirling galt als veraltet und wurde 1943 aus den Bomberverbänden entgültig abgezogen. Die Maschinen dienten dann überwiegend als Transporter

Die Avro Lancaster, ein leistungsfähiger und bei den Besatzungen beliebter Bomber, stand sehr oft auf der Abschussliste deutscher Nachtjäger. Die Lancaster gilt als der RAF-Bomber schlechthin

Ebenfalls auf Jagd

Der erste D.H.98-Prototyp startete am 25. November 1940 zum Erstflug. Der Typ sollte sich folglich zu einem der herausragendsten Flugzeuge des Zweiten Weltkriegs mausern. Eingesetzt wurde die Mosquito hauptsächlich als Jagdbomber, Aufklärer, Nachtjäger und Pfadfinder, der den Bombern den Weg wies und das Ziel markierte. Eine Besonderheit des Entwurfs lag in der nahezu komplett aus Holz gefertigten Zelle. Die Paarung zwischen Holzbauweise und der enormen Leistungsfähigkeit der Mosquito brachte ihr den Beinahmen »Hölzernes Wunder« ein. Annähernd 7800 dieser Maschinen wurden bis 1950 gebaut. 1942 erschienen die ersten Mosquitos über Deutschland. Und schon bald zeigte sich, dass die Luftwaffe ernsthafte Probleme hatte, die schnelle britische Zweimot abzuwehren. Die Mosquito-Nachtjäger NF, die langsam das Vorgängermuster Bristol Beaufighter ablösten, waren bei den deutschen Besatzungen überaus gefürchtet und für die Fernnachtjagd mit Radar ausgestattet.

de Havilland Mosquito

de Havilland	Mosquito NF Mk 30 (Nachtjäger)
Besatzung	2
Antrieb	2 x Roll-Royce Merlin 76
Startleistung	2 x 1750 PS
Spannweite	16,52 m
Länge	13,57 m
Höhe	5,30 m
Flügelfläche	42,18 m²
Höchstgeschw.	680 km/h in 8100 m
Bewaffnung	4 x Hispano Mk II – 20 mm

Ein Höhennachtjäger Mosquito NF (Night Fighter) Mk 30 mit im Bug integriertem Radar. Der Typ wurde im Juni 1944 in Dienst gestellt und bildete Ende 1944 das Groß der Mosqito-Nachtjäger. 527 Mk 30 wurden gefertigt

Feuerprobe: Ein Mosquito-Nachtjäger Mk II schießt aus allen sechs Rohren

LINKS UND MITTE Für die US-amerikanischen Jäger P-47 und P-51 (rechts), die 1944/45 Begleitschutz für US-Bomber flogen, waren am Tag eingesetzte deutsche Nachtjäger eine relativ leichte Beute

Auch die Sowjets verfügten über eine ansehnliche Bomberflotte, darunter der Fernbomber Petljakow Pe-8 (TB-7), der bis zu 4000 kg Bomben laden konnte

OBEN Mit FuG 202 Lichtenstein B/C von Telefunken ausgerüstete Ju 88 R-1, das den Briten im Mai 1943 in die Hände fiel – mit dramatischen Folgen

LINKS Nachtjäger Messerschmitt Bf 110 G-4 mit den Antennenanlagen der Funkmessgeräte FuG 212 (Mitte) und FuG 220 SN 2. Die Kombination mit FuG 202 oder 212 war nur so lange sinnvoll, bis das verbesserte 220 zur Verfügung stand, mit dem auch der Nahmessbereich ausreichend abgedeckt wurde

Von der »Hellen« zur »Dunklen Nachtjagd«

Entwicklung & Einsatz der Funkmesstechnik

Schon zu Kriegsbeginn verfügte die Wehrmacht über funkmesstechnische Anlagen. Bis die deutschen Nachtjäger jedoch mit bordgestützten Geräten feindliche Flugzeuge ausmachen konnten, sollten noch Jahre vergehen

Die deutsche Funkmesstechnik, später kurz Radar (Radio Detection and Ranging) genannt, steckte 1940 noch in einer frühen Entwicklungsphase.

Die ersten Kriegsjahre flogen die deutschen Nachtjäger mehr oder weniger auf Sicht. Freya-Funkmessanlagen, die ab 1940 in einer Reihe entlang der Haupteinflugzonen aufgestellt wurden, orteten feindliche Maschinen auf eine Entfernung von bis zu 150 km. Aufgestiegene deutsche Nachtjäger mussten die Feindmaschinen anschließend selbst finden, wobei sie durch Flak-Scheinwerfer unterstützt wurden, die ebenfalls entlang der Einflugschneisen aufgebaut waren.

Ergänzt wurden die Freya-Geräte ab Herbst 1940 durch »Würzburg«-Anlagen, die eine Reichweite von rund 35 km hatten und im Gegensatz zum Freya auch die Höhe und Anzahl eines anfliegenden Verbandes erfassen konnten.

Dieses nach dem Organisator der Nachtjagd Josef Kammhuber auch als »Kammhuber-Linie(-Riegel)« bekannte System, bei dem Flugmelde- und Funkmessdienst, Flak und Scheinwerferbatterien sowie Nachtjäger eng zusammenarbeiteten und in ständiger Verbindung

Technische Daten – bordgestützte deutsche Funkmessgeräte 1944/45

	FuG 202	FuG 214/216	FuG 220
Sendefrequenz	410–540 MHz	335–362 MHz	90 MHz
Empfangsfrequenz	479–499 MHz	335–362 MHz	90 MHz
Impulsleistung	450 W	450 W	2000–2500 W
Impulsdauer	1 µs	1 µs	1 µs
Impulsfrequenz	2700 Hz	2700 Hz	292/295/298 Hz
3 dB Öffnungswinkel	30°	35° seitlich, 20° hoch, 55° tief	
Peilgenauigkeit	3°		
Stromversorgung	24 V DC, 8 A	unbekannt	
Antennengewinn	13 dB		5 db
Gewicht	55 kg je Satz	55 kg je Satz	
Röhrenbestückung	12 × RV12P2000, 2 × RS394, 7 × LV1, 5 × LD2, 2 × LG1, 5 × LD1		
Reichweite	0,2–4 km	0,2–4 km	0,5–5 km

Entwickelt von Telefunken und AEG: Das 1500 mal gebaute Funkmessgerät »Würzburg-Riese« FuMG 65, die vergrößerte Ausführung des von der Flak verwendeten fahrbaren »Würzburg« (4000 Stück)

Foto: Wikipedia

mit dem zentralen Leitstand standen, wurde stetig ausgebaut und verbessert. Bei Kriegsende reichte die Überwachungslinie von Norwegen bis zur Schweizer Grenze.

Lag die Zahl der deutschen Nachtjäger Ende 1940 noch bei etwa 160 Maschinen, waren es rund ein Jahr später mehr als doppelt so viele mit der starken Tendenz nach oben.

»Himmelbett-Verfahren«

Mitte 1941 baute man das sogenannte »Himmelbett-Verfahren« für die »Dunkle Nachtjagd« auf, das aus zahlreichen Zonen bestand, die entlang des Riegels sowie im Bereich von größeren Städten und Industriegebieten errichtet wurden. In jeder Zone war ein »Freya« und zwei »Würzburg« und ab 1942 »Würzburg-Riese« mit einer Reichweite von 50 – 70 km aufgestellt. Nachdem das Freya den einfliegenden Verband erfasst hatte, übernahm ein »Würzburg-Riese« die weitere genauere Ortung, während ein zweiter »Würzburg-Riese« den eigenen Jäger, der in einem mit Funkfeuer gekennzeichneten Warteraum flog, aufnahm, um ihn dann an den Gegner heranzuführen. Im Bereich von einigen größeren Städten kombinierte man den Einsatz von Nachtjägern und Flak, was nicht immer zum Wohle des Nachtjägers verlief.

Ein großer Nachteil des »Himmelbett-Verfahrens« mit seinen ineinandergreifenden Erfassungszonen ergab sich durch die geringe Zahl von Nachtjägern, von denen je Zone (etwa 30 km Durchmesser) maximal drei Jäger an den Feind gebracht werden konnten, der die Taktik bald durchschaute.

»Zahme Sau«

Mit Verfügbarkeit des ersten in einem Flugzeug installierbaren Funkmessgerätes FuG 202 Lichtenstein B/C im Sommer 1942 kam es zu einem weiteren großen Schritt in der Nachtjagd-Geschichte, der »Zahmen Sau«. Nun konnte der Funker im Nachtjäger dem Piloten die Richtung weisen. Zudem erhielt er von der Bodenstation Funkpeilungen von Feindbombern.

Eine drastische Störung erlitt die funkmesstechnisch geleitete, nächtliche deutsche Abwehr im Sommer 1943 durch Störmaßnahmen der Briten, die erstmals am 24. Juli 1943 beim Angriff auf Hamburg durch den Abwurf von Aluminiumstreifen (Düppel genannt) die deutsche Technik lahmlegten.

Erst mit dem weiterentwickelten Funkmessgerät FuG 220 SN 2, das diese Störung weitestgehend ausblenden konnte, war die »Dunkle Nachtjagd« wieder mit Erfolg möglich, weshalb im Sommer 1943 die »Wilde Sau«-Taktik mit auf Sicht fliegenden Tagjägern nur eine Notlösung darstellte.

Weitere Geräte folgten, wie das in nur mehr wenigen Exemplaren ausgelieferte FuG 240 »Berlin«, das über eine Antennenschüssel verfügte, die strömungsgünstig innerhalb eines Sperrholzbugs untergebracht werden konnte. Dies wurde auch beim FuG 228 »Lichtenstein« SN 3 durch seine neue, kaum ausladende Antennenanlage möglich.

Eine besonders effektive Art, den Gegner zu finden, ermöglichte das FuG 227 »Flensburg«, das auf das in vielen britischen Bombern installierte Heckwarnradar »Monica« ansprach – bis den Briten die Tücke klar wurde. Bis Kriegsende blieb der Krieg am nächtlichen Himmel auch ein Wettlauf der Techniker und Ingenieure, die mit ständig verbesserten Funkmessgeräten versuchten, dem Feind immer ein Stück voraus zu sein.

Nachtjagdleitschiffe

Als bewegliche Funkmessstationen wurden Nachtjagdleitschiffe entsprechend ausgerüstet. So die ab 1943 zur Frühwarnung alliierter Luftangriffe in der Ostsee und im Golf von Finnland eingesetzte »Togo«. Dazu war das mit Flak- und Scheinwerferbatterien bestückte Schiff mit verschiedenen Funkmessgeräten, darunter »Freya« und »Würzburg-Riese« ausgerüstet. Die Besatzung bestand aus 357 Mann, darunter 74 der 22./22/Luftnachrichten Regiment 222 der Luftwaffe. ◄